省级示范性高等职业院校建设项目成果

高等职业教育畜牧兽医专业"十三五"规划教材

种猪生产技术

主　编　　何　文　　李彩虹

副主编　　王怀禹　　粟元文

主　审　　余　平

西南交通大学出版社

·成　都·

图书在版编目（ＣＩＰ）数据

种猪生产技术／何文，李彩虹主编. —成都：西
南交通大学出版社，2015.10（2020.7 重印）
高等职业教育畜牧兽医专业"十三五"规划教材
ISBN 978-7-5643-4304-0

Ⅰ.①种… Ⅱ.①何… ②李… Ⅲ.①种猪 – 饲养管
理–高等职业教育–教材 Ⅳ.①S828.02

中国版本图书馆 CIP 数据核字（2015）第 222731 号

省级示范性高等职业院校建设项目成果
高等职业教育畜牧兽医专业"十三五"规划教材

种猪生产技术
主编 何 文 李彩虹

责 任 编 辑	罗在伟
特 邀 编 辑	穆 丰
封 面 设 计	何东琳设计工作室
出 版 发 行	西南交通大学出版社 （四川省成都市金牛区二环路北一段 111 号 西南交通大学创新大厦 21 楼）
发 行 部 电 话	028-87600564 028-87600533
邮 政 编 码	610031
网 址	http://www.xnjdcbs.com
印 刷	成都勤德印务有限公司
成 品 尺 寸	185 mm×260 mm
印 张	16.5
字 数	411 千
版 次	2015 年 10 月第 1 版
印 次	2020 年 7 月第 2 次
书 号	ISBN 978-7-5643-4304-0
定 价	44.00 元

《种猪生产技术》

编委会

主　编　何　文（南充职业技术学院）

　　　　李彩虹（南充职业技术学院）

副主编　王怀禹（南充职业技术学院）

　　　　粟元文（南充职业技术学院）

主　审　余　平（四川天兆畜牧科技有限公司）

编　者　何荣燕（南充职业技术学院）

　　　　兰天明（南充职业技术学院）

　　　　吕远蓉（南充职业技术学院）

　　　　梁　洪（南充职业技术学院）

　　　　龚学文（四川天兆畜牧科技有限公司）

　　　　王　映（四川天兆畜牧科技有限公司）

前　言

根据教育部《关于加强高职高专教育人才培养工作的意见》和《关于高职高专教育教材建材的若干意见》的精神，根据目前行业发展，结合畜牧兽医专业的教学需要和学生就业的实际情况（目前有关教材非常多，但是对于种猪扩繁场和商品场结合的教材非常少），确定编写一套以工学结合、种猪扩繁场、商品场相结合的教材。本教材就是在这一背景下开发的。

种猪生产技术作为高职院校畜牧兽医专业的核心课程，本教材的编写贯穿了"以现代养猪岗位的职业需求为导向，以国家职业资格鉴定标准为依据，以养猪实际工作流程为主线，以养猪岗位实际项目为载体，创新"教、学、做"一体的教学方式，培养学生可持续发展的就业与创业能力"的理念。教材编写组成员深入各地猪场、特别是对天兆核心场、扩繁场进行调研，对现代养猪生产的工作流程进行分析，同时参考社会劳动保障部、农业部联合颁布《工人技术等级标准》中兽医防治员、家畜繁殖员和畜禽饲养工等职业资格鉴定标准，确定了现代养猪的岗位为种猪繁殖育种、种猪饲养管理、猪场经营管理、猪病防治4个主要方向，对传统的养猪教材的内容进行了更新、整合和重构，形成了引种准备、种猪引进、种猪繁殖、种猪饲养管理、种猪疫病防治、种猪场经营管理等6个项目。每个项目都将知识和技能有机地融合到任务中，形成了26个典型工作任务，使生产实践与教学有机结合。每个任务都设计了任务要求、学习条件、相关知识、实训操作、技能考核和自测训练，便于学生的学习。

本教材既注重实用性，又不缺乏系统的理论，课程的教学采取"教学做一体"形式，将理论教学与实践教学融为一体，进行现场实境教学，结合采用企业参观、专题讲座、实训演示、验证实训、顶岗实训、服务锻炼、小组讨论、网络互动等形式组织教学，边学边做中培养学生的职业知识和技能。教材具有题材新颖、内容详实、技术实用的特点，可供高职高专畜牧兽医及相关专业教学使用，也可供规模猪场技术员、工作人员、个体养殖户和基层兽医站技术服务人员参考。

本书由何文、李彩虹主编，参与本教材编写的人员均是来自教学第一线的具有多年教学经验，多年从事种猪核心场、扩繁场技术、经营管理工作，实践经验较为丰富的的骨干教师、企业技术人员。在教材的酝酿和编写过程中，对教材的编写大纲、编写要求提出了诸多建设性意见，各位参编人员分章节进行了认真、细致的编写。教材初稿完成后，首先由主编和副主编分工对各章进行了初审，其次于 2014 年底组织了由主审、编写人员、一线技术人员参加的审稿会，会上吸收和采纳了许多中肯的修改意见和建议，之后由主编再次对各章节逐一进行了审定，最后由主审定稿。再此对为本书付出辛勤劳动的全体编写和审稿人员表示衷心的感谢！同时感谢四川天兆畜牧科技有限公司给予的大力支持！

　　本书在编写过程中，参阅了大量的相关书籍，在此谨向有关编著人员表示真诚的谢意。由于编者水平有限，再加上时间仓促，书中的不妥和错漏之处在所难免，恳请同行专家和各位师生批评指正，恳请读者提出宝贵意见，并及时反馈给我们，以便再版时修正。

编　者

2015 年 6 月

目　录

绪　论

【知识目标】

1. 了解养猪生产的重要意义和现代养猪的特点。
2. 理解养猪生产中存在的问题和我国养猪业的发展展望。

【技能目标】

1. 熟悉我国养猪发展现状。
2. 掌握我国未来发展养猪趋势。

畜牧业是国民经济的基础产业和农村经济的支柱产业，在系列支柱产业中，养猪生产作为其中的组成部分占有非常重要的地位。我国的养猪存栏量及年出栏数量已成为全世界增长最快的国家之一，同时为世界上第一养猪大国和第一猪肉产品消费大国。养猪业对我国畜牧业的贡献率达到 55% 以上。大力发展养猪业，对我国社会主义建设具有重大的政治意义和经济意义。

一、养猪业在国民经济中的重要作用

（一）提供较为经济的动物性食品，提高人民生活水平

猪肉是我国城乡居民的主要动物性食品。在肉类消费中，猪肉占 67% 左右。近年来，尽管有些地区人群消费肉食类型的取向有所改变，但猪肉消费占主导地位的状况仍然保持不变。猪肉营养丰富，含热量高，口感好，同时猪又具有多生、快长、早熟的特性。因此，发展养猪生产对扩大人们的肉食来源、改善膳食结构和提高人民生活水平具有重要意义。

（二）为人们开辟更多的致富门路，增加更多的就业机会

目前，一方面社会和经济的发展需要为人们提供更多的就业机会，另一方面以种植业为主的农村的传统经济结构和产业结构的调整是今后农村经济发展的主流。同时，养猪生产及其产业化的发展在养殖业生产结构调整中也将发挥重要作用。我国自然资源丰富，劳动力充足，充分利用自然资源和工农业副产品发展生态养猪，循环利用，对实现农业增收、农业结构调整和农村经济振兴具有重要意义。

（三）为农业生产提供有机肥料

猪粪尿中不仅含有农作物必需的氮、磷、钾等元素，还含有大量有机质，对改良土壤的

理化性性状及其结构，提高土壤肥力和吸肥保墒能力具有良好促进作用，是无机化学肥料所不及的。当前，随着有机农业的兴起，对生产过程中环保的要求越来越严格，各地逐渐开始推广有机复合肥料生产线。

（四）为当地轻工业的发展提供原料

猪的全身都是宝，猪的肉、皮、鬃、毛、骨、油、血液、内脏等既是食品，更是制革、毛纺、制刷、饲料、化工等轻工业的重要原料。如：猪皮可以制革、熬胶（食用明胶或工业用胶）；猪鬃和毛可用作机械工业、国防工业、毛纺工业的原料；猪骨可以制成骨胶、骨油、骨炭、骨粉；猪的小肠、肝、胰、脑、肾等器官可用于提取多种医药成分。

（五）可以为医学做贡献

由于猪的很多生理特点与人接近，可以用它来代替其他动物和人进行药物动力学试验、毒理学试验及药效试验等。猪的许多实质性器官解剖学结构与人类相近，是医学上拟作人体器官供体的重要目标动物。

（六）提供出口物资换取外汇

活猪、猪肉、猪肉制品、猪皮、猪鬃、火腿等是我国重要的出口产品，猪鬃、火腿等在国际市场上享有很高的声誉。发展养猪生产可以扩大对外贸易，为我国现代化建设积累资金。

二、现代养猪业

（一）现代养猪业的概念

我国有 7 000 年以上的养猪历史。在很长的一段历史时期内，养猪是农民的一种家庭副业，是一种以千家万户为主体的分散型饲养模式。20 世纪 40 年代开始，西方发达国家养猪业逐步由传统养殖模式向现代集约化工厂化生产过渡，涵盖猪饲养繁育、饲料兽药开发、产品加工销售的现代养猪业迅猛发展。

现代养猪业可概括为：以现代科学养猪理论来规范和改进养猪生产的各个技术环节，用现代经济管理方法科学地组织和管理养猪生产，实现养猪生产的专业化和各个环节的社会化；合理利用猪的品种资源和饲料资源，建立合理的养猪生产结构和生态系统；不断提高劳动生产力、产品率和商品率，使养猪生产实现高产、优质、低成本的目标，以满足社会对优质猪肉等产品日益增长的需要。

（二）现代养猪业的特点

现代养猪业是猪的自然再生产过程和社会再生产过程在更高程度上的有机结合，通过现代科学技术的综合应用，实现了规模化、集约化、机械化、工厂化、社会化生产。概括起来，现代养猪业应具备以下特征：

1.　生产规模大

现代养猪业为了充分利用土地和设备，实行集约化生产，猪只饲养密度较大。其产生规模是以年产肉猪头数或活重总量来表示的，一般以万头或千吨为单位。一般来讲，商品肉猪年产 15 万头以上为大型，5～10 万头为中型，1～3 万头为小型。规模猪场实行密闭饲养，在封闭的猪舍内，饲料全价配合，环境人工控制，温湿度条件比较稳定。

2.　生产效率高

由于饲料配制、粪污处理、饲养管理及疾病防治等设施设备的机械化和现代化程度越来越高，单位猪肉生产耗工越来越少。现代养猪采用流水生产工艺，猪场分为若干生产单元（车间），全年分批进行生产，猪场规模越来越大，节律越来越快，按"全进全出"批量连续生产的原则，各生产环节衔接精确，有严格的节律性。在养猪业发达的国家，一名工人可以饲养数百头母猪或上千头肉猪，一个年出栏 1 万头肉猪的猪场仅需几名工人。我国各地情况不尽相同，应根据实际情况进行改造提升。

3.　生产水平高

由于育种、营养调配、疾病防治等技术的应用，现代猪单产水平大幅度提高。在养猪业发达的国家，猪肉的料重比大多在 3.0 以下，出栏率可达 190% 以上；每头母猪每年平均分娩胎数一般在 2.2 胎以上，仔猪成活率可达 95%，每头母猪每年提供断奶仔猪多在 20 头以上；人工授精技术（AI）有 60% 以上的养猪场应用，超早期隔离断奶技术（SEW）有 50% 以上的猪场采用，多位点生产技术在大型养猪联合企业迅速普及，计算机管理技术已经普遍使用，养猪的新工艺与猪舍的环境控制技术已经广泛应用。目前我国部分地区部分猪场的生产水平可以接近上述水平，但总体养猪生产水平仍需提高。

（三）现代养猪业的产业体系

1.　良种繁育体系

现代养猪生产需要有高产、优质、高效、专门化、规格化的优良品种，建立良种繁育体系尤为重要。种猪繁育体系按照核心群、繁殖群和生产群的金字塔要求，实行配套生产，良种猪的生产、提供和推广体系完善。先进的繁殖技术是推广优良种猪的关键，在养猪集中产区建立种公猪站，提供良种精液，同时积极推广包括猪的发情鉴定、排卵及分娩控制、早期妊娠诊断、生殖免疫、胚胎移植等在内的生猪实用繁殖技术，推动猪种改良步伐快速前进。

2.　饲料工业体系

饲料是养猪生产的主要原料。高产品种必须在满足各种营养需要以后才能将其遗传潜力发挥出来。因此，要对不同种类和不同生理状态下的营养需要进行科学的研究，形成较为完善的饲养标准，根据饲养标准制订饲养配方，经过饲料厂加工成全价配合饲料。饲料工业体系涵盖原料生产、添加剂开发、营养研究及配方设计、加工设备研制、全价饲料配置、营销管理等，完善的饲料工业是实现养猪生产现代化的重要保障。

3. 疾病防治体系

现代的养猪业的高度集约化的生产模式，为传染病的转播提供了有利的条件。在生产中，一定要高度重视生物安全，要认真贯彻"防重于治"的方针。预防措施主要为：疾病净化，全进全出，隔离消毒，接种疫苗进行免疫，培养抗病品系，辅以投药预防等一整套预防和控制措施，构成现代养猪业的保障体系。

4. 设施设备研制体系

在研究掌握环境因素对生产性能影响基础上，设计建造适应不同生理阶段的猪舍。猪舍分为密闭性和开放性两种类型，采用工程设施控制温度、光照、通风、湿度等，使养猪生产不受季节影响而变成全年连续作业，同时良好的环境条件保证了遗传潜力的发挥。自动给料、自动饮水、自动通风、加热降温、自动清粪等设施设备的使用大大提高了养猪生产的劳动效率。

5. 经营管理体系

经营管理是一门科学。现代养猪生产已构成了一个复杂的生产系统，每个生产环节互相关联、制约，必须有一套先进的经营管理方法，激烈的市场竞争要求企业管理者提供高质量经营管理水平。经营管理水平如何，直接影响到养猪企业的生存与发展。

6. 产品加工销售体系

现代养猪生产的最终目的在于提供优质的产品。因此，现代养猪生产不仅局限于生产过程本身，对产品加工销售体系的建立也要予以重视，这对于养猪业健康发展十分重要。质量控制体系的建立、品牌的形成和维护、营销、服务队伍的建设等不但是企业发展的需要，也起到了维护消费者权益的作用。

三、我国养猪业

（一）我国养猪业的发展概况

中国养猪历史悠久，品种资源丰富。随着经济的发展和现代科学技术在养猪业中的广泛应用，中国已发展成为世界养猪大国，中国养猪业取得了举世瞩目的成就。纵观新中国成立以来，中国养猪业的发展历程，概括而言，经历了3个阶段。

1. 我国养猪业的恢复阶段

从新中国成立到20世纪70年代末，这一阶段我国养猪业特点是低投入、低产出、低效益。养猪是农民的一种家庭副业，其目的是为了积肥与肉食品自给，是一种以千家万户为主体的传统分散型养殖模式。猪的品种多为脂肪型和兼用型，如中约克夏猪、巴克夏猪、苏联大白猪及我国地方猪种等，瘦肉型猪极少。同时将这些引进的脂肪型和兼用型品种与地方猪进行二元杂交，筛选一些优良杂交组合生产育肥猪。1972年"全国猪育种科研协作组"成立后，提出了"着重加强地方品种选育，同时积极培育新品种"的方针，有的地方还提出了"三化"，即"公猪外来化，母猪本地化，商品猪杂交化"，推动兼用型猪新品种培育工作的开展。这一时期，育种主要以杂种群为基础，归纳整理培育出一批新品种，如哈白猪、上海白猪、北京黑猪、新金猪等。饲养上主要推广应用传统的经验和方法，饲料以青粗饲料和糠麸、糟渣等农副产品为主，同时推广应用了水生饲料、青贮饲料、糖化饲料；人工授精技术在江苏、广西等地区得到了推广应用；研制出了猪瘟兔化疫苗，推广了猪瘟、猪丹毒、猪肺疫等几大传染疾病的疫苗注射和控制技术，贯彻"预防为主，治疗为辅"的方针，建立了全国性的兽医防疫体系，有效地控制猪瘟等重大疫病的流行。

2. 我国养猪业的发展阶段

从20世纪70年代末到90年代初，这一阶段我国养猪生产已开始由传统分散型向现代集约型转变，规模化养猪已成为发展趋势，但传统养猪仍占较大比例，育种方向则逐步由脂肪型、兼用型向培育瘦肉型猪新品种系转变。1978年后，逐步开始瘦肉型猪新品种（系）培育和杂交生产，特别是1980—1982年直接从原产地引进了丹麦长白、英国大约克、美国杜洛克和汉普夏等世界著名瘦肉型猪种后，加速了我国瘦肉型猪育种工作的杂交生产的开展，先后培育出了三江白猪、湖北白猪、浙江中白猪等一批瘦肉型猪新品种。在商品瘦肉型猪生产中广泛开展杂交组合试验和配合力测定，筛选杂优组合，如"六五"攻关期间，优选出的杜湖、杜浙、杜三、杜长太、杜长大等多个杂优组合，促进了我国商品瘦肉猪生产的蓬勃发展。在育种技术和方法上，采用典型设计、群体继代选育培育新品种，活体测背膘仪技术已经开始在猪育种中应用，如1980年引进活体测背膘仪，并应用于湖北白猪的选育，加速猪瘦肉率遗传改良的效率。1985年在武汉建立我国第一个种猪测定中心后，种猪测定工作逐步开展，如中国武汉种猪测定中心开展种猪集中测定，并提出以"现场测定为主，集中测定为辅"的测定制度，促进我国种猪测定工作的开展。由于片面追求提高瘦肉率，出现了猪肉品质变劣的问题，为了解决这一问题，开展氟烷测验、酶型酶活测定、单倍型推断等方面的研究，建立了活体鉴别猪氟烷敏感性的有效方法，并制定了猪氟烷测验规程。根据我国饲料工业和饲料资源现状，1983年出台了《肉脂型猪的饲养标准》，1985年提出了中国瘦肉型猪饲养标准，编制出《猪鸡饲料营养价值成分表》和《中国饲料数据库》。随着猪能量、蛋白质、氨基酸、微量元素等一系列营养参数的完善，我国饲料工业和饲料配合技术迅速发展，先后研制出猪系列饲料配方，猪用预混料、浓缩料、添加剂在广大农村各规模化猪场应用，促进了我国养猪技术水平的提高。以鲜精为主的人工授精技术有了较大发展，冻精、冻胚技术处在引进消化阶段。随着规模化猪场的发展，环境控制技术、粪污处理技术也开始研究。规模化猪场疫病控制主要转向病毒病诊断技术和疫苗的研制与开发。这些育种方法和养猪技术的应用，提高了我国育种工作的水平，加快了养猪生产的发展。

3. 我国养猪业的转型阶段

20世纪90年代至今，我国规模化养猪迅速发展，养猪业已成为农牧业的一项支柱产业，这一时期我国养猪生产在产业体系建设、育种、饲料营养、疾病防治、环境控制、设施设备研发、产品加工、经营管理等多个方面均取得迅猛发展，取得主要成就如下。

（1）产业布局。这一时期，年出栏肉猪50～500头规模的猪场（户）渐成主导养殖方式，2009年全国出栏50头以上的规模养猪专业户和商品猪场共224.4万个，出栏肉猪占全国出栏总量的比例达到48.4%，其中年出栏万头以上的规模猪场有1 800多个，京、津、沪三市猪生产基本实现规模化。规模化养猪场和养殖小区成为主产区规模化养猪的新趋势。国家相关部门根据各地区饲料资源、生产基础、市场竞争、产品加工等优势，建立了沿海、东北、中部西南共19个省（区、市）的优势区域。2009年，四大产区近500个优势区域县（团、场）的生猪存栏约2.2亿头，出栏3.2亿头，人均出栏0.97头，是同期全国人均出栏0.42头的2.3倍。

（2）育种工作。已转向适应不同市场需求的专门化品系培育，并配套生产。我国畜牧科技工作者充分利用国内外种猪资源，培育出多个专门化父母本品系，性能和技术水平接近或达到国际先进水平。种猪测定工作得到广泛发展，集中测定继武汉之后，在北京、广东、四川也相继展开现场测定并在大型种猪场广泛应用，遗传评估方案开始实行。分子生物技术在我国猪育种方面的研究和应用迅速展开。主要研究内容是猪重要经济性状（瘦肉率 背膘厚 生长速度、产子数等）、QTL 数量性状座位定位以及主效基因和分子标记的分离、鉴定，并应用于分子标记辅助选择。

（3）饲料工业。目前现在全国饲料企业已达10 000余家，年生产饲料产品近一亿吨，新型饲料研究取得了很大的成就，研制开发出了代乳料、仔猪抗应激料、早期断奶料等饲料高新技术产品。计算机在饲料工业中广泛应用，促进饲料配方和生产效益的提高，饲料原料、添加剂开发生产及饲料加工设备研制等工作也取得较大进展。

（4）疫病控制。研究开发出了主要病毒病的监控技术、抗体检测技术以及快速监督试剂盒等，研制出新型的基因灭活疫苗、基因缺失疫苗，如伪狂犬油乳剂灭活疫苗、伪狂犬病基因缺失疫苗等。

（5）生产水平。我国的现代养猪业的起步较晚、发展较慢、水平较低，但生产的基数大。2009年全国存栏生猪4.51亿头，占世界总存栏量的47.94%；出栏商品猪6.50亿头，占世界总出栏量的48.64%；生产猪肉4 987.9万吨，占世界猪肉总产量的47.03%；我国生猪存栏总量、出栏总量和猪肉总产量均为世界第一。

（6）设施设备研制。一批专业化养猪设备工厂，研制开发出一些新型猪舍圈舍材料、设施、设备和产品，应用计算机辅助设计（CAD）技术设计和装备一批现代化的大型工厂化猪场，引进开发粪污处理设施设备，生产生物有机复合肥，建设沼气池进行粪污处理生产再生利用等，减少了环境污染，提高了养猪的综合经济效益，并相继出台了一系列环境监测、粪污排放标准等。

（7）产品加工销售：2009年我国有肉类加工企业近4 000家，冷库4 000余座，库容量452万吨，其中万吨以上的有十多座。肉制品有500余个品种，主要分为中式制品和西式制品两类。中式制品分为：腌腊、香肠、火腿等，约占肉制品总量的60%；西式肉制品如火腿肠、午餐肉、培根等，约占肉制品总量的40%，呈快速上升的趋势。全国有火腿肠产品生产线500余条，其中日生产能力在100吨以上知名度品牌有双汇、金锣、郑荣、雨润等；河南和山东两省生产的火腿肠占全国总产量的85%左右，猪肉在肉类消费中占主导地位。同时我国是猪肉消费大国，2009年全国消费的猪肉、牛羊肉和禽肉总量比例分别为66.8%、14%和19.2%，猪肉仍占绝对主导地位。生猪、猪肉及其副产品一直是我国传统的出口产品。2007年，生猪产品出口金额达9.08亿美元，占畜产品出口总额的22.4%。在出口产品结构方面，活猪出口成下降趋势，鲜冷冻猪肉和加工猪肉出口不断增加。生猪产品主要出口到日本、朝鲜和中国香港等东南亚国家和地区，出口金额占总额的 84.1%。2007 年生猪产品进口金额为 4.70 亿美元，占畜产品进口总额的 7.3%。其中猪杂碎和鲜冷冻猪肉是主要的进口产品，主要来自法国、美国、丹麦等。

（二）我国养猪业存在的主要问题

近年来，我国猪肉产品价格波动比较明显，对居民生活乃至宏观经济运行产生了一定影响，引起了社会广泛关注。养猪业发展进入了产业升级的关键时期，猪生产面临着新的形势，同时也暴露出我国养猪业发展面临的一些新问题。

1. 资源环境约束日益明显

一是饲料资源相对紧张。2010 年，我国存栏猪 4.87 亿头，出栏肉猪 7.3 亿头，年需饲料量达 3.3 亿吨左右，如果以粮食占 60% 计，则需要粮食 1.98 亿吨，占当年粮食总产 5 亿吨的 40%。目前中国用于畜禽饲料的粮食约占粮食总产量的 30%，低于世界平均数 40%，更低于发达国家 60% ~ 70% 的比例。受国际粮食价格上涨等因素影响，玉米等主要饲料原料价格持续高价位运行，加之国内深加工消耗量的增加，加剧了饲料用玉米的供应紧张状况，这种趋势短期内难以缓解。二是劳动力成本增加。随着工业化、城镇化进程的加快，农村劳动力转移进一步增加，发展养猪劳动力成本明显加大。三是用地难，多数地方没有把生猪规模养猪用地纳入土地利用总体规划，用地问题已成为加快规模养猪发展的制约因素。四是种猪场基础设施薄弱，机械化程度相对较低。五是粪污处理难。养猪业污染问题已广为关注，一个 600 头母猪，年出栏 10 000 头肉猪的猪场，估计全年排污约 2 300 吨，尿约 6 000 吨，污水约 24 000 吨，平均每天有粪 6.5 吨，尿 16 吨，污水约 65 吨。环保压力日益增大，排污投入需要不断增加，行之有效的养殖场大中型沼气发展缓慢，即使有中大型沼气设备，沼液全部用于土地消纳也很困难。

2. 产业服务体系仍不健全

一是产业化程度仍然较低。很多地区龙头企业带动力不强，公司的生产基地与农民结合不紧密，真正的利益共同体没有形成，各环节的利益分配矛盾突出，产、供、销一体化经营尚未形成。千家万户小规模分散养殖仍占很大比重，规模化、专业化、组织化程度不高，小生产与大市场脱节，抗风险能力较弱。二是良种繁育体系不完善，层次结构不分明，选育水平低，供种能力小。同时，地方种猪资源开发利用也不够。三是技术服务机构不完善，技术服务设施和手段不完备，制约了新产品、新设备、新技术的推广应用。四是信息服务网络不完善，不能适应养猪业发展的需要。五是信贷机制不健全。由于圈舍和牲畜不能作为资产抵押，农民无法从银行借贷到扩大养猪生产规模所需的资金。

3. 疫病防控形势依然严峻

近几年来，猪常见病在我国呈多发态势，由四、五种增加至十多种，增加了养殖户疫病防治的难度。重点动物疫病时有发生，部分地区经常发生猪链球菌病和高致病性的猪瘟蓝耳病疫情，对猪生产构成了严重威胁。部分地区镇村级防疫员队伍不健全，经费没有保障，防治措施难以全面落实到位，存在很大隐患。

4. 生产技术水平仍然不高

目前，养猪业发达的国家已经基本实现工厂化、自动化、标准化，在流通和服务领域已自成体系，并通过物联网技术管理。而我国除大中型企业外，大部分猪场工艺落后，技术水平低，猪的单产水平较低。在我国母猪年平均产仔 2 窝已属不易，发达国家为 2.4 ~ 2.5 窝；生长育肥猪 90 kg 体重平均出栏日龄我国为 170 d，发达国家为 135 ~ 150 d；育肥猪平均酮体重仅为 76.6 kg，低于世界平均水平 79.3 kg，远低于德国、巴西和美国等养猪发达国家的生产水平；生长育肥猪平均每千克增重耗料我国为 3.2 ~ 3.5 kg，发达国家为 2.8 ~ 3.0 kg；猪的出栏率我国为 120% 左右，先进国家为 190% 左右；猪的瘦肉率我国为 55% 左右，发达国家为 65% 以上；哺乳仔猪的死亡率我国为 10% 左右，发达国家为 3% ~ 5%；肉猪单位活重收购价与粮食价的比例我国为 5：1，发达国家为 10：1；每头母猪年提供合格商品猪我国为 13 ~ 17 头，发达国家达 20 ~ 22 头。

5. 猪肉产品安全隐患仍然很大

我国养猪的主要饲料原料玉米和豆粕中，含有较高的化肥与农药残留，同时部分抗生素被认为是保证猪健康、促进生长的药物，在母猪、仔猪和肉猪饲料中普遍使用，致使在猪肉中残留。β 兴奋剂及其人工合成产品克伦特罗、塞曼特罗等被误导为是提高猪酮体瘦肉率的有效产品，农业部虽明令禁止使用，但少数厂家仍违法添加，致使出现数起残留中毒事件。高铜在仔猪生产中广泛使用，但高铜可损害肝脏和肾脏，引起急性中毒或慢性中毒，残留的铜随粪便排出体外，污染土壤、牧草、饲料。砷制剂目前在养猪生产中也广泛使用，而过量的砷制剂也有可能引起家畜与人中毒。

（三）我国养猪业的发展展望

1. 发展前景

（1）我国猪生产的资源潜力大。我国饲草资源丰富，草的面积达 40 000 万平方公里，可用草地面积达 31 333 万平方公里；劳动力资源丰富，特征鲜明，有繁殖力高的太湖猪、有耐寒的东北民猪、适合做火腿的金华猪、用作实验动物的五指山猪等。

（2）国内消费量呈刚性增长。预计 2030 年前后我国人口将达 15 ~ 16 亿，虽然肉类消费结构发生了变化，猪肉消费比重有所下降，但在相当长的时期内，猪肉仍将是我国肉类消费中的第一大品种，并且绝对消费量将会持续增长，特别是广大农村市场增长潜力巨大。

（3）国内生猪产销区对接更加紧密。长江三角洲、珠江三角洲和环渤海等经济发达地区产业结构调整步伐加快，二、三产业比重提高，养猪业向内地主产区转移，全国产区、销区更趋明显，销区生猪调入量逐年增加。

（4）市场对猪肉及产品品质要求更高。随着人民生活的不断改善，人们对猪肉及其产品品质要求越来越高，安全卫生的无公害猪肉已显示出很好的市场前景。

（5）市场流通方式发生变化。当前，冷鲜肉、分割肉及猪肉肉制品的花色品种越来越多，其占猪肉消费量的比重越来越大，专卖店、连锁店、超市等销售方式正在兴起。

（6）产品出口前景看好。目前，活猪年贸易量每年约 1 800 万头，猪肉贸易量约 600 万吨。猪肉净出口大国主要为欧盟和北美，净进口大国主要集中在亚洲的日本、韩国、新加坡、菲律宾、中国香港以及俄罗斯等国家或地区，进口量约 300 万吨。据预测，未来世界肉类消耗增量的 80% 在亚洲，我国具有明显的地缘优势，出口潜力较大。随着生猪优势产业带建设的不断推进，动物疫病防控水平不断提高，屠宰加工也不断发展，与发达国家的差距将逐渐缩短，逐渐与国际标准接轨，猪肉及生猪产品出口前景看好。

2. 发展思路

（1）坚持以市场为导向。充分利用国内不同地区的生产、区位和市场优势，有针对性地进行市场定位，满足城乡居民日益增长的猪肉消费需求，以质量安全和区位优势努力扩大国际市场份额；在巩固城市市场的同时，积极开阔广大农村消费市场；充分利用我国种猪资源丰富的优势，开发特色猪肉及产品，满足不同消费层次或多元化的需求。

（2）坚持以质量安全为核心。强化质量安全意识，推广健康养殖，制定和完善产品质量安全标准，规范指导生产，对投入品、饲养、加工、销售实行全程监管，全面提高生猪及猪肉的质量安全水平。

（3）坚持以科学进步为动力。加大科技创新和推广力度，走"农科教、产学研"相结合的路子，对制约生猪生产发展的关键技术进行攻关，形成面向市场的技术创新机制，加快科技成果转化应用，抓好技术培训，提高生产者素质，增加科技含量。

（4）坚持以产业化发展为方向。大力发展生猪加工业，延长生产链，提高附加值；实施名牌战略，培育壮大一批起点高、规模大、带动力强的大型骨干龙头企业；培育新的市场主体，大力发展各类合作经济组织，提高农民生猪生产的组织化程度，采取合同契约、股份合作等多种模式，使龙头企业与广大农户之间结成风险共担、利益共享的经济利益共同体，提高生猪生产的水平和抗风险能力。

3. 发展措施

（1）完善促进养猪产业发展的政策。按照《国务院关于促进畜牧业持续健康发展的意见》和《国务院关于促进生猪生产发展稳定市场供应的意见》精神，落实和巩固能繁母猪补贴制度，能繁母猪保险、生猪良种繁育体系、生猪调出大县进行奖励、扶持生猪标准化规模饲养等现有扶持政策；向优势区域倾斜，不断完善扶持生猪生产发展的政策体系，加快构建生猪持续健康发展的长效机制；切实解决发展生猪生产贷款难、用地难以及粪污处理难问题，为生猪产业稳定发展创造良好政策条件。

（2）建设标准化养殖示范基地。按照"统一标准、规模饲养、提高质量"思路，建设一批生猪规模化养殖示范基地，重点发展养殖大户，推行规范化、标准化生产，落实新产品、新技术在养猪业中的应用，提高基地县（市）生猪生产水平，实现生猪粪便排放的减量化、资源化和无害化。专业化、集约化和机械化养猪是生产力发展到一定程度后的必然趋势。专业化养猪是养猪业高度分化的结果，有专门的种猪育种公司、商品猪生产场、饲料生产和加工企业等。集约化养猪是指猪群高度集中的密集饲养以及达到节省建筑面积、节省人工的一种养殖方式。机械化养猪是在养猪生产中采用机械化、自动化的机电设备和设施。用机械力、电力代替人力和手工劳动的一种养猪方式。发展是适度规模的专业化、集约化和机械化养猪场，符合现阶段我国的基本国情。

（3）完善良种繁育推广体系。通过原种场、扩繁场、生产场的配套建设，形成宝塔式生猪良种繁育体系。鼓励种猪场（企业）间的联合，兼并和扩大，开展种猪测定、拍卖，建设种公猪站，应用人工授精技术，促进联合育种，提高种猪质量和供种能力。主要建设"两场三站"，即种猪场、资源场、种猪性能测定中心站、省级人工授精中心站、县市改良配种站。育种工作中坚持常规育种技术与分子生物学技术相结合，需要加大猪应用分子生物学研究的投入力度，重点开展重要经济形状主效基因筛选和定位研究、标记辅助选择、多基因聚合技术、功能基因网络解析、蛋白质组技术、杂种优势分子预测与表观遗传对优势性状的调控等研究。实现育种技术和品种创新的跨越式发展。采用先进的保种理论，制定国家级总体保种策略，在分子水平上开展猪种遗传差异调查、猪种资源的评估与分类，分离、挖掘和利用我国地方猪种资源典型品质、抗病、抗逆等表现性状优异基因。在原地保种和迁地保种的基础上，研究长期保存冻精、卵细胞与冻胚的新技术。进而建立我国遗传资源信息库和基因库。同时积极推广实用繁殖技术，包括猪的发情鉴定、排卵及分娩控制、早期妊娠诊断、生殖免疫、胚胎移植等，推动我国猪种改良步伐，提高种猪生产性能水平。

（4）提高饲料质量安全水平。大力发展优质高效安全饲料，推广应用配合饲料，提高饲料转化率，降低生产成本，增强生猪的抗病能力。严格饲料市场推入，加强对饲料对质量的监督检查；规范饲料、饲料添加剂等投入品的使用，以打击"瘦肉精"为重点，严肃检查在猪饲料中违法添加违禁药品和化学物质的行为，保障猪肉产品的质量安全。

（5）加强疫病防控工作。强化种猪场重点疫病净化工作，从源头提高猪只健康水平。切实做好高致病性猪蓝耳病、猪瘟、口蹄疫等重大生猪疫病防控工作。加强疫情监测和报告。加快推进动物疫病标识追溯体系建设。强化监测监管，加强产地检疫和屠宰检疫。抓好村级动物防疫员队伍建设，加强业务技能培训，保障基层生猪疫病防控工作各项措施的有效落实。

（6）推进产业化进程。要重点培育一批有优势、有特色、有基础、有前景、有较强辐射、带动作用的从事良种生产、商品养殖、产品加工批发、中介服务的龙头企业。完善产业链利益连接机制，加快一体化进程，大力推行公司+农场（农户）的经营模式，采取有效组织方式，协调和引导龙头企业与基地农户通过契约、股份合作等方式结成利益共同体。

（7）完善质量监控体系。重点是建立完善的质量标准体系，加快质量标准的制修订和推广应用，完善种猪、饲料、兽药等投入品使用的监控手段，实行产品标识，建立产品质量追溯制度，建立生猪及其产品质量标准体系，主要制定生产技术规程、兽医卫生操作规程、猪肉质量标准、猪肉制品质量标准和加工标准等。建设和完善各级畜产品质量检测中心，重点对生猪及其产品的瘦肉精、药物残留及重金属超标等进行检测。同时，省市县各级监管机构配备瘦肉精、药物残留等快速检测仪器和相关试剂，提高基层检测手段。

（8）加强生产信息的分析和预警。建立准确、可靠的基础数据采集系统，以养猪大县和生猪规模养殖为重点，加强定点跟踪调查，强化生产形式分析，定期进行信息发布和预警，引导养殖户合理安排生产。加强生猪产销区供需信息交流，促进产销衔接。引导合理出栏，促进均衡上市，对重点养殖基地实行动态管理，确定固定监测点，建立全国生猪生产定点监测制度，切实做好生产动态监测数据统计工作，收集、整理和分析生猪生产基础数据，做到数据准确、情况明确、底数清楚，对生猪生产形式进行分析和预警，合理指导养殖户发展生猪生产。

（9）加强环境控制。研制开发环保型的猪舍设施设备、高效节能的粪污处理与净化技术，指定猪场污水排放标准，研究适合我国国情的新型猪农良性生态循环模式。

随着科学技术的不断进步，我国养猪业将进入一个新的历史时期，优质、高效、安全的养猪业必将取得更大的进展。

自测训练

1. 养猪业在国民经济中的重要作用。
2. 我国养猪业未来发展措施。

项目一　引种准备

【知识目标】

1. 了解猪的生物学特性、行为习性及其经济性状等基本知识。
2. 掌握种猪场场址选择、场区布局、猪舍建设和舍内设备布置等主要技术指标。
3. 了解种猪场环境控制及废弃物处理原理。
4. 掌握种猪场免疫程序及寄生虫的净化方案。
5. 熟悉种猪场生物安全知识。
6. 掌握种猪场饲料筹备知识。

【技能目标】

1. 学会应用猪的生物学特性及行为习性指导种猪生产。
2. 结合当地实际，正确科学地选择种猪场场址，并根据场址实际情况进行规划布局。
3. 能对种猪场进行消毒和对猪实行免疫接种。
4. 学会控制与净化猪场寄生虫。
5. 学会饲料计划的编制，保障饲料按质按量供给。

任务一　猪的基本特征特性

任务要求

1. 实地参观，调查种猪场、查阅、收集相关资料。
2. 掌握猪的特征特性。
3. 正确认识猪的行为习性在生产中的运用。

学习条件

1. 种猪场及猪只若干。
2. 多媒体教室、教学课件、教材、参考图书。

相关知识

一、猪的生物学特性

家猪是由野猪驯化而来的，在长期驯化和进化过程中，形成了许多生物学特性，这些生物学特性因不同的猪种或类型，有的是其种属的共性，有的是它们各自的特性。饲养者若能认识和掌握，就可对其加以利用，以获得较好的饲养和繁育效果，达到较大的经济效益。

（一）繁殖力强、世代间隔短

一般而言，猪在 4~5 月龄即达性成熟，6~8 月龄就可以初次配种。猪的妊娠期短，只有 114 天，一年内就可第一次产仔，对于经产母猪一年可产两胎以上，若缩短仔猪哺乳期，并对母猪进行激素处理，可达到年 2.5 胎或 3 胎。

由于猪性成熟早，妊娠期和哺乳期均较短，因而猪的世代间隔亦短，平均为 1~1.5 年，是牛和马的 1/3、羊的 1/2，仅次于家禽。

猪是常年发情的多胎高产动物，平均窝产仔 10 头左右，比其他家畜要多。母猪卵巢中有卵原细胞 11 万个，但每一个发情周期内可排卵 12~20 个，而产仔数通常只有 8~10 头。公猪一次射精量 200~400 mL，其中有精子约 200~800 亿个，可见猪的繁殖潜力很大。

（二）食性广，杂食性，饲料转化率高

猪是杂食动物，可食饲料的种类和范围很广，对饲料的转化率仅次于家禽，为 1∶3~3.5，而高于牛羊，其中肉牛为 1∶6~8、羊为 1∶5~6，猪的这种消化特点与其自身的消化道特点是密切相关的。

猪嘴：牙齿发达、上唇短厚、下唇尖小、活动性不大、口裂大，牙齿和舌尖露到外面即可采食，喝水靠口腔内的压力吸水。

猪舌：长而尖薄，主要由横纹肌组成，表面有一层粘膜，上面有形状不规则的舌乳头。大部分的舌乳头有味蕾，故猪采食时有选择性，能辨别口味，喜爱酸甜食物。

猪的唾液腺：发达，能分泌大量含有淀粉酶的唾液，除浸润饲料便于吞咽外，还能将少量淀粉转化为可溶性的糖。猪一昼夜可分泌 15 L 腺液，其中腮腺占有一半。

猪的胃：容量为 7~8 L，是肉食动物的单胃与反刍动物的复胃之间的中间类型，能广泛地利用各种动植物和矿物质饲料，且利用能力较强，甚至对各种农副产品、鸡粪、泔水等都能利用。

猪的肠道：较长，约为其体长的 20 倍（欧洲猪约为 13.5 倍，我国猪达 16 倍），故饲料通过消化道的时间长（约 18~20 h），消化吸收充分。猪对精饲料中有机物消化率为 76.7%，青草中有机质消化率为 44.6%。

猪的消化道特点，使猪能够采食各种饲料来满足生长发育的营养需要，且采食量大、很少过饱、消化快、养分吸收多。但应注意，猪对含纤维素多、体积较大的粗饲料利用能力差，这是因猪胃内没有分解粗纤维的微生物，只有大肠内少量微生物可以分解消化，对含粗纤维多的饲料利用率为 3%~25%。

（三）生长发育快，生长强度大

在肉用家畜中，猪和马、牛、羊相比，无论是胚胎生长期或生后生长期都最短（如表 1-1 所示）。

表 1-1 不同家畜的生长发育期

畜 别	猪	牛	羊	马	驴
胚胎期（月）	3.8	9.5	5.0	11.34	12.0
生后生长期（年）	1.5～2.0	3～4	2～3	4～5	4.5～5.0

由于猪胚胎期短，同胎仔猪数多，出生时初生体重小，各系统的器官发育不充分，对外界环境抵抗力差，如头的比例大，四肢不健壮，初生体重小——平均约 1～1.5 千克，占成年体重不到 1%，因此，对初生仔猪需精心护理。

仔猪出生后为补偿胚胎期发育的不足，生长强度很大，生后 2 个月内生长发育特别快，1 月龄体重可达初生体重的 5～6 倍，约 7 kg，60 日龄体重，约 20 kg，为初生体重的 12～15 倍。断乳后直到 8 月龄以前，猪的生长仍很迅速，尤其瘦肉型猪，生长发育快是其最突出的特性。8 月龄以后生长逐渐缓慢，到成年时体重维持在一定的水平上。这种生长期短、发育迅速、周转快等特点，对养猪生产者降低养猪成本，提高效益十分有益。

（四）适应性强、分布广

猪的适应能力很强，是世界上分布较广，数量最多的家畜之一。除因宗教或习俗原因而禁止养猪的地区外，凡是有人类生存的地方都有猪的饲养，但世界各地在猪的饲养数量上有所不同。

世界：亚洲、欧洲、美洲等占比例大，而非洲、大洋洲较少。

中国：分布全国各地，但大部分集中在东南沿海，西南山区和黄淮海三个区域。

猪的适应性和抗病力均较强。表现在不仅分布广，而且个体本身在发病初期，不易发觉，一旦发现病情，则病情已较严重而难治疗，这就要求饲养员应经常注意猪的日常动态，一旦有失常现象就应立即查找原因，及时采取防治措施。尽管猪的抗逆性较强，但对极端恶劣的环境，猪会产生各种应激反应症状，导致生理上出现异常，生长受阻等，如噪音，轻的可使猪产生食欲不振、暂时性惊慌、恐惧等行为，强的可导致母猪早产、流产和难产、或受胎率下降，产仔数减少等现象，猪的这种特性，在养猪生产中不能忽视，应给猪创造一个良好的自然环境。

（五）感觉器官的特点

1. 猪的听觉器官发达

猪的耳形大，外耳腔深而广，如同扩音器的喇叭猪耳搜索音响范围大，即使很微弱的响声都能察觉到，尽管其相对很少活动，但头部转动灵活，可以迅速判别声源方向，以及辨别声音的强度、节律、音调，通过呼名和各种口令等声音训练可以很快建立起相应的条件反射。仔猪出生后几分钟内便能对声音有反应，几小时后即可分辨出不同声音刺激，到 3～4 日龄时就能较快地辨别出各种声音。猪对有关吃喝的声音较敏感，当它听到喂猪的铁桶声响时立即起而望食，发出饥饿的叫声。猪对意外响声特别敏感，尤其是对危险响声特别警觉，一旦有意外响声，即使在睡觉，猪也会立即站立起来，保持警惕。因此，为了使猪群保持安静、安心休息，应尽量不打扰它们，特别不要轻易捉小猪，以免影响其生长和发育。

猪传递信息最重要的方法是用声音发出信号。目前，人们能够识别的有 20 种信号，其中有 6 种对人来说很易辨别。猪本身的叫声因品种年龄，生活条件的不同也有很大的差别，因而不同的个体之间完全可以依据听觉来相互识别和交往。

2. 猪的嗅觉非常灵敏

猪的嗅觉之所以灵敏，是由于猪鼻发达，嗅区广阔，嗅粘膜的绒毛面积大，分布在这里的嗅神经非常密集，对任何气味都能嗅到及辨别。猪对气味的识别能力是狗的 1 倍左右，比人高 7~8 倍。在一个猪群的个体之间，基本上是靠嗅觉保持互相联系。如仔猪初生后便能靠嗅觉寻找奶头，3 天后就能固定奶头吃奶，且在任何情况下都不会弄错，故仔猪的固定奶头或寄养，应在 3 天内进行。猪依靠嗅觉能有效地寻找地下埋藏的食物，能准确地排出地下的异物，识别群内个体，以及自己的圈舍和卧位等，同时嗅觉在猪的性联系中也有很大作用。

3. 猪的味觉

猪的味觉感觉中等，在味觉成分中，猪首先能分辨出甜味和苦味，还能区分不同咸度的含盐饲料，如能识别含有 1.5% 和 2% 食盐的饲料。

4. 猪的视力很差

猪的视距短、视野范围小、辨色能力差，不靠近物体就看不见东西，几乎不能用眼睛精确辨别物体的大小形状和光线周围的强弱，对光的刺激反射比对声音的刺激反射要慢很多。人们常利用猪的这一特点，用假母猪进行采精训练，发情的母猪闻到公猪特有气味，就会前往，这时若把公猪赶走，母猪就会在原地表现出"发呆"反映，刚配种的母猪需单独休息十几分钟，以消除气味。

5. 猪的触觉遍布全身，痛觉很敏感

猪的触觉全身都有，尤其鼻端部位更发达，在觅食和相互往来中常常以吻的方式相互接触并感觉信息。猪对痛觉较为敏感，易形成条件反射，如利用电围栏放牧，猪受 1~2 次轻微的电击后就再也不敢碰触围栏了。人若对猪过分粗暴，甚至棒打脚踢，猪就会躲避人，甚至伤害人，而且猪对这种痛觉的记忆长久而深刻。

二、猪的行为习性

动物的行为习性和生物学特性一样，有的取决于先天遗传，内部因素，有的取决于后天的调教训练、外来因素。猪和其他动物一样对其生活环境，气候和饲料管理等条件，在行为上的反应具有一定的规律性，人们对这些行为加以训练和调教，在创造适合于猪生活习性的环境条件同时，使其后天行为符合现代化生产要求，以充分发挥猪自身的生产潜能，获得最好的经济效益。猪的行为一般可分为以下几个类型：

（一）采食行为

猪的采食行为包括摄食与饮水，并具有各种年龄特征。

猪生来就具有拱土的遗传特性，拱土觅食是猪采食行为的一个突出特征。猪鼻子是高度发育的器官，在拱土觅食时，嗅觉起着决定性的作用。尽管在现代猪舍内，饲以良好的平衡日粮，猪还是表现出拱地觅食的特征。每次喂食时，猪都力图占据食槽有利的位置，有时将两前肢踏在食槽中采食，如果食槽易于接近的话，个别猪甚至钻进食槽，站立食槽的一角，就像野猪拱地觅食一样，以吻突沿着食槽拱动，将食料搅弄出来，抛洒一地。

猪的采食具有选择性，特别喜爱甜食，研究发现未哺乳的初生仔猪就已喜爱甜食。颗粒料和粉料相比，猪爱吃颗粒料；干料与湿料相比，猪爱吃湿料。

猪的采食是有竞争性的，群饲的猪比单饲的猪吃得多、吃得快，增重也快。猪在白天采食 6～8 次，比夜间多 1～3 次，每次采食持续时间 10～20 min，限饲时少于 10 min。任食（自由采食）采食时间长，但能表现每头猪的嗜好和个性。仔猪每昼夜吸吮次数因年龄不同而异，约在 15～25 次范围内，占昼夜总时间的 10%～20%，大猪的采食量和摄食频率随体重的增大而增加。

在多数情况下，饮水与采食同时进行，且猪的饮水量是相当大的。仔猪初生后就需要饮水，主要来自母乳中的水分，仔猪吃料时饮水量约为干料的两倍，即水与料之比为 3∶1；成年猪的饮水量除饲料组成外，很大程度取决于环境温度。吃混合料的小猪，每昼夜饮水 9～10 次；吃湿料的平均 2～3 次；吃干料的猪每次采食后需要立即饮水。自由采食的猪通常采食与饮水交替进行，直到满意为止；限制饲喂的猪则在吃完料后才饮水。月龄前的小猪就可学会使用自动饮水器饮水。

（二）排泄行为

在良好的管理条件下，猪是家畜中最爱清洁的动物。猪能保持其睡窝床干洁，并在猪栏内远离窝床的一个固定地点排粪尿。猪排粪尿是有一定的时间和区域的，一般多在食后饮水或起卧时，选择阴暗潮湿或污浊的角落排粪尿，且受邻近猪的影响。据观察，生长猪在采食过程中不排粪，饱食后约 5 min 左右开始排泄 1～2 次，多为先排粪后再排尿；在饲喂前也有排泄的，但多为先排尿后排粪；在两次饲喂的间隔时间里，猪多为排尿而很少排粪。猪在夜间一般排粪 2～3 次，猪的夜间排泄活动时间占昼夜总时间的 1.2%～1.7%。

（三）群体行为

猪的群体行为是指猪群中个体之间发生的各种交互作用。结对是一种突出的交往活动，猪群体表现出更多的身体接触和保持听觉的信息传递。

在无猪舍的情况下，猪能自我固定地方居住，表现出定居漫游的习性，猪有合群性，但也有竞争习性，即大欺小、强欺弱和欺生的好斗特性，猪群越大，这种特征越明显。

一个稳定的猪群，是按优势序列原则组成有等级制的社群结构，个体之间保持熟悉，和睦相处。当重新组群时，稳定的社群结构发生变化，则爆发激烈的争斗，直至重新组成新的社群结构。

猪群具有明显的等级，这种等级在仔猪刚出生后不久即形成。仔猪出生后几小时内，为争夺母猪前端乳头会出现争斗行为，常出现最先出生或体重较大的仔猪获得最优乳头位置。同窝仔猪合群性好，当它们散开时，彼此距离不远，若受到意外惊吓，会立即聚集一堆或成群逃走。当仔猪同其母猪或同窝仔猪离散后不到几分钟，就会出现极度活动、大声嘶叫、频频排粪尿的行为，年龄较大的猪与伙伴分离也有类似表现。

猪群等级最初形成时，以攻击行为最为多见，等级顺位的建立，受构成这个群体的品种、体重、性别、年龄和气质等因素的影响。一般体重大的、气质强的猪占优位，年龄大的比年龄小的占优位，公比母、未去势比去势的猪占优位，小体型猪及新加入到原有群中的猪则往往列于次等，同窝仔猪之间群体优势序列的确定，常取决于断奶时体重的大小。不同窝仔猪并圈喂养时，开始会激烈争斗，并按不同来源分小群躺卧，大约 24~48 h 内，明显的统治等级体系就可形成，一般是简单的线型体系。在年龄较大的猪群中，特别在限饲时，这种等级关系更明显，优势序列既有垂直方向，也有并列和三角关系夹在其中，争斗优胜者，次位排在前列，吃食时常占据有利的采食位置，或有优先采食权。在整体结构相似的猪群中，体重大的猪往往排在前列，而不同品种构成的群体中不是体重大的个体就是争斗性强的品种或品系占优势。优势序列建立后，猪群就开始和平共处的正常生活，优势猪尖锐响亮的呼嗜声形成的恐吓或用其吻突佯攻，就能代替咬斗使次等猪马上退却，而不会发生争斗。

（四）争斗行为

争斗行为包括进攻、防御、躲避和守势的活动。

在生产实践中能见到的争斗行为一般是为争夺饲料或争夺地盘而引起的，新合并的猪群内的相互交锋，除争夺饲料和地盘外，还有调整猪群结构的作用。当一头陌生的猪进入一猪群中，这头猪便成为全群的猪攻击的对象，攻击往往是严厉的，轻者伤皮肉，重者造成死亡。如果将两头陌生的、性成熟的公猪放在一起，彼此会发生激烈的争斗。它们相互打转、相互嗅闻，有时两前肢趴地，发出低沉的吼叫声，并突然用嘴撕咬，这种斗争可能持续 1 h，屈服的猪往往调转身躯，嚎叫着逃离争斗现场。虽然两猪之间的格斗很少造成伤亡，但一方或双方仍会造成巨大损失，在炎热的夏天，两头幼公猪之间的格斗，往往因热极虚脱而造成一方或双方死亡。猪的争斗行为，多受饲养密度的影响，当猪群密度过大，每猪所占空间下降时，群内咬斗次数和强度都会增加，同时会造成猪群吃料攻击行为的增加。这种争斗形式一是咬对方的头部，二是在合饲猪群中，咬尾争斗。新合群的猪群，主要是争夺群居次位，争夺饲料并非为主，只有当群居构成形成后，才会更多地发生争食和争地盘的格斗。

（五）性行为

猪的性行为包括发情、求偶和交配行为。母猪在发情期，可以见到特异的求偶表现，公、母猪都会表现出一些交配前的行为。

发情母猪主要表现为卧立不安，食欲忽高忽低，发出特有的音调柔和而有节律的"哼哼"声，爬跨其他母猪或等待其他母猪爬跨，频频排尿，尤其是公猪在场时排尿更为频繁。母猪在性欲高度强烈的发情中期，当公猪接近时，会调其臀部靠近公猪，闻公猪的头、肛门和阴茎包皮，紧贴公猪不走，甚至爬跨公猪，最后站立不动，接受公猪爬跨。管理人员压母猪背部时，会立即出现呆立反射，这种呆立反射是母猪发情的一个关键行为。

公猪一旦接触母猪，会追逐它，嗅其体侧肋部和外阴部，把嘴插到母猪两腿之间，突然往上拱动母猪的臀部，并口吐白沫。此时公猪往往发出连续的、柔和而有节律的喉音哼声，有人把这种特有的叫声称为"求偶歌声"，当公猪性兴奋时，还会出现有节奏的排尿。

有的母猪表现出明显的配偶选择，对个别公猪表现强烈的厌恶。有的母猪由于内激素分泌失调，表现出性行为亢进，或发情不明显甚至不发情。

公猪由于营养和运动的原因，常出现性欲低下，或公猪自淫现象。群养公猪，常造成稳固的同性性行为的习性，群内地位低的公猪多被其他公猪爬跨。

（六）母性行为

猪的母性行为包括分娩前后母猪的一系列行为，如絮窝、哺乳及其他抚育仔猪的行为等。

母猪临近分娩时，通常以衔草、铺垫猪床絮窝的形式表现出来，如果栏内是水泥地而无垫草，则用蹄子抓地来表示。分娩前 24 h，母猪会表现出神情不安，频频排尿、磨牙、摇尾、拱地、时起时卧，不断改变姿势的行为。分娩时多采用侧卧位，并选择最安静的时间，一般多在下午 16:00 以后，夜间产仔也较多见。当第一头小猪产出后，有的母猪还会发出尖叫声，当小猪吸吮母猪时，母猪四肢伸直亮开乳头，让初生仔猪吃乳。母猪在整个分娩过程中，自始至终都处在放奶状态，并不停地发出哼哼的声音。母猪分娩后以充分暴露乳房的姿势躺卧，形成一热源，引诱仔猪挨着母猪乳房躺下，授乳时常采取左倒卧或右倒卧姿势，一次哺乳过程中不转身。母仔双方都能主动引起哺乳行为，有时是母猪以低度有节奏的哼叫声呼唤仔猪哺乳，有时是仔猪以它的召唤声和持续地轻触母猪乳房来发动哺乳，一头母猪授乳时母、仔猪的叫声，常会引起同舍内其他母猪也哺乳。仔猪吮乳过程可分为四个阶段，开始时仔猪聚集乳房处，各自占据一定位置，以鼻端拱摩乳房；吸吮时仔猪身向后，尾紧卷，前肢直向前伸，此时母猪哼叫达高峰；最后排乳完毕，仔猪又重新按摩乳房，哺乳停止。

母仔之间可通过嗅觉、听觉和视觉来相互识别和相互联系。猪的叫声是一种重要的联络信息。例如：哺乳母猪和仔猪的叫声，根据其发声部位（喉音或鼻音）和声音的不同可分为嗯嗯之声（母仔亲热时母猪叫声），尖叫声（仔猪的惊恐声）和鼻喉混声（母猪护仔的警告声和攻击声）三种类型，母仔通过上述不同的叫声互相传递信息。

母猪非常注意保护自己的仔猪，在行走、躺卧时十分谨慎，不踩伤、压伤仔猪。当母猪躺卧时，一般选择靠栏三角地并不断用嘴将其仔猪排出卧位慢慢地依栏躺下，以防压住仔猪。一旦遇到仔猪被压时，只要听到仔猪的尖叫声，母猪会马上站起，并防压动作再重复一遍，直到不压住仔猪为止。

带仔母猪对外来的侵犯，先发出警报的吼声，仔猪闻声逃窜或伏地不动，然后母猪会张合上下颌对侵犯者发出威吓，甚至进行攻击。刚分娩的母猪对饲养人员捉拿仔猪也会表现出强烈的攻击行为。这些母性行为，地方猪种表现尤为明显，现代培育品种，尤其是高度选育的瘦肉猪种，母性行为则有所减弱。

（七）活动与睡眠

猪的行为有明显的昼夜节律，活动时间大部分为白昼、温暖季节，如夏天。夜间也有活动和采食，遇上阴冷天气，活动时间会缩短。猪的昼夜活动也因年龄及生产特性不同而有差异，仔猪昼夜休息时间平均为 60% ~ 70%，种猪为 70%，母猪为 80% ~ 85%，肥猪为 70% ~ 85%。休息高峰在半夜，清晨 8 时左右休息最少。

哺乳母猪睡卧时间随哺乳天数的增加而逐渐减少，同时走动次数由少到多，时间由短到长，这是哺乳母猪特有的行为表现。

哺乳母猪睡卧休息有两种，一种是静卧，一种是熟睡。静卧时休息姿势多为侧卧，少为伏卧，呼吸轻而均匀，虽闭眼但易惊醒；熟睡时为侧卧，呼吸深长，有鼾声且常伴有皮毛抖动，不易惊醒。

仔猪出生后 3 天内，除吸乳和排泄外，几乎全是甜睡不动，随日龄的增长和体质的增强活动量逐渐增多，睡眠相应减少，但至 40 日龄大量采食补料后，睡卧时间又有增加，饱食后一般能较安静睡眠。仔猪活动与睡眠一般都尾随效仿母猪，出生后 10 天左右便开始同窝仔猪群体活动，单独活动很少，睡眠休息主要表现为群体睡卧。

（八）探究行为

探究行为包括探查活动和体验行为。猪的一般活动大部分来源于探究行为，大多数是朝向地面上的物体，通过看、听、闻、尝、啃、拱等感官进行探究，表现出很发达的探究驱力。探究驱力指的是对环境的探索和调查，并同环境发生经验性的交互作用。猪对新近探究中所熟悉的许多事物，表现出好奇、亲近的两种反应，仔猪对小环境中的一切事物都很"好奇"，对同窝仔猪表示亲近。探究行为在仔猪中表现明显，仔猪出生后 2 min 左右即能站立，开始搜寻母猪的乳头，用鼻子拱掘是探查的主要方法。仔猪的探究行为的另一明显特点是，用鼻拱、口咬周围环境中所有新的东西。用鼻突来摆弄周围环境物体是猪探究行为的主要方法，其持续时间比群体玩闹时间还要长。

猪在觅食时，先是用鼻闻、拱、舔、啃，当诱食料合乎口味时，便开口采食，这种摄食过程也是探究行为。同样，仔猪吸吮母猪乳头的序位，母仔之间彼此能准确识别也是通过嗅觉、味觉探查而建立的。

猪在猪栏内能明显地区划睡床、采食、排泄不同地带，也是用鼻的嗅觉区分不同气味探究而形成的。

（九）异常行为

异常行为是指超出正常范围的行为，如恶癖就是对人畜造成危害或带来经济损失的异常行为，它的产生多与动物所处环境中的有害刺激有关。如长期圈禁的母猪会持久且顽固地咬嚼自动饮水器的铁质乳头。母猪生活在单调无聊的栅栏内或笼内时，常狂躁地在栏笼前不停地啃咬栏柱，一般随其活动范围受限制程度的增加则咬栏柱的频率和强度增加，攻击行为也增加。口舌多动的猪，常将舌尖卷起，不停地在嘴里的伸缩动作，有的还会出现拱癖和空嚼癖。

同类相残是另一种有害恶癖，如神经质的母猪在产后出现食仔现象。在拥挤的圈养条件下、或营养缺乏、或无聊的环境中常发生咬尾的异常行为，给生产带来极大危害。

（十）后效行为

猪的行为有的生来就有，如觅食、母猪哺乳和性的行为，有的则是后天发生的，如学会识别某些事物和听从人们指挥的行为等。后天获得的行为称条件反射行为，或称后效行为。后效行为是猪出生后随着对新鲜事物的熟悉而逐渐建立起来的。猪对吃、喝的记忆力强，故它对饲喂的有关工具、食槽、饮水槽及其方位等，最易建立起条件反射，例如：小猪在人工哺乳时，每天定时饲喂，只要按时给以笛声或铃声或饲喂用具的敲打声，如此训练几次，其即可听从信号指挥，到指定地点吃食。由此说明，猪有后效行为，猪可通过训练建立起后效行为的反应，从而听从人的指挥，达到提高生产效率的目的。

猪的以上十个方面的行为特性，为养猪者饲养管理好猪群提供了科学依据。在整个养猪生产工艺流程中，充分利用这些行为特性精心安排各类猪群的生活环境，可使猪群处于最优生长状态下，发挥猪的生产潜力，达到繁殖力高、多产肉、少消耗的目的，获取最佳经济效益。

 实训操作

猪的特征与行为习性观察

一、实训目的

1. 熟悉猪的特征与行为习性。
2. 掌握猪的特性与行为习性在生产中的应用。

二、实训材料与用具

录像、猪场猪只若干。

三、实训方法与步骤

1. 通过看录像，结合学生课前、课后查阅的相关文献资料，观察与识别猪的特征和行为习性。

2. 参观猪场认识猪的特征和行为习性，通过现场观察和调查，归纳总结猪的特征特性。

四、实训作业

教师提供 15～20 张有关猪特征特性在生产中的应用图片，要求学生根据图片描述其特征特性。

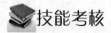 技能考核

技能考核方法见表 1-2。

表 1-2 猪的特征与行为习性

序号	考核项目	考核内容	考核标准	参考分值
1	过程考核	操作态度	精力集中、积极主动、服从安排	10
2		协作精神	有合作精神，积极与小组成员配合，共同完成任务	10
3		查阅生产资料	能积极查阅、收集资料，认真思考，并对任务完成过程中的问题进行分析和解决	10
4		观察习性	根据录像和猪场现场猪只，结合所学知识，正确作出判断	20
5	结果考核	鉴定结果综合判断	准确	20
6		工作记录和总结报告	有完成全部工作任务的工作记录，字迹工整；总结报告结果正确、体会深刻、上交及时	20
7		进场制度	进场程序正确，遵守生物安全和企业规章制度	10
		合　计		100

自测训练

一、填空题

1. 猪属单胃杂食动物，_____、_____、_____和_____都很发达。

2. 猪的嗅觉非常灵敏，_____非常发达，猪对特别容易形成条件反射，但_____很弱，分辨颜色的能力差，属高度的_____。

3. 猪的饮水量相当大，主要取决于_____、_____和_____。

二、简答题

1. 仔猪各阶段适宜温度。

2. 猪的行为特征在生产上的利用。

任务二　种猪场规划与设计

任务要求

1. 进行种猪场的选择，根据选定场址的实际情况进行总体规划和平面布局。

2. 根据总体规划，能初步进行各类猪舍的建筑设计。

3. 能识别和选择工厂化养猪设备，并能正确使用和操作常见的养猪设备。

学习条件

1. 规划设计所用的测量、绘图工具。

2. 种猪场规模、各类种猪的饲养量、生产工艺流程及饲养车间等参数。

3. 工厂化养猪场和养猪相关设备或设备图片、模型。

相关知识

一、猪场总体规划与布局

养猪生产的效果不仅取决于猪只本身的遗传潜力，还与猪只所处的环境条件密切相关。所以猪舍的设计与建造，既要符合猪的生物学特性又要符合猪的生理要求，应结实、耐用、实用、经济。猪舍设计要系统规划、合理布局、因地制宜、就地取材，还要做到省工省料及节约用地。既要考虑卫生防疫要求，又要满足科学饲养管理和机械化养猪的要求。另外，还要根据猪场的性质、任务和规模来确定猪舍的样式、大小和设备。

（一）猪场选址

1. 地势地形

猪场的地势总体要求高燥、排水良好、背风向阳；场地坡度以 1%～3% 为宜，最大不超过 5%。切忌在山坡、坡底、谷地和风口建场。地下水位要低于地表 2 m 以下，在靠近江河地区，厂址应比历史最高水位高 1～2 m。

2. 猪舍场地

猪舍场地要求土质坚实，渗水性强，且未被病原体污染的黄沙土壤或红壤。沙质土壤虽然渗水性好，但地温变化大，对猪的健康不利；黏性土壤虽土质坚实，但不易渗水，阴雨季节易造成场地泥泞，也不适宜建猪场。

3. 水　源

猪场水源总体要求水量充足、水质良好、取用方便、卫生干净，并易于净化和消毒。水质必须符合饮用水卫生标准。以地面水作水源是必须经过过滤和消毒处理，取水点方圆 200 m 范围内不得有任何污染区，上游 1 000 m，下游 200 m，不得有污水排放处。以地下水作为水源时，水井 50 m 周围不得建厕所、粪池等污染源。每头猪每日耗水量参数如表 1-3 所示。

表 1-3　每头猪每日耗水量参数表（单位：L）

猪群类别	总耗水量	其中饮用水量
空怀、妊娠母猪	15.0	10.0
哺乳母猪（带仔猪）	30.0	15.0
培育仔猪	5.0	2.0
育成猪	8.0	4.0
育肥猪	10.0	6.0
种公猪	25.0	10.0

4．供电与通信

猪场用电量较大，加上生活用电，一个万头猪场装机容量（饲料加工除外）一般可达100～150 kW。因此猪场应距电源近，以节省输变电开支，要有自己的专用线路和变压器，当电网供电不能稳定时，或经常停电的地方，应自备小型发电机组；目前大型现代化的工厂化养猪场较多，便于生产、管理方便，应通讯畅通，网络畅通等。

5．交　通

养猪场的饲料、产品、粪污、废弃物等运输量是很大的，为了减少运输成本，在防疫条件允许的情况下，厂址既要避开交通主干线，又要保证交通方便，应设有专用道路与主干线相连。

6．卫生防疫

为了保持猪场良好的卫生防疫和安静的环境，猪场应远离交通主干线（包括公路、铁路）至少400 m以上，距居民点、工厂1 000 m以上并根据当地常年主风向，使猪场位于居民点的下风向和地势较低处。与其他动物饲养场、屠宰场兽医院之间距离不小于2 000 m，距离各种化工厂不小于3 000 m。

（二）猪场总体规划

2015年1月1日，新环保法正式开始实施，对猪场的环保要求更高，这就要求在规划和设计猪场时，一定要将环保考虑得更周到和完善。目前将养猪场建成"猪-沼-种植"有机结合的生态猪场还较普遍。

1．猪场规划布局的基本原则

（1）场内总体布局应体现建场方针、任务，在满足生产要求的前提下，做到节约用地。

（2）在规模猪场应划分功能区域。

（3）按风向由上到下，各类猪舍的排列顺序依次是配种舍、妊娠舍、分娩哺乳舍、断奶仔猪舍、生长舍、肥育舍等。

（4）场内清洁（净）道和污道必须严格分开，不得交叉。

（5）猪舍朝向和间距必须满足日照、通风、防火和排污的要求，猪舍长轴朝向以南向或南向偏东30°以内为宜；相邻两猪舍纵墙间距控制在7～12 m为宜，相邻两猪舍端墙间距以不少于15 m为宜。

（6）建筑布局要紧凑，在满足当前生产的同时，适当考虑将来的技术提高和改造、扩建的可能性。

（7）必须遵守新环保法相关规定。

2．占地面积

应根据建场规模来确定所需面积，原则上要把生产区、隔离区、生活和管理区都要考虑进去，并须留有发展的余地，计划出全厂所需面积。猪场生产区占地面积一般可按繁殖母猪每头45～50 cm² 或上市商品育肥猪每头3～4 cm² 考虑，猪场生活区、行政管理区、隔离区另行考虑。猪舍总建筑面积按每出栏一头商品育肥猪 0.8～1.0 m² 计算，猪场的其他辅助建筑总面积按每出栏 1 头猪需 0.12～0.15 m² 计算。每头猪需栏面积与附属用房建筑面积如表1-4，表1-5所示。

表1-4　每头猪需栏面积参数表

猪群类别	每头猪占栏/m²	猪群类别	每头猪占栏/m²
空怀妊娠	1.8～2.5	培育仔猪	0.3～0.4
哺乳母猪	3.7～4.2	育成猪	0.5～0.7
后备母猪	1.0～1.5	育肥猪	0.7～1.0
种公猪	5.5～7.5	配种栏	5.5～7.5

表1-5　附属用房建筑面积参数表

项　目	面积/m²	项　目	面积/m²
消毒更衣室	30～50	锅炉房	100～150
兽医、化验室	50～80	仓库	60～90
饲料加工间	300～500	维修间	15～30
配电室	30～45	办公室	30～60
水泵房	15～30	门卫	15～30

3. 猪场总体布局

（1）三　区

生活管理区：是猪场技术和经营管理的决策中心，员工办公和生活等活动所在地，应设在猪场大门外面；生产区员工的生活场地应设在猪场大门内。生活管理区应位于猪场主风方向的最上端，以免受到不良空气的污染。

生产区：是猪场养猪生产场所。现代化、工厂化的核心场一般分为种猪区和保培区。种猪区由种公猪车间、空怀妊娠车间、分娩哺育母猪车间、保培区由保育车间、培育车间、后备种猪车间等组成。

饲料准备库：宜安排在猪场的中间位置，既考虑缩短饲喂时的运输距离，又要考虑向场内运料方便，还要考虑面积够用，主要是放假期间可能屯料，饲料准备库应分成两间，从外面运输来的饲料必须经过消毒才能进入。若采用自动料线，用散装车拉料的话，就不需饲料准备库。但料塔就必须安在运输道路的近端。

隔离及粪污处理区：该区主要由病猪隔离舍、病死猪无害化处理、猪粪便处理和沼气工程等组成。规模化猪场排泄量大（见表1-6），粪尿污染问题已成为当今困扰畜禽养殖业发展的世界性难题，一定要在总体规划布局时及时考虑，妥善解决。从常年风向考虑，该区应设在 3 个区的最下风向；从地势考虑，该区应是 3 个区中地势最低的区域。

表 1-6　各类猪粪尿排泄量

猪别	饲养天数	每头日排泄量/kg			每头年排泄量/t		
		粪量	尿量	合计	粪量	尿量	合计
种公猪	365	2.0~3.0	4.0~7.0	6.0~10.0	0.9	2.0	2.9
种母猪	365	2.5~4.2	4.0~7.0	6.9~11.2	1.2	2.0	2.9
后备母猪	180	2.1~2.8	3.0~6.0	5.1~8.8	0.4	0.8	1.2
育肥大猪	180	2.17	3.5	5.67	0.4	0.6	1.0
育肥中猪	90	1.3	2.0	3.3	0.12	0.18	0.30

（2）两　道

场内道路设净道、污道、互不交叉。净道用于运送饲料、产品等；污道则专运粪污、病猪、死猪等。场内道路要求防水防滑，生产区不宜设直通场外的道路，而生产区和隔离区应分别设置通向场外的道路，以利于卫生防疫。

（3）供排水和供电系统

在总体规划布局的同时，需对各功能区建筑单体同步安排供水、排污（雨水道与污水道分开设计）和供电管线，在条件许可的情况下，可将饮用水和冲洗圈舍水分设两个供水系统，可节约用水成本。

（4）防疫隔离

在总体规划布局的同时，猪场四周应设防疫隔离围墙，有条件时，最好利用围墙外侧地形挖掘防疫隔离河沟。入场处和场内各生产区之间，应设门卫和消毒池等消毒设备。

（5）猪场朝向和间距

我国地处北半球，除南沙群岛外，主要处于北半球的北纬15°~55°，各地区应参考当地建筑的主流朝向而定。

有窗猪舍：从自然光照和常年主导自然风向的采集两大要素考虑，猪舍方向应坐北朝南，以便最大限度地采集自然光和自然风。

无窗密闭式猪舍：工厂化养猪因高度节约化，设计为无窗密闭式，光照和通风等采用人工控制小气候生态因子的高科技猪舍，猪舍内环境不受外界自然气候的影响，所以猪舍的朝向无关。

（6）场区绿化

植树、种草，搞好绿化，对改善场区小气候有重要意义。场地绿化可按冬季主导风向的上风向设防风林，猪舍之间、道路两盘进行遮阴绿化，场地裸露地面上可种花草。场区绿化植树适宜多栽植高大的落叶乔木，防止夏季阻碍通风和冬季遮挡阳光。

（三）猪场平面布局

根据猪场选址条件和总体规划，决定各建筑单体与配套设施的具体布局：即在场址规划红线内，进行三区、两道的具体布局。总体布局的传统展示形式分为平面图、效果图及沙盘模型3种，而在猪场平面布局中，最常用的是平面图和效果图。

1．猪场平面图

根据猪场场址实际情况、饲养规模、三区两道及猪场布局参数，在绘图纸或电脑中绘出猪场平面布局图。某猪场的平面布局图（示意图）如图 1-1 所示。

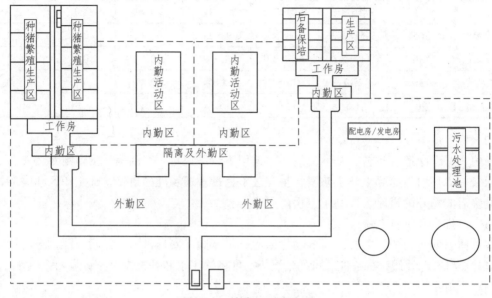

图 1-1 某猪场平面布局

2．猪场效果图

随着规模化、工厂化养猪建设要求的提高，传统的在绘图纸上绘出的猪场平面布局图已远远不能满足大中型规模化、工厂化猪场建筑设计要求。因此，需根据绘图纸上绘出的猪场平面布局图，进一步绘制出猪场效果图，如图 1-2 所示。

图 1-2 某猪场效果图

3．沙 盘

在中、小型猪场的规划布局和设计时，通常有上述两种图就可以了。但在大型猪场布局和设计时，由于投资大、猪场内部功能分区细和建设要求高，建筑设计人员没有畜牧兽医专业知识，而畜牧兽医人员也没有建筑专业知识，所以猪场设计的第一步，还需畜牧兽医人员根据生产工艺流程和管理需要，提出规划布局和设计要求，委托建筑设计部门制成总体规划沙盘，凭此实施单体建筑和配套设施的设计，确保猪场布局的完整性、精确性、直观性，尤其可供非畜牧兽医专业的领导或业主在审查时更直观、详尽、准确了解。

二、猪场建筑设计

（一）猪舍的形式

1. 按屋顶形式分

按屋顶的形式分为单坡式、双坡式、不等坡式、平顶式、拱式、钟楼式和半钟楼式猪舍，如图 1-3 所示。

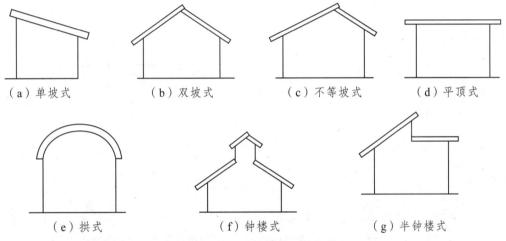

（a）单坡式　　　　（b）双坡式　　　　（c）不等坡式　　　　（d）平顶式

（e）拱式　　　　　　（f）钟楼式　　　　　　（g）半钟楼式

图 1-3　不同形式的猪舍屋顶示意图

（1）单坡式。单坡式猪舍的屋顶只有一个坡向，跨度较小、结构简单、用材料少、可就地取材、施工简单、造价低廉，因前面敞开无坡，所以采光充分，舍内阳光充足、干燥、通风良好；缺点是保温隔热性能差，土地及建筑面积利用率低，不便于舍内操作。适合于跨度较小的单列式猪舍和小规模养猪场。

（2）双坡式。双坡式猪舍的屋顶有前后两个近乎等长的坡，是最基本的猪舍屋顶形式，目前在我国使用最为广泛，可用于各种跨度的猪舍。优点是易于修建、造价低、舍内通风、保温良好，若设有吊顶（天棚）则保温隔热性能更好，可节约土地及建筑面积；缺点是对建筑材料要求较高，投资略大。适合于跨度较大的双列式或多列式猪舍和规模较大的养猪场。

（3）不等坡式。不等坡式猪舍的屋顶有前后两个不等长的坡，一般前坡短，后破长。与单坡式猪舍相比，前坡可遮风挡雨雪，采光略差，但保温性能大大提高，特点介于单坡式和双坡式猪舍之间，适合于跨度较小的猪舍和较小规模的养猪场。

（4）平顶式。平顶式猪舍的屋顶近乎水平，多为预制板或现浇钢筋混凝土屋面板，随着建材工业的发展，平顶式的使用越来越多。优点是可以充分利用屋顶平台，保湿防水可一体完成，不需要再设天棚，缺点是防水较难做。

（5）拱式。拱式猪舍的屋顶呈圆拱形。优点是造价较低，坚固耐用，可以建大跨度猪舍。缺点是屋顶保温性能较差，不便于安装天窗和其他设施，对施工技术要求也较高。

（6）钟楼式和半钟楼。钟楼式和半钟楼式猪舍的屋顶是在双坡式猪舍屋顶上安装天窗，如只在阳面安装了天窗即为半钟楼式，在两面或多面安装天窗的称为钟楼式。优点是天窗通风换气好，有利于采光，夏季凉爽，防暑降温效果好；缺点是不利于保湿和防寒，屋架结构复杂，投资较大。在猪舍建筑中采用较少，在防暑为主的地区可考虑采用此种形式。

2. 按墙壁结构和窗户的有无分

猪舍类型按墙壁结构即猪舍封闭程度可分为开放式、半开放式和封闭式。封闭式猪舍按窗户有无又可分为有窗式和无窗式。

（1）开放式。开放式猪舍三面设墙，一面无墙，通常敞开部分朝南。开放式猪舍通风采光好，其结构简单，造价低，但受外界影响大，尤其是较难解决冬季防寒。比较适合农村小型养猪户和专业户，如图 1-4 所示。

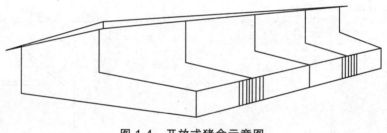

图 1-4 开放式猪舍示意图

（2）半开放式。猪舍三面设墙，前面设半截墙，其保温性能略优于开放式；敞开部分在冬季可加以遮挡形成封闭状态，从而改善舍内小气候。建造简单、投资少、见效快、在农村小型猪场和养猪户中很受欢迎。

（3）封闭式猪舍。分为有窗封闭式猪舍和无窗封闭式猪舍。有窗式封闭猪舍四面设墙，窗户设在纵墙上；窗的大小、数量和结构可依当地气候条件来定。寒冷地区可适当少设窗户，而且宜南窗大，北窗小，以利于保温。夏季炎热的地区，可在两纵墙上设地窗，或在屋顶设风管天窗。无窗密闭式猪舍四面设墙，与有窗密闭式猪舍不同的是墙上只设应急窗，供停电时应急用，不作采光和通风用。该类型猪舍与外界自然环境隔绝程度较高，舍内的通风、光照、采暖等全靠人工调控。主要用于对环境条件要求较高的猪，如产房、仔猪保育舍等，有窗密闭式猪舍如图 1-5 所示。

图 1-5 密闭式猪舍示意图

3. 按猪栏排列的方式分类

猪舍类型按猪栏排列方式又可分为单列式、双列式、多列式，如图 1-6 所示。

（a）单列式　　　　　　　　（b）双列式　　　　　　　　（c）多列式

图 1-6　常见猪舍类型示意图

（1）单列式。这种猪舍跨度较小，猪栏排成一列，靠北墙一般设饲喂走廊，舍外可设或不设运动场。优点是通风采光良好，空气清新；缺点是土地及建筑面积利用率低，冬季防寒保暖能力差。这种猪舍适合于专业户养猪和饲养种猪。

（2）双列式。猪舍中猪栏排成二列，中间设一走道，有的还在两边各设一条清粪通道。优点是保温性能好，土地及建筑面积利用率高，管理方便，便于机械化作业；但是北侧猪栏采光性较差，舍内易潮湿。这种猪舍多为封闭舍，适合于规模化猪场和饲养育肥猪。

（3）多列式。猪舍中猪栏排成 3 列或 4 列，其跨度多在 10 m 以上。此类猪舍的优点是猪栏集中，管理方便，土地及建筑面积利用率高，保温性能好；缺点建筑材料要求高，采光差，舍内阴暗潮湿，通风不良，必须辅以机械通风，人工控制光照及温、湿度，投资和运行费用较高。一般情况下不宜采用，主要用于肥猪舍。

（二）猪舍的基本结构

一个完整的猪舍，主要由基础、地面、墙壁、屋顶和天棚、门、窗、粪尿沟、通风换气装置、隔栏和走道等部分构成。

1. 地基与基础

猪舍的坚固性、耐久性和安全性与地基和基础有很大的关系，因此要求地基与基础必须具备足够大强度和稳定性，以防止猪舍因沉降（下沉）过大或产生不均匀沉降而引起裂缝和倾斜，导致猪舍的整体结构受到影响。因此地基的土层要求结实，土质一致，有足够的厚度，压缩性小，地下水位在 2 m 以下。通常以一定厚度的沙壤土层或碎石土层较好。黏土、黄土、沙土以及富含有机质和水分、膨胀性大的土层不宜用作地基。基础应具备坚固、耐久、适当抗机械作用力及防潮、抗震和抗冻能力。基础一般比墙宽 10～20 cm，并呈梯形或阶梯形，以减少建筑物对地基的压力。基础深一般为 50～70 cm，要求埋置在土层最大冻结程度之下，同时还要加强基础的防潮和防水能力。实践证明，加强基础的防潮和保温，对改善猪舍内小气候具有重要意义。

2. 地　面

猪舍地面要求保温、坚实、不透水、平整、不滑，便于清扫和清洗消毒，导热性小、具有较高的保温性能，同时地面应保持 2%～3% 的坡度，以利于保持地面的干燥。土质地面、三合土地面和砖地面保温性能好，但不便于清洗和消毒；水泥地面坚固耐用、平整，易于清洗消毒，但保温性能差。目前猪舍多采用水泥地面和水泥漏缝地板。为防止雨水倒灌入舍内，一般舍内地面高出舍外 30 cm 左右。进入 21 世纪，规模化养猪场的母猪产床和仔猪保育床，多采用漏缝地板，粪尿直接漏下，漏缝地板的材质有水泥、塑料盒金属等，既方便管理，有可明显提高猪的成活率和生长速度。

3. 墙　壁

墙壁是指基础以上露出地面的主要外围护结构，是猪舍建筑结构的重要部分，它将猪舍与外界隔开。按墙所处位置可分为外墙、内墙。对墙壁的要求是坚固耐久、抗震、耐水、防火、抗冻、结构简单、便于清扫消毒，同时还要具有良好的保暖隔热性能。我国墙体的材料多采用黏土砖。墙壁的厚度应根据当地的气候条件和所选墙体材料的热工特性来确定。

4. 屋　顶

屋顶的作用是防止降水和保温隔热。随着建材工业的发展，目前采用钢结构活动板房，彩钢隔热板屋顶较多，具有美观、建设工期短等优点。

5. 门

门供人与猪出入，通常设在猪舍两端墙，正对中央通道，便于运送饲料。门外设坡道，便于猪和手推车出入。双列式猪舍门的宽度一般为 1.2 ~ 1.5 m，高度为 2.0 ~ 2.4 m；单列式猪舍要求宽度不小于 1.0 m，高度为 1.8 ~ 2.0 m。猪舍门应向外打开。

6. 舍内过道

过道的设置以舍内猪栏列数而定，例如，双列式可在中间设一条宽 1.0 ~ 1.2 m 的净道，靠墙四周或三边设宽为 0.9 m 的循环通道（污道）。

7. 窗　户

窗户主要用于采光和通风换气，同时也具围护作用。封闭式猪舍，均应设窗户，窗户面积大，采光、换气好，但冬季散热和夏季向舍内传热多，不利于冬季保温和夏季防暑。窗户一般开在封闭式猪舍的两纵墙上，有的在屋顶上开天窗。窗户距地面高度 1.1 ~ 1.3 m，窗顶距屋檐 0.2 ~ 0.5 m，两窗间隔为固定宽度的 1 倍左右。在寒冷地区，在保证采光系数的前提下，猪舍南北墙均应设置窗户，尽量多设南窗，少设北窗。同时为利于冬季保暖防寒，常使南窗面积大、北窗面积小，并确定合理的南北窗面积比。炎热地区南北窗户面积比为（1 ~ 2）∶1，寒冷地区面积比为（2 ~ 4）∶1。

8. 粪尿沟

设计原则是雨水与粪尿污水分道排放；要合理设置粪尿沟（管）的窨井。

开放式猪舍要求设在前墙外面；全封闭、半封闭（冬天扣塑棚）猪舍可设在距南墙 40 cm 处，并加盖漏缝地板。粪尿沟的宽度应根据舍内面积设计，至少有 30 cm 宽。漏缝地板的缝隙宽度要求不得大于 1.5 cm。

9. 运动场

传统养猪方式，一般都在南檐墙南侧设立舍外运动场，而集约化、工厂化养猪一般不附设运动场，而是对公猪设专用运动跑道。

（三）猪场主要设备

规模化猪场的设备主要包括各种猪栏、漏缝地板、供水系统、饲料加工、贮存、运送及饲养设备、供暖通风设备、粪尿处理设备、卫生防疫、检测器具和运输器具等。

1. 猪　栏

猪栏是限制猪的活动范围的设施（备），为猪只的活动、生长发育提供了场所，也便于饲养人员的管理。为了便于管理和环境控制，减少猪舍建筑，降低生产成本，规模化猪场均采用固定栏式饲养，猪栏一般分为公猪栏、配种栏、妊娠栏、分娩栏、保育栏、生长育肥栏等。

（1）公猪栏和配种栏。公猪一般采用个体散养，以免相互打斗，并让公猪有一定的活动空间。公猪栏一般每栏面积为 7 ~ 9 m² 或者更大些。公猪栏每栏饲养 1 头公猪。栏长、宽可根据舍内栏架布置来确定，栏高一般为 1.2 m，栅栏结构可以是金属的，也可以是混凝土结构，栏门均采用金属结构，便于通风和管理人员观察和操作。

在大中型规模化养猪场中，应设有专门的配种栏（小型猪场可以不设配种栏，而直接将公母猪驱赶至空旷场地进行配种），这样便于安排猪的配种工作。

（2）母猪栏。有大栏分组饲养、小栏个体饲养和大小栏相结合饲养 3 种方式。其中小栏单体限位饲养，具有占地面积小，便于观察母猪发情及及时配种，母猪不争食、不打架、避免相互打扰、减少机械性流产等优点。栏的尺寸要根据猪的大小确定。过大不仅浪费材料，而且猪容易调头，给管理带来许多麻烦；过小侧对猪的起卧和活动带来困难。一个猪场最好有两种尺寸规格的限位栏，以适应场内大型母猪和小型母猪（如头胎母猪）的需要。两种限位栏的比例以各种猪群结构的实际情况而定。常用的规格有（长×宽×高）: 2.1 m × 0.6 m × 1 m 和 2 m × 0.55 m × 0.95 m。采用母猪限位栏饲养空怀母猪及妊娠母猪，与群养相比，优点是便于观察发情，及时配种，避免母猪采食争斗，易掌握喂量，控制膘情，预防流产。缺点是限制了母猪的运动，容易出现四肢软弱或肢蹄病，繁殖性能有降低的趋势。

（3）分娩栏。分娩栏是一种单体栏，是母猪分娩哺乳的场所。分娩栏的中间为母猪限位架，是母猪分娩和仔猪哺乳的地方，两侧是仔猪采食、饮水、取暖和活动的地方。母猪限位架一般采用圆钢管和铝合金制成，长为 2.0 ~ 2.1 m，宽为 0.55 ~ 0.65 m，高 1.0 m，后部安装漏缝地板以消除粪便和污物，两侧是仔猪活动栏，用于隔离仔猪。分娩栏尺寸一般长为 2.0 ~ 2.1 m，宽为 1.65 ~ 2.0 m。

高床分娩栏是将金属编织的漏缝地板铺设在粪沟的上面，再在金属地板网上安装母猪限位架、仔猪围栏、仔猪保温箱等。

（4）仔猪保育栏。现代化猪场多采用高床网上保育栏，主要由金属编织漏缝地板网、围栏、自动食槽、连接卡、支腿等部分组成。相邻两栏在间隔处有一个双面自动食槽，供两栏仔猪自由采食，每栏安装一个自动饮水器。

仔猪保育栏的长、宽、高尺寸，视猪舍结构不同而定。常用的规格有（长 × 宽 × 高）: 2 m × 1.7 m × 0.7 m，离地面高度 0.25 ~ 0.30 cm，可养 10 ~ 25 kg 的仔猪 10 ~ 12 头。

（5）生长栏与育肥栏。从保育栏移除的仔猪日龄一般在 63 ~ 70 d，体重在 22 ~ 25 kg，对疾病有一定的抵抗力，对栏舍和环境的要求相对较低，所以生长栏和育肥栏较为简易。有的猪场为了减少猪群转群麻烦，给猪带来应激，常把这两个阶段并为一个阶段，采用一种形式的栏。生长猪栏与育肥猪栏有实体、栅栏和综合 3 种结构。常用的有以下两种：

一种是采用全金属栅栏和全水泥漏缝地板，也就是全金属栅栏架安装在钢筋混凝土板条地面上，相邻两栏在间隔栏处设有一个双面自动饲槽，供两栏内的猪自由采食。每栏安装一个自动饮水器供自由饮水；另一种是采用水泥隔墙及金属大栏门，地面为水泥地面，后部有 0.8～1 m 宽的水泥漏缝地板。下面为粪尿沟。实体隔墙可采用水泥抹面的砖砌结构，也可采用混凝土预制件，高度一般有 1.0～1.2 m。

2. 饲喂设备

猪场的喂料方式分为机械喂料和人工喂料两种。机械喂料是将经饲料厂加工好的全价配合饲料，直接用专用车运输到猪场，送入饲料塔中，然后用螺旋送机将饲料输入猪舍内的自动落料饲槽中进行饲喂。这种工艺流程，不仅能使饲料保持新鲜，不受污染，减少包装、装卸和散漏损失，而且还可以实现机械化、自动化作业，提高劳动生产率。但由于这种供料饲喂设备投资大，对电的依赖性强，故目前主要在大型猪场使用。而我国大多数猪场目前还是采用袋装，汽车运送到猪场，卸入饲料库，再由工人用饲料车运送到猪舍，进行人工喂饲。这种方式劳动强度大，劳动生产率低，饲料装卸、运输损伤大，又易污染，但这种方式机动性好，设备简单，投资少，故障少，不需要电力，适合在中、小型猪场使用。小型猪场常用的饲料供给和饲喂设备有加料车和食槽。

（1）加料车。中、小型猪场一般都不设自动给料设备；采用人工给料时，加料车是必备的。加料车分为右手推机械加料车和手推人工加料车两种。小型猪场多采用后者。

（2）食槽。在猪场生产中，无论采用机械化送料饲喂还是人工饲喂，都要选配好食槽和自动漏料槽。对于限量饲喂的公猪、母猪、分娩母猪一般都采用钢板或混凝土地面食槽。

对于不限制饲喂的保育仔猪、生长猪、育肥猪多采用钢板自动落料饲槽。这种饲槽不仅能保证饲料清洁卫生，而且还可以减少饲料浪费，满足猪的自由采食。

① 限量饲槽。用于公、母猪等需要限量饲喂的猪群，一般采用金属或水泥制成。每头猪喂饲时所需饲槽的长度大约等于猪的肩宽。每头猪采食所需饲槽的长度如表 1-7 所示。

表 1-7　每头猪采食所需要的饲槽长度

猪的类别	体重/kg	每头猪所需饲槽长度/mm
仔猪	≤15	180
幼猪	≤30	200
生长猪	≤40	230
育肥猪	≤60	270
	≤75	280
	≤100	330
繁殖猪	≤100	330
	≥100	500

② 自动饲槽。在保育、生长、育肥猪群中，一般采用自动饲槽让猪自由采食。自动饲槽就是在饲槽的顶部装有饲料储存箱，储存一定量的饲料，当猪吃完饲槽中的饲料时，料箱中

的饲料就在重力的作用下不断落入饲槽内。因此，自动饲槽可以隔较长时间加一次料，大大减少了饲喂工作量，提高劳动生产效率，同时也便于实现机械化、自动化饲喂。自动饲槽可以用钢板制造，也可以用水泥预制板拼装。自动饲槽有长方形、圆形等多种形状，它分双面、单面两种形式。双面自动饲槽供两个猪栏共用，单面自动饲槽供一个猪栏用。每面可同时用4头猪吃料。

3. 供水饮水设备

猪场不仅需要大量饮用水，而且各生产环节还需要大量的清洁用水，这些都需要由供水饮水设备来完成。因此，供水饮水设备是猪场不可缺少的设备。

（1）供水设备。猪场供水设备主要由水的提取、水塔储存和运输管道等部分组成。供水可分为自流式供水和压力式供水。现代化猪场的供水一般都是采用压力供水，其供水系统主要包括供水管路、过滤器、减压阀、自动饮水器等。供水设备要有一定的容积和压力，储水量应能保证猪场 2 d 左右的用水量。

（2）自动饮水器。猪必需能够随时饮用足够量的清洁水。一头育肥一昼夜的饮水量为 8～12 L，妊娠母猪的饮水量为 14～18 L，哺乳母猪 18～22 L 1 周龄仔猪每千克体重日需水量为 180～240 g，4 周龄仔猪每千克体重日需水量在 190～255 g。

猪用自动饮水器的种类很多，有鸭嘴式、乳头式、杯式等，应用最为普遍的是鸭嘴式自动饮水器。鸭嘴式自动饮水器整体结构简单，耐腐蚀工作可靠，不漏水，使用寿命长。安装这种饮水器的角度有水平的和 45 度两种，离地高度随体重变化而不同。饮水器要安装在远离猪只休息区的排粪区内。

4. 降温与采暖设备

（1）供热保暖设备。公、母猪和育肥猪等大猪，由于抵抗寒冷的能力较强，加之饲养密度大，自身散热足以保持所需的舍温，一般不予供暖。而哺乳仔猪和断奶仔猪，由于体温调节机能发育不全，对寒冷抵抗能力差，要求较高的舍温，因而必须供暖，尤其在冬天。

猪舍的供暖分集中供暖和局部供暖两种方法。集中供暖是由一个集中供热锅炉，通过管道将热水输送到猪舍的散热片，加热猪舍的空气，保持舍内适宜的温度。在分娩舍为了满足母猪和仔猪的不同温度要求，常采用集中供暖，维持舍温 18 ℃。在仔猪栏内设置可以调节的局部供暖设备，保持局部温度达到 30～32 ℃。局部供暖是利用一定的加热设备如远红外线取暖器、红外线灯、电热板、热水加热地板等提高猪舍内特定的局部如仔猪保温箱的温度。这种方法简便、灵活，只需有电源即可。目前大多数猪场实现高床分娩和育仔，因此，最常用的局部环境供暖设备是采用红外线灯或远红外线板，采用保温箱，加热效果更好。

（2）通风降温设备。为了排除猪舍内的有害气体，降低舍内的温度和局部调节温度，一定要进行通风换气，换气量应根据舍内的二氧化碳或水汽含量来计算。是否采用机械通风可依据猪场具体情况来确定，对于猪舍面积小、跨度不大、门窗较多的猪场，为节约能源，可利用自然通风。如果猪舍空间大、跨度大、猪的密度高，特别是采用水冲清粪或水泡清粪的全漏缝或半漏缝地板养猪场，一定要采用机械强制通风。通风方法有测进（机械）、上排（自然）通风；上进（自然）、下排（机械）通风；机械进风（舍内进）、地下排风和自然排风；纵向通风，一端进风（自然）一端排风（机械）等方式。适合猪场使用的通风机多为大直径、低速、小功率的通风机。这种风机通风量大、噪音小、耗电少、可靠耐用，适宜长期使用。

猪舍降温常采用水蒸发式冷风机，它是利用水蒸发吸热原理以达到降低舍温的目的。由于这种冷风机是靠水蒸发的，在干燥的气候条件下使用时，降温效果好，如果环境空气湿度较高时，降温效果较差。有的猪场采用猪舍内喷雾降温系统，其原理是冷却水由加压水泵加压，通过过滤器，进入喷水管系统，通过喷雾喷出成水雾，在猪舍内空间蒸发吸热，使猪舍内空气温度降低。如果猪场内自来水系统压力足，可不用水泵加压，但过滤器还是必需的，否则易造成喷雾器孔堵塞，不能正常喷雾。在母猪分娩舍内，由于母猪和仔猪对温度要求不同，有的猪场采用滴水降温法，即冷却水通过管道系统，在母猪上方留有滴水孔对准母猪的头颈部和背部下滴，水滴在母猪背部体表蒸发，吸热降温，未等水滴流到地面上已全部蒸发掉，不易使地面潮湿，这样既保持了仔猪干燥，又使母猪和栏内局部环境温度降低。实际使用时，要注意调节好适度滴水量。

5. 泥缝地板

规模化猪场为了保持栏内清洁卫生，改善环境条件，减少人工清扫，较多采用粪沟上铺设泥缝地板。泥缝地板常用的材料有钢筋混凝土板条、板块、钢筋编织网、钢筋焊接网、铸铁、塑料板块等。对泥缝地板的要求是耐腐蚀、不变形、表面整洁、防滑、导热性小、坚固耐用、漏粪效果好、易冲洗消毒，适应各种日龄猪的行走站立，不卡猪蹄。

（1）金属编织地板网。由直径 5 mm 的冷拔圆钢编织成 1 cm 宽、4～5 cm 长的缝隙网片，再与角钢、扁钢焊合而成，由于缝隙占的比例较大，粪尿下落顺畅，栏内清洁、干燥，猪只行走时不会打滑，有利于猪只生长，使用效果较好。

（2）塑料漏缝地板。采用工程塑料模压而成，可连接组合成大面积，拆装方便，质量轻，耐腐蚀，牢固耐用，较混凝土、金属和石板地面暖和，但容易打滑，体重大的猪只行动不稳。适用于小猪保育栏地面或产仔哺乳栏小猪活动区地面。可用于高床产仔栏、高床育肥仔网。

（3）铸铁块。使用效果好，但造价高，适用于高床产仔栏母猪限位架下及公猪、妊娠母猪、生长育肥猪的粪沟上铺设。

6. 清洁消毒设备

现代养猪场，无论饲养规模大小，由于普遍采用高密度限位饲养，必须有完善严格的卫生防疫制度，对进场的人员、车辆、种猪和猪舍内环境进行严格的清洁消毒，才能保证养猪生产的高效和安全。大中型猪场一般都具有较完备的清洁消毒设备。小型猪场，尤其是小型家庭养猪场普遍忽视清洁消毒。这是小型猪场生产水平低的一个主要因素，应引进广大家庭养猪生产者重视，购置清洁消毒设备的开支不能省。

（1）车辆、人员清洁消毒设施。必须进场的车辆，经过大门口车辆消毒池，消毒池与大门等宽，长度为机动车轮胎周长的 2.5 倍以上。车身经过冲洗喷淋消毒方可进场。

大型猪场供人员使用的清洁消毒设施主要有更衣室、淋浴间、紫外线灯等。进场人员都必须经过温水冲洗，更换工作服，通过消毒间、消毒池，经过紫外线消毒灯进行双重消毒。

（2）环境清洁消毒设备。清洗消毒设备的主要作用是对猪场特别是猪舍的地面、墙壁、顶棚以及舍内的设备器具进行清洗和消毒。常用的清洁消毒设备有以下两种：

① 电动清洗消毒车。该机工作压力为 15～20 kg/cm，流量为 20 L/min，冲洗射程 12～

15 m，是工厂化猪场较好的清洗消毒设备。

② 火焰消毒器。火焰消毒器是利用液化气或煤油高温雾化，剧烈燃烧产生高温火焰对舍内的猪栏、饲槽等设备及建筑物表面进行瞬间高温燃烧，达到杀灭细菌、病毒、虫卵等消毒净化目的。火焰消毒杀菌率高达 97% 以上，避免了用消毒药物造成的药液残留。

（四）猪舍类型

① 公猪车间。多采用带运动场的单列式。公猪隔栏高度为 1.2 ~ 1.4 m，每栏面积一般为 7 ~ 9 m²。公猪舍应配置运动场，以保证公猪有充足的运动，防止公猪过肥，保证健康。

② 空怀及妊娠母猪车间。可为单列式（可带运动场）、双列式、多列式几种，一般小规模猪场可采用带运动场的单列式，现代化猪场则多采用双列式或多列式。空怀及妊娠母猪可群养，也可单养。群养时，通常是每圈饲养空怀母猪 4 ~ 5 头或妊娠母猪 2 ~ 4 头。单养时采用限位栏，每个限位栏长 1.9 ~ 2.1 m、高 1.1 m、宽 0.6 m。

③ 母猪分娩车间。主要是供母猪分娩、哺育仔猪用，其设计既要满足母猪的需要，又要兼顾仔猪的需要。常采用三走道双列式的有窗密闭式猪舍，舍内配置分娩栏，分设母猪限位区和仔猪活动栏两个部分。

④ 仔猪保育车间。常采用密闭式猪舍。仔猪断奶后就原窝转入仔猪保育舍。保育舍需提供温暖、清洁的环境，配备专门的供暖设备。仔猪培育常采用离地保育栏群养，每群 8 ~ 12 头，保育栏由各种材质的漏缝地板、钢管围栏、自动料槽、连接卡等组成。

⑤ 生长育肥车间。可以是单列式、双列式或多列式。生长期育肥猪可划分为育成和育肥两个阶段，生产中为了减少猪的转群次数，往往把这两个阶段合并成一个阶段饲养，多采用实体地面、部分漏缝地板或全部漏缝地板的地面群养，每群 10 ~ 20 头，每头占地面积（栏底）0.8 ~ 1.0 m，采食宽度为 35 ~ 40 cm。一般采用自由采食、自动饮水，每批全进全出。

 实训操作

猪舍建筑设计剖析和养猪设备操作

一、实训目的

1. 使学生了解各类猪舍、各种养猪设备的功能。

2. 熟悉各类猪舍的建筑要求。

3. 能正确识别各种养猪设备。

4. 初步掌握各类猪舍建筑单体平面示意图的设计和绘制技能。

5. 初步掌握主要养猪设备的操作、保养和维修技能。

二、实训工具与材料

1. 实训工具

大盘尺（50 m）数个，钢卷尺（2 m 或 3 m）数个；纸、笔、尺等绘图工具。

2. 实训材料

具有各种养猪设备的规模化、工厂化养猪场。

三、实训方法与步骤

1. 猪舍建筑设计剖析

（1）由老师对该猪场各类猪舍（车间）的设计进行全面介绍；

（2）由老师对该猪场各类猪舍（车间）的建筑设计进行引导性点评；

（3）组织学生分组到各养猪车间实地调查、测量；

（4）师生互动检讨该猪场建筑设计的成败得失；

（5）各组对所调查养猪车间的建筑设计进行总结（优点和存在问题及改进意见）。

2. 养猪设备识别和操作

（1）由老师对该猪场各类养猪设备的现状作简要介绍；

（2）由老师带领学生到各养猪车间，对养猪设备进行现场识别；

（3）要求学生对各养猪设备车间的设备进行现场操作。

实训作业

参观和剖析某养猪公司的规模化、工厂化养猪场，每个小组剖析一个养猪车间，各组对实际建筑设计进行点评和总结(写出其优点和存在问题,并提出改进建议和绘出改进图纸等)；同时对该猪场常见养猪设备进行操作，并写出该猪场各养猪车间拥有养猪设备的名称、规格等，并简述各设备在养猪生产中的功能、操作要点和保养要求，完成实训报告。

技能考核

技能考核方法见表 1-8。

表 1-8　猪场建筑设计剖析和养猪设备操作

序号	考核项目	考核内容	考核标准	参考分值
1	调查剖析与绘图	调查	调查认真、科学合理	10
2		剖析	剖析方法规范，正确，符合要求	10
3		点评与改进	点评意见正确，改进意见合理，改进图纸清晰	10
4	设备识别与使用	设备识别	能正确识别各车间的养猪设备	10
5		操作与使用	会操作和保养各车间的养猪设备	10
6		点评与改进	对该场现有养猪设备进行点评，并提出改进意见	10
7	综合考核	实训表现	服从老师安排，实训态度与表现良好	10
8		报告与口试	对改进意见的综合评价20分；口试10分	30
			合　计	100

📚自测训练

一、填空题

1. 猪场选址时主要考虑_____、_____、_____、_____、_____、_____等因素。

2. 猪场总体规划重点是_____、_____、_____、_____、_____等。

3. 猪舍的形式（1）按屋顶形式分_____、_____、_____等；（2）按墙的结构和有无窗户分为_____、_____和_____等；（3）按猪栏排列分_____、_____和_____等。

4. 按现代工厂化养猪生产流程，通常将猪场分为_____、_____、_____、_____和_____等饲养车间。

5. 现代规模化养猪场常见的养猪设备主要有_____、_____、_____、_____、_____、_____等。

二、问答题

1. 制订猪场总体规划的依据是什么？
2. 简述编制猪场平面布局图的依据与技巧。
3. 试述种猪场的结构。
4. 简述设计产仔车间的关键技术要点。

任务三 种猪场生物安全

📚任务要求

1. 了解猪舍环境控制对生物安全的重要性，掌握猪舍环境控制的措施。
2. 熟悉猪场生物安全的控制方法。

📚学习条件

1. 核心种猪场、环保处理设备、消毒设备、消毒药品等。
2. 多媒体教室、教学课件、教材、参考图书。

📚相关知识

一、猪舍环境调控

（一）温 度

温度在环境诸因素中起主导作用。猪对环境温度的高低非常敏感，表现在仔猪怕冷、大猪怕热。

仔猪怕冷：初生仔猪及整个哺乳期，皮薄毛稀，体温调节机能不健全，很怕冷。低温对初生仔猪的危害最大，若裸露在 1 ℃ 环境中 2 h，便可冻僵、冻昏甚至冻死；间接影响更大，它是仔猪黄白痢和传染性胃肠炎等腹泻性疾病的主要诱因，还能应激呼吸道疾病的发生。

大猪怕热：当温度高于 28 ℃ 时，对于体重 75 kg 以上的大猪可能出现气喘现象；若超过 30 ℃，猪的采食量明显下降，饲料报酬降低，长势缓慢。当温度高于 35 ℃ 以上又不采取任何防暑措施，有的肥猪可能发生中暑。中暑可使妊娠母猪引起流产，公猪的性欲下降，精液品质不良，并在 2～3 个月内都很难恢复。热应激可激发多种疾病。生产实践中从猪的增重速度、饲料利用率、抗病力和繁殖力等多方面综合考虑，断奶后猪的适宜环境温度应保持在 15～28 ℃，哺乳仔猪为 25～35 ℃。

猪舍温度的控制主要通过做好猪舍的保温隔热设计，加强防寒保暖和防暑降温来实现。

隔热保温和全封闭是现代化猪舍温度调控的重要前提，猪舍的屋顶和墙面必须做好保温隔热措施，最好采用 200 mm 厚度 18 kg 密度的保温板。猪舍墙面尽量少预留窗户，必要的采光窗户应该采用双层玻璃。这样冬天的冷气和夏天的热辐射都不会影响到室内，虽然一次性投资大，但后期运行成本会大大降低。由于"小猪怕冷，大猪怕热"，冬季饲养大猪一般不必采取特别的保暖措施。初生仔猪必须采取必要的保暖措施。一般规模养猪场可以采用集中或局部供暖方式，保持分娩舍温度在 18 ℃ 左右，仔猪保温温度在 30～32 ℃，仔猪保温可采用"电热板＋保温灯"来实现。规模化养猪场尽量不要采用保温箱来仔猪保温，保温箱不便饲养员对仔猪的观察。由于猪体缺少汗腺，炎热夏季必须做好防暑降温工作，分娩舍可对母猪采用正压风机头部降温，其他猪舍可采用"喷雾＋风机"降温或者采用"水帘＋风机"降温。

（二）湿　度

猪舍湿度过高，会明显降低猪的抗病能力，导致多种传染病的发生，特别是各种呼吸道疾病、风湿症等；分娩猪舍湿度过高，会导致母猪产仔数减少，仔猪断奶重降低；育肥猪舍湿度过高，会引起饲料利用率下降，日增重降低。据生产实践，各类猪舍的适宜湿度范围为：分娩舍 60%～70%，育肥舍 60%～80%，保育舍 60%～70%。在生产上，湿度调控可通过通风换气，降低猪舍内水汽蒸发等方法来实现。

（三）通　风

通风对大规模、集约化种猪场极为重要，通风在高温环境下可以缓解猪的热应激，降低舍内湿度和有毒、有害气体的积存，提高饲料利用率和增重速度，现代化猪场的猪舍通风一年四季要采用动力通风，春、秋、冬季只将氨气排风扇打开即可，氨气排风扇要从地沟抽风（漏粪地板下），使地板下面呈负压状态，有害气体被抽出舍外，新鲜空气源源不断进入舍内。夏季要采用正压通风局部降温和负压通风两种。正压送风主要是对母猪头部进行局部降温，负压通风是将猪舍内的污浊、湿热空气排出，并通过提高风速来增加猪的舒适感。

（四）光 照

猪舍适宜的自然光照，有利于杀菌、消毒，提高猪体的抗病能力，预防佝偻病和缺钙症的发生。据生产实践，保持较长的光照时间有利于母猪的发情、配种和妊娠；光照时间不足则会对猪的采食量和生长速度产生不良影响。一般规模猪场的光照可分为自然光照和人工光照，种猪舍和仔猪舍应适当保持较长的光照时间；但商品猪舍则应保持较暗的光照环境，以利其休息和肥育。

猪舍的光照一般以自然光照为主，辅之以人工光照。

1. 自然光照

猪舍自然光照时，光线主要是通过窗户进入舍内的。因此，自然光照的关键是通过合理地设计窗户的位置、形状、数量和面积，以保证猪舍的光照标准，并尽量使猪舍内光照均匀。在生产中通常根据采光系数（窗户的有效采面积与猪舍的地面面积之比）来设计猪舍的窗户，一般成年母猪舍和育肥猪舍的采光系数要求为 1:（12~15），哺乳母猪舍、种公猪舍和哺乳仔猪舍为 1:（10~12），培育仔猪舍为 1:10。猪舍窗户的数量、形状和布置应根据当地的气候条件、猪舍的结构特点，综合考虑防寒、防暑、通风等因素后确定。

2. 人工光照

自然光照不足时，或者是在无窗猪舍，必须采用人工光照。人工光照一般选用 40~50 W白炽灯、荧光灯等，灯距地面 2 m，按大约 3 m 灯距均匀布置。猪舍跨度大时，应装设两排以上的灯泡，并使两排灯泡交错排列，以使舍内各处光照均匀。

（五）有害气体

猪舍内对猪的健康有不良影响的气体统称为有害气体，猪舍有害气体通常包括氨（NH_3）、硫化氢（H_2S）、二氧化碳（CO_2）、一氧化碳（CO）等，主要是由于猪只呼吸或由粪料腐败分解而产生。冬季为保暖，对猪舍采取一些封闭措施，这些措施或多或少影响到猪舍的通风，使有害气体相对增多，对猪的健康极为不利。

以上有害气体在浓度较轻时，不会对猪只引起明显的外观不良症状，但长期处于含有低浓度有害气体的环境中，猪的体质变差，抵抗力降低，发病率和死亡率升高，同时采食量和增重降低，引起慢性中毒。这种影响不易察觉，常使生产蒙受损失，应予以足够重视。

一般猪舍内有害气体的含量应控制在如下的范围内：带仔母猪舍氨气浓度要求不超过 15 mg/m³，余猪舍要求不超过 20 mg/m³，猪舍中硫化氢含量不得超过 10 mg/m³；二氧化碳含量要求不超过 5 mg/m³，种公猪、空怀和妊娠前期母猪、育成猪舍一氧化碳不得超过 15 mg/m³，育肥猪舍不得超过 20 mg/m³。

保持猪舍清洁干燥是减少有害气体产生的主要手段，通风是消除有害气体的重要方法。当严寒冬季保温与通风发生矛盾时，可向猪舍内定时喷雾过氧化类的消毒剂，其释放出的氧能氧化空气中的硫化氢和氨，能起到杀菌、降臭、降尘、净化空气的作用。

（六）尘埃和微生物

猪舍内的尘埃和微生物少部分是由舍外空气带入，大部分则来自饲养管理过程如猪的采食、活动、排泄、清扫地面、换垫草、分发饲料、清粪、猪只咳嗽、鸣叫等。

猪舍尘埃主要包括尘土、皮屑、饲料和垫草粉粒等。尘埃数量可用单位体积空气中尘埃的重量或数量来表示，一般情况下，舍内含尘量在 103～106 个/m²，翻动垫草可使灰尘量增大 10 倍，不同类型、不同卫生状况的猪舍其含尘量差异也较大。

尘埃本身对猪有刺激性和毒性，同时还因它上面吸附有细菌、有毒有害气体等而加剧了对猪的危害程度。尘埃降落在猪体表，可与皮脂腺分泌物、皮屑、微生物等混合，刺激皮肤发痒，继而发炎。尘埃还可堵塞皮脂腺，使皮肤干燥、易破损、抵抗力下降，尘埃落入眼睛可引起结膜炎和其他眼病，被吸入呼吸道，则对鼻腔黏膜、气管、支气管产生刺激作用，导致呼吸道炎症，小粒尘埃还可进入肺部，引起肺炎。

尘埃含量应控制在如下范围：母猪舍、带仔母猪和哺乳母猪舍昼夜平均不得大于 1.0 mg/m³，育肥猪舍不得大于 3.0 mg/m³，其他猪舍不得高于 1.5 mg/m³。

猪舍内空气中微生物含量远比舍外大气高，不同猪舍微生物含量因其通风换气状况、舍内猪的种类、密度等的不同而变异较大。猪舍空气中微生物类群是不固定的，一般情况下大多为腐生菌，还有球菌、霉菌、放线菌、酵母菌等，在有疫病流行的地区，空气中还会有病原微生物。空气中病原微生物可附在尘埃上进行传播，称为灰尘传染；也可附着在猪只喷出的飞沫上传播，称为飞沫传染，猪只打喷嚏、咳嗽、鸣叫时可喷出大量飞沫，多种病原菌可存在其中，引起病原菌传播。通过尘埃传播的病原体，一般对外界环境条件抵抗力较强，如结核菌、链球菌、绿脓球菌、葡萄球菌、丹毒和破伤风杆菌、炭疽芽孢等，猪的炭疽病就是通过尘埃传播的。通过飞沫传播的，主要是呼吸道传染病，如气喘病、流行性感冒等。

保持猪舍清洁卫生和干燥，加强猪舍通风换气是减少和消除猪舍空气中尘埃和微生物的主要手段。

（七）噪　声

噪声一般由外界传入、舍内机械运转或猪自身产生。目前我国还没有指定养猪场噪声控制标准，一般认为，10 周龄以内的仔猪舍噪声不得超过 65 dB，其他猪舍不超过 80～85 dB。

二、猪场消毒措施

规模化猪场的生产中，疫病的发生往往是多因素综合作用的结果，但其中最主要的是由于外界病原微生物的侵入及扩散或场内猪群本身就存在的条件病原微生物扩散造成的。如何控制外界病原微生物的侵入、扩散及场内猪群本身就存在条件病原微生物的扩散，维持或提高猪群健康水平，消毒是保障猪场安全生产的一个非常重要的措施。

消毒是指采用物理、化学或生物学的方法，杀灭或消除环境、猪体、物品中的病原体的一项重要技术措施。其目的在于切断疫病的传播途径，防止传染性疾病的发生与流行，是综合性防疫措施中最常采用的重要措施之一。

（一）消毒分类

（1）常规消毒。平时未发生疫情时为杀灭病原体，防止疫病发生，所进行的预防性消毒叫常规消毒。主要有日常定期对栏舍、道路、猪群的消毒。

一般为每年春秋两季定期对猪体、用具、圈舍、环境各进行一次全面彻底的清扫、消毒工作，平时每月进行 1 次消毒；出圈后入圈前保持空圈 7 d，同时要对圈舍、饲槽进行 1 次消毒，定期向消毒池内投放消毒剂等；临产前对产房、产栏及临产母猪的消毒；对仔猪的断脐、剪耳号、断尾、阉割时的术部消毒，人员、车辆出入栏舍、生产区时的消毒；饲料、饮用水乃至空气的消毒；医疗器械如体温表、注射器、针头等的消毒；运输时，装车前要对车辆、用具和猪体进行 1 次消毒。

（2）紧急消毒。亦称为随时消毒，是当猪群中有个别或少数猪发生一般性疾病成突然死亡时，立即对其所在栏舍进行局部强化消毒，包括对发病或死亡猪只的消毒及无害化处理。

（3）终末消毒。也称大消毒，是采用多种消毒方法对全场或部分猪舍进行全方位彻底的清理与消毒。主要用于全进全出生产系统中，当猪群全部自栏舍中转出空栏后或在发生烈性传染病的流行初期和在疫病流行平息后，准备解除封锁前均应进行大消毒。

（二）常用的消毒方法

1. 物理消毒法。如猪场环境的清洁、通风、阳光照射和干燥，物品用具经火烧、烘烤、煮沸、熏蒸等称为物理消毒。

日光、紫外线消毒杀菌是指经过日光或紫外线的直接照射而杀灭细菌，一般病原体经30 min 至数小时即可被杀死。因此，日光是良好的消毒剂。凡可移动的饲养用具，均可采用此法进行消毒。

高温消毒法是通过煮沸、蒸汽、火烧、干烘等高温的作用而杀灭各种病原体，作衣物、器械、用具、圈舍、环境、病尸的消毒灭菌用。100 ℃流通蒸汽或煮沸 10 ~ 15 min，可杀死一般病原体；高压 20 ~ 30 min，干烘 2 h 或火烧，可立即杀死一切病原体及其芽孢体。

2. 生物发酵消毒法。利用生物生长繁殖过程中粪污等有机物发酵产热，从而杀灭其中病原体的方法称生物发酵消毒法。多用于粪便的消毒，可采用堆积发酵、沉淀池发酵、沼气池发酵等，条件成熟的还可采用固液分离技术，并可将分离之固形物制成高效有机肥料，液体经发酵后用于渔业养殖。此外，在搞好猪舍内外环境工作卫生消毒的同时，在场区内适度种植花草树木，美化环境。

3. 化学消毒法。是指利用酸类、碱类和福尔马林等化学药品，通过浸泡、喷洒、熏蒸、渗透等途径，直接作用于被消毒物品，使其中的病原体失去侵袭能力的消毒方法。适用于用具、猪体、饲料、水源、空气、圈舍、环境、粪尿等靶体，是一种常用的消毒方法。用化学药物（消毒剂）杀灭病原是消毒中最常用的方法之一。

（三）消毒药的种类选择与消毒程序

化学消毒剂种类繁多，常用的兽用消毒药主要是：酚、醛、醇、酸、碱、氯制剂、碘制剂、重金属盐类、表面活性剂等类型消毒剂。各类消毒剂具有各自的消毒作用与特点，在使用上应选择具有杀菌谱广、使用有效浓度低、杀菌作用速度快、性能稳定、价格低廉、使用方便、对人畜毒性小、易溶于水等优点的化学消毒剂。

消毒程序：根据消毒种类、对象、气温、疫病流行的规律，将多种消毒方法科学合理地加以组合而进行的消毒过程称为消毒程序。例如，全进全出系统中的空栏大消毒的消毒程序可以分为以下一些步骤：清扫—高压水冲洗—喷洒消毒剂—清洗—熏蒸—干燥（或火焰消毒）—喷洒消毒剂—转进猪群。消毒程序应根据自身的生产方式、主要存在的疫病、消毒剂和消毒设备设施的种类等因素因地制宜地加以制定。种猪核心场的生物安全一般分区进行管理。

1. 进入外勤管理区人员、车辆及物品的消毒

（1）人员消毒。进入外勤管理区人员，应先在大门入口处的消毒通道内、踩踏消毒池、同时进行 1：800 的强力克毒威或 0.01% 百毒杀喷雾消毒，再到更衣室用肥皂水洗手后，更换场内指定的外勤区衣服和鞋。本场人员经 2 次喷雾消毒后才允许入内，休假返场人员还应将所带物品立即入库熏蒸消毒。消毒池的消毒液为 2% 烧碱水溶液。

（2）车辆消毒。凡进入外勤管理区的车辆，必须在大门外用 1：600 的强力克毒威或 0.01% 的百毒杀或 1：100 的戊二醛比例配制消毒液，用高压水枪彻底冲洗消毒，并晾置 30 min，司机换上由本厂提供的胶靴，经消毒通道消毒后，才允许进入场内。

（3）物品消毒。任何生鲜动物肉及肉制品严禁入内，外购物品一律经消毒通道消毒后入内。

2. 进入内勤区人员及物品的消毒

（1）人员消毒。凡进入内勤区的人员，必须在此区域内（隔离间）淋浴，更换隔离专用衣服及鞋，且应踩踏消毒池，淋浴、更衣后进入隔离阶段（至少 2 d），严禁返回外勤区。其在隔离间所穿的衣服不允许带入内勤区。

（2）物品消毒。凡进入内勤区的物品，必须在熏蒸间或仓库内经福尔马林或速灭 5 号熏蒸或臭氧消毒机消毒，密闭 12 h 并经紫外线照射后，才允许入内。隔离间床上用品衣服和鞋，每次使用后用 0.2% 过氧乙酸浸泡 20 min 后，清洗。不准带入内勤区。

3. 进入生产区人员及物品的消毒

（1）人员消毒。凡进入生产饲养区的人员，必须经洗澡、消毒，换上本场提供的生产区工作服后，才允许入内，其在内勤区所穿的衣服不允许带入生产区。

（2）物品消毒。凡进入生产区的物品，必须在仓库内经福尔马林或速灭 5 号熏蒸消毒 2 h，在紫外线照射消毒 2 d 后，才允许入内。

4. 生产区内日常消毒

（1）人员消毒。工作人员上班时，必须穿上胶靴蹚过 2% 的火碱池后才能进入猪舍；每次清粪结束后，用 1：500 的强效碘浸手 3 ~ 5 min，并蹚过 2% 的脚踏火碱消毒池；工作服、鞋帽及时清洗，清洗后的工作服要经阳光晒干或干热烘干。

（2）带猪消毒。每周一、周五进行消毒，消毒前用水冲去猪圈内的粪便，干燥后用 1：1 200 的强力克毒威或二氧化氯溶液按 60 ~ 100 mL/m^2，进行彻底喷雾消毒。

（3）环境消毒。每半个月对猪场环境及猪舍进行 1 次大消毒。饲养生产区猪舍净道及外环

境，每周三用 1∶5 000 百毒杀或 1∶1 500 强力克毒威消毒 1 次，每次消毒前必须扫干净路面。

（4）猪舍消毒。

①"全进全出"猪舍消毒程序。

清洗必须在空圈后 24 h 内完成：将可移动的物品移开，彻底清扫（包括房顶、墙壁、排污沟等），用常压水管将去污剂喷洒浸泡 1 h，用 6 kg 压力的冲洗机彻底冲洗。

待干后，用 1% 的戊二醛溶液高压喷雾消毒，检查合格后，空栏净化直至彻底干燥；特殊情况下，非金属设备也可用石灰乳涂布，但石灰乳干燥后务必空栏 4 d 方可进猪。

② 配种妊娠舍、公猪舍消毒。

猪只转出后的空栏，用高压水枪冲洗干净，干燥后，用 0.1% 戊二醛喷雾消毒地面和圈栏等设备。

③ 生产区猪舍门口消毒池。

生产区的每栋猪舍门口必须设立消毒池，加 2% 烧碱水，每天更换 2 次。

5. 器械物品消毒

医疗、手术、人工授精、接生等金属、玻璃器械，可采用高压、煮沸、干热、消毒液浸泡、灼烧等方法进行消毒灭菌；纺织、橡皮、乳胶制品可采用高压、烘干、紫外线照射、熏蒸等方法消毒灭菌。运送猪只的车辆、秤量等用具，每次使用前都应进行消毒。

6. 污物处理区的消毒

病、死猪一般在指定地点深埋或焚烧，对病猪停留过的地方清除粪便和污水、污物后，再用 4% 的氢氧化钠溶液进行彻底消毒。粪污采用生物发酵、日晒、拌入消毒药或焚烧、烘干方法进行消毒处理。

7. 其他消毒

猪场配种人员不得对外开展猪的配种工作，人工授精站的人员不得进入养猪生产区，取精液应在指定窗口，且严格控制下进行。生产人员不与非生产人员同舍就寝，同堂就餐，一起活动；不同猪舍的饲养人员不准在同一处聚集。

为了保障消毒的效果必须做到全进全出，消毒要做到完全彻底、认真。经常更换消毒药，以免病原微生物产生抗药性。除规定外，不得使用混合消毒剂。消毒池内的消毒药水应经常更换，以免因长期使用失去消毒效果。

三、猪场灭鼠灭蝇

做好灭鼠、灭蝇和吸血昆虫工作，是消灭疫病传染源和切断其传播途径的有效措施，在控制猪场的传染性疾病，保障人畜健康上具有十分重要的意义，是猪场生物安全体系中环境控制的两项重要措施。全猪场应每月定期灭鼠一次，特别对饲料库要杜绝有鼠的进出；根据季节和农时，进行定期灭蝇、灭蚊工作。

1. 灭　鼠

（1）加强饲料的管理和环境治理。猪舍的墙基、地面、门窗都应坚固结实，发现鼠洞要及时堵住。猪饲料要保管在老鼠不能进入的库房内。要经常保持猪舍及其周围环境的干净整洁，及时清理洒落的和剩余的饲料，使鼠类难以获取食物，挖毁其室外的巢穴，填埋、堵塞室内鼠洞，用烟熏剂熏杀洞中老鼠，使其失去栖身之所，破坏其生存环境，达到驱杀之目的。

（2）灭鼠方法。灭鼠法可分为生态学灭鼠法、化学灭鼠法和物理学灭鼠法。由于规模化猪场占地面积大，猪只高度密集，采用鼠夹、鼠笼、电子猫等物理法灭鼠效果较差，大多不采用，主要采用前两种方法灭鼠。

每季度全场使用灭鼠药集中灭鼠一次（可根据场内实际情况适当增加灭鼠次数）。灭鼠药投放前舍内不准存放饲料，当天领取当天所用饲料，集中清理料槽内的余料，杜绝饲料在猪舍内洒落，各舍内的杂物如饲料袋、纸箱等要统一进行处理，不给老鼠留藏身之处，饲料仓库应及时落锁，员工吃剩下的饭菜要集中存放，当天处理，灭鼠前将猪舍外墙一米之内的杂草、杂物等清理干净，严格按照使用说明书准确配置鼠药，以保证鼠药的浓度，配置鼠药的食物必须是老鼠喜欢吃的，防治老鼠拒食。

天黑之前一小时（老鼠在天刚黑时有个活动觅食高峰）安排投药灭鼠。生产区、生活区统一领取鼠药，统一拌药，统一投放。鼠洞鼠路，低凹拐角是野鼠活动的必经之处，应重点投放鼠药；家鼠喜欢在阴暗潮湿杂乱处活动，故应投放在杂物房、室外的阴沟、墙角、垃圾堆、粪场、鼠路和鼠洞口等处。投放鼠药要一次性投足 3 d 的药量。用药量一般每隔 2～3 m 投放一堆，每堆 50 g 左右。每天检查一次，吃后及时补充，连续检查 3～4 d。猪舍内任何情况下都不得投药，以防猪只误食引起中毒死亡。投药完毕后关闭好猪舍内的门窗。

投放鼠药前要告知全场所有人员，说明鼠药投放何处，同时要加强鼠药管理，防治人畜误食。投放鼠药前应备足特效解毒药。投放鼠药后必须立即洗手即清洗暴露皮肤。厨房、餐厅应备有粘鼠板，慎用灭鼠药，泔水及食物残渣需及时转移出场。投放鼠药 2～3 d 后老鼠出现死亡，3～4 天大量死亡。每天收集鼠尸，集中活化或深埋。如果必要，可以重复给药一次。一周后，把剩余鼠药收集起来深埋。

2. 灭蚊蝇

蚊蝇虽小但对猪群的健康危害很大。它们通过叮咬、吸血或者在粪尿污物和饲料、饮水间飞来飞去，能传播多种传染病和寄生虫病。因此，猪场的杀虫工作不容忽视。对蚊蝇滋生地采用生物、化学、物理等歼灭措施。

（1）生物学方法是驱蝇灭蚊最持久的基本的治本方法。进化环境对驱蚊灭蝇非常重要，可以使用蚊蝇失去繁衍滋生场所。为此，对厂区及周边要及时清理粪尿及猪舍内外的垃圾、杂草，填平污水沟，疏通排水道，经常清洗食槽、水槽，加强通风换气，保持舍内干燥干净，切实解决洒落饲料问题。

（2）化学方法是驱蝇灭蚊最有效的简便方法。在蚊蝇数量太多或紧急防治时，用化学方法来防治蚊蝇最为简便有效。以按说明在饲料中添加蝇得净（10% 环丙氨嗪）预混剂。苍蝇滋生季节开始时，每 1 000 kg 饲料添加蝇得净 50 g，混合均匀，连续饲喂 4～6 周或直到苍蝇孳生季节结束后停止使用。

每周对有死水的地方，如排粪池、污水沟、积存的雨水、水塘、杂物堆放处，定期使用高效农药化学杀虫剂，如优士（10% 氯氟菊酯）和阿维菌素等，使蝇、蛆、蚊虫无孳生地。

天黑前在猪舍里面点燃蚊香，或者接通液体电蚊香包括电蚊香片，可以使蚊子少进入猪舍，但是某些低劣的蚊香，除含有除虫菊酯之外，还含有六六六粉、雄黄粉等有害的有机化合物会危害人猪的健康。因此，使用蚊香时应保持空气流通。

（3）物理方法是驱蝇灭蚊最安全的实用方法。

室内安装橘红色灯泡，或用透光的橘红色玻璃纸套在灯泡上，开灯后蚊子因惧怕橘红色光线会驱避逃离。

使用灭蚊新产品，如紫外线灭蚊灯、仿生灭蚊器、光触媒灭蚊器、电子捕蚊器、吸蚊机等产品，经济实用、绿色环保、安全有效。总之，猪场对蚊子苍蝇的控制既要考虑到简便性、经济性、高效性，又要考虑到抗药性、对天敌影响、环境污染及药品残留等诸多问题，就是说要因地制宜、因场制宜、因时制宜地选用生物防治、药物杀灭、物理方法等多种标本兼治的综合措施方能达到最佳效果。

四、猪场粪污及废弃物的处理

生猪的养殖能给我们的日常生活带来大量高品质肉食品，但同时生猪养殖过程中会产生大量的粪尿废弃物，这些废弃物的排放给养殖场周围环境带来了很大的危害，已成为制约养猪场可持续发展的重要因素。随着当前国内生猪养殖规模的不断扩大，养殖场与周围环境之间的矛盾也日益凸显出来，如何有效地处理好粪尿废弃物，已成为一个公众关注的焦点问题。

然而，从资源的循环利用考虑，排泄物有很大的潜在经济价值，由于家畜粪便中有机物含量高，家畜污水可作为农用肥料及能源加以利用。养猪废水产气中甲烷含量高达60%，发热量 2.508×10^4 kj/m^3，是很好的生物能源。同时，污水经过净化处理后可用于农田灌溉，也可以经过消毒后回用于冲洗猪场。良好的废弃物处理方法不但可以减少环境污染，还可以降低养殖成本，甚至可以带动相关的其他产业发展。因此，对规模化养猪场的粪污治理与再利用研究，成为农业环保方面学者关注的热点。

（一）粪污处理

当前猪场粪污的处理方法有很多种，这些处理方法主要是取决于猪场清粪的工艺、猪场周围可利用的农田土地量的大小及运行费用。

1. 粪污的处理原则

（1）减量化。要从养殖过程来实现减少污水和有害物质的排量。采用清干粪工艺，使粪尿分离，减少冲圈用水。

（2）无害化。选用先进的工艺技术，结合猪场周围的环境、粪污消纳能力和能流生态平衡的特征，因地制宜，消除污染，实现污水达标排放。另外提高环保饲料配制技术，可减少有害物质的排量，也有助于粪污的无害化处理。

（3）资源化。有害粪污经过处理，可以变废为宝。粪便可以加工为有机肥或有机复合肥。污水经过处理可以灌溉耕地和回水利用，节约水资源。

（4）生态化。建成"猪—污—沼—饲—菜—畜"和"猪—污—水—菜—果—田—畜"的生态平衡系统，调养猪发展与环境之间的关系。

2. 粪污处理的方法

（1）干清粪工艺粪污处理工艺。

① 堆肥法+活性污泥法。这是处理畜禽场粪污比较早的一种处理工艺，该工艺的具体流程如下：

猪舍的猪粪与尿及污水分开收集（干清粪工艺）或是将粪污池中的猪粪、尿、污水的混合物进行固液分离。收集后的猪粪运送到堆肥设施处进行堆肥前处理。由于干清粪或者固液分离后的猪粪具有很高的含水率，影响猪粪的进一步堆肥发酵，所以堆肥前必须加入适量的调节水分的物质（包括锯末、秸秆末等）进行水分调节（水分调节到 60% 左右即可）。调好水分的猪粪，在发酵车间进行一次发酵，此次发酵耗费时间比较长，一般需要 25～36 d 的时间，整个发酵过程需要发酵设备的翻堆搅拌来保证高效的好氧发酵。一次发酵后的堆肥产品通常都可以直接作为有机肥进行施用。如果有必要制作品质比较高的有机肥，就需要将一次发酵的产品进行二次发酵。尿、污水的混合物在一次处理池中，经过初步的微生物降解及沉淀处理后进入活性污泥曝气池进行好氧处理，经过固定时间的好氧曝气处理，污水中的有机物被曝气池中的絮状污泥（微生物）有效降解，降解后的污水经过沉淀池进行沉淀后，一部分污水进行农田灌溉，一部分就可以直接进行排放。沉淀后的固体残渣运送到堆肥前处理处，与猪粪一起进行堆肥发酵。

该工艺的优点是能够有效地处理猪粪和污水。猪粪制成有机肥，利于肥田；污水处理后可以排放或浇地。缺点是整个工艺处理过程的日运行费用比较高，非规模化的小型猪场不太适用。

② 堆肥法+沼气。该方法的干粪处理工艺与第①种处理工艺完全相同，只是在处理尿和污水时不同。尿、污水的混合物直接进入厌氧发酵池进行厌氧发酵，厌氧发酵产生的沼气经过脱水和脱硫净化后，进入沼气储存罐，沼气储存罐中的沼气大部分进行发电，供场区日常运行使用，另一小部分可以作为生活日用燃气，沼渣进行固液分离后与猪粪一起进行堆肥发酵。

该处理工艺克服了第一种处理工艺运行费用高的部分缺点，主要是因为沼气发电抵消了部分电能的消耗。但经过厌氧发酵的污水通常不能达标，如果有足够的农田进行容纳沼液完全能用来肥田，同样达到粪污处理的无害化目的。

（2）水泡粪处理工艺。

① 沼气法。猪舍产生的粪、尿及污水通过漏粪地板储存在猪舍下面，经过两周或 1 个月的储存，通过猪舍下的虹吸管自流到粪污池，粪污池中的粪污用污泥泵直接打到厌氧发酵池，进行厌氧发酵，厌氧发酵产生的沼气，经脱水和脱硫净化后，进入沼气储存罐，沼气储存罐中的沼气大部分进行发电，供场区日常运行使用，另一小部分可以作为生活日用燃气，沼渣进行固液分离后作为固体沼肥，沼液作为农田灌溉的良好水肥。

该处理工艺运行费用比较低，厌氧发酵产生的沼气量比较大，完全能够满足场区日常运行所需的能耗。整个处理过程自动化程度比较高，只需要较少的人工，适用于大型规模化的养猪场。但沼液和沼渣的最终处理是一个很大的问题，需要足够的农田来进行消纳处理。

② 堆肥法+沉淀法。猪舍的粪污进行干湿分离，猪粪经过堆肥前的水分调节后，直接进行一次发酵，堆肥产生的堆肥产品直接作为有机肥农田施用，如果有必要制作品质比较高的

有机肥，就需要将一次发酵的产品进行二次发酵。猪场的尿和污水，直接进入四级沉淀池进行自然沉淀和降解处理，沉淀池的储水量设计通常为一年，在整个自然处理过程中，粪污中部分的水分一部分通过蒸发进入空气，另一部分经过自然的微生物发酵处理，逐步达到无害化处理，最终进行排放或是浇地。

该处理工艺比较适合于远离人口密集区、雨水较少地区的规模养猪场，但需要大量的土地来作为污水的储存场地，整个处理过程的一次性投入适中，长期地运行管理费用基本不耗费，长远来说，此处理工艺的长期经济价值比较可观，如果土地允许，建议能采用此种处理方式。

猪场的粪污处理工艺的选择，要因地而异，不仅要考虑到投资的费用，更大一部分是长期的运行管理费用，适当的粪污处理方式，能为养猪场带来长期的环境效益和经济效益。

（二）病残死猪的处理

任何猪场都会遇到病死猪，病死猪常是疫病传播和扩散的重要传染源，不仅会给养猪业带来重大经济损失，还会严重威胁人畜健康，故应对病死猪进行安全有效的处理。

目前对不同的疫病采用不同的方法进行处理：

（1）尸体焚烧法：对确认患猪瘟、口蹄疫、传染性水疱病、猪密螺旋体痢疾、急性猪丹毒等烈性传染病的病死猪，采用此法。将患病的猪的尸体、内脏和病变部分投入焚化炉中烧毁碳化，搬运尸体的时候，常用消毒药液浸湿的棉花或破布把死猪的肛门、口、鼻、耳朵堵塞，防治血水留在地上。应用封闭车运到焚烧场地。

（2）高温处理法：对确认患猪肺疫、溶血性链球菌、副伤寒、弓形体病等的病死猪的尸体切成重量不超过 2 kg，厚度不超高 8 cm 的肉块，放在密闭的、112 kPa 的高压锅中蒸煮 1.5 ~ 2 h 即可。

（3）掩埋法：即挖一个 2 m 左右深的坑，在坑底铺上一层至少 1.6 cm 厚的石灰或消毒药，把病死猪密封后放进坑内，再铺一层消毒药，最后用土盖严。专家认为，只要农户按照规定，对病死猪进行深埋，就可以减少疫情的发生。但在疫区的调查显示，当地的处理基本存在问题。

目前对于大型规模猪场而言，均采用病死猪的无害化处理设备进行处理。

实训操作

猪场生物安全的控制与环境控制设备的操作

一、实训目的

1. 使学生了解生物安全控制方法、各种环境控制设备的功能。
2. 熟悉生物安全控制方法的要求。
3. 能正确识别各种环境控制设备。
4. 初步掌握各生物安全控制方法技能。
5. 初步掌握环境控制流程操作技能。

二、实训工具与材料

1. 实训工具与材料

标准种猪核心场，有各种生物安全控制药品、设备；环境控制设备等。

三、实训方法与步骤

1. 猪场生物安全控制

（1）由老师对该猪场生物安全控制进行全面介绍；

（2）由猪场外勤组长对进猪场的人、物、车等生物安全进行操作，老师进行引导性点评；

（3）组织学生分组进行人、车、物消毒处理进行操作；猪场外勤组长进行指导。

（4）各组对生物安全控制进行总结（优点和存在问题及改进意见）。

2. 猪场环境控制设备识别和操作

（1）由后勤组长对该猪场环境控制设备的现状作简要介绍；

（2）由后勤组长带领学生到污水处理系统和尸化处理间进行现场讲解和操作处理；

（3）要求学生对污水处理系统和尸化处理进行现场操作。

实训作业

参观和剖析某养猪公司的规模化、工厂化养猪场的生物安全控制和环境控制，每个小组对猪场生物安全控制和环境控制进行点评和总结（写出其优点和存在问题，并提出改进建议等）；同时对该猪场常见生物安全控制和环境控制设备进行操作；简述各生物安全控制和环境控制设备在养猪生产中的功能，操作要点和要求，完成实训报告。

技能考核

技能考核方法见表1-9。

表 1-9　猪场生物安全控制与环境控制

序号	考核项目	考核内容	考核标准	参考分值
1	消毒处理	药品使用	药品选用正确，稀释比例正确	10
2		消毒操作	操作方法规范，正确，符合要求	10
3		点评与改进	点评意见正确，改进意见合理，改进图纸清晰	10
4	设备识别与使用	设备识别	能正确识别各生物安全控制盒环境控制设备	10
5		操作与使用	会操作和保养生物安全控制和环境控制设备	10
6		点评与改进	对该场现有生物安全控制和环境控制设备进行点评，并提出改进意见	10
7	综合考核	实训表现	服从老师安排，实训态度与表现良好	20
8		报告	对改进意见的综合评价20分；口试10分	20
合　计				100

自测训练

一、填空题

1. 哺乳仔猪的适宜温度＿＿＿＿＿＿＿＿＿＿＿，断奶后猪的适宜环境温度应保持在＿＿＿＿＿＿＿＿，适宜的相对湿度为＿＿＿＿＿＿＿。

2. 猪场的消毒一般分为＿＿＿＿＿＿＿、＿＿＿＿＿＿＿＿和＿＿＿＿＿＿＿＿三种类型；常用的消毒方法有＿＿＿＿＿＿＿、＿＿＿＿＿＿＿和＿＿＿＿＿＿＿。

3. 污水的处理原则是＿＿＿＿＿、＿＿＿＿＿＿、＿＿＿＿＿和＿＿＿＿＿。

二、问答题

1. 如何搞好夏季的通风降温和冬季的防寒保温？
2. 人、车、物进入猪场的消毒程序是什么？
3. 如何搞好猪场的灭蚊灭蝇工作？
4. 猪场粪污处理方法有哪些？

任务四　饲料准备

任务要求

1. 了解各阶段猪只的营养需要，掌握好各阶段的营养控制。
2. 熟悉饲料原料的采购和质量监控。
3. 掌握饲料计划的编制。

学习条件

1. 核心种猪场、饲料厂，各类猪饲料、饲料原料等。
2. 多媒体教室、饲料的准备教学课件、教材、参考图书。

相关知识

目前，一些集团公司及大型种猪企业已经实现饲料的配套生产并给猪场提供全价饲料，达到专业分工明确的水准；而一些中小规模的猪场为减少麻烦或为了控制饲料品质风险开始选用饲料生产商提供的全价饲料，但更多的猪场仍是采购部分全价及预混料进行自行加工成全价料。

一、配合饲料类型的选择

按照配合饲料所含的营养成分，可将配合饲料分成全价配合饲料、浓缩料、添加剂混合料等类型。规模化猪场由于现有加工设备和技术力量的不同，有些猪场从市场购入全价料，也有的猪场从市场上购入预混料或浓缩料，再配以本场自行加工的能量和蛋白质饲料，自配料养猪企业期望通过自己采购原料、配方设计及加工来获得饲料生产环节的利润，进而扩大自己的利润空间。究竟哪种方式能够给自己带最好的经济效益，猪场应综合考虑外购料的特点和审视自己的条件进行合理的判断。

1. 全价料

全价料又称全价配合饲料、全日粮配合料，可直接用于饲养家畜营养完全的配合饲料，由浓缩饲料与能量饲料配合而成。根据使用对象及生产目的的不同，有多种规格的产品，如仔猪用、生长育肥猪用等全价配合饲料。选用全价料的优点是使用方便，能够解决部分养殖户原料短缺不易采购的麻烦。

2. 预混料

预混料是猪生长所需的各种维生素、微量元素和其他必需微量添加成分的总汇，有时还可根据养猪场的需求，加入少量的预防药物。预混料一般由专业厂家配制，根据猪生长发育的需要和不同生长阶段的特点，把各种添加剂按不同比例与载体混合而成。养猪场在使用时按不同生长阶段添加不同比例，便可保证猪生长发育的需要。预混料在猪日粮中比例很小，依其营养含量而异，一般添加量为 1% ~ 6%。预混料使用起来很方便，质量也有保证，适合小型养猪场和养殖专业户使用。

使用预混料时要注意：第一，各种添加成分在饲料中不是越多越好，不可滥用；第二，预混料在配料过程中要充分拌匀，否则会致使猪中毒。

选择预混料时应注意：一是不应以外观断定其好坏。这是因为预混料中主要是维生素、微量元素、胆碱、氨基酸、药物、生长促进剂及载体，其中决定预混料外观的是载体，载体不同预混料的外观也不同，如果只注意外观不注意成分会造成错误的判断；二是不应以气味断定好坏。预混料中决定气味的是胆碱、B 族维生素和药物，有一些厂家加有香味剂，覆盖了这些气味，选择时应注意这些问题。

3. 浓缩料

浓缩饲料是由蛋白质饲料、矿物质饲料、微量元素、维生素和非营养性添加剂等饲料原料按一定比例配制而成的均匀的混合物。浓缩饲料再与一定比例的玉米、豆粕等大宗饲料配合，即成为营养基本平衡的全价配合饲料。它能满足猪对各种营养的需要，不需要再添加其他添加剂。

一般猪用浓缩料的粗蛋白在 36% ~ 42%，矿物质和维生素含量也高于猪正常需要量的 2 倍以上，不能直接投喂，因此必须按一定比例与能量饲料互相配合后饲喂，这样才能发挥浓缩饲料的真正效果和作用。饲喂时应采用生干料拌湿饲喂，供足清洁卫生的饮水，不要喂稀料，更不要煮熟后饲喂。

浓缩料是一种通用料。按照推荐的比例配合成各阶段猪的全价料后，满足需要量是有一定误差的，是近似的满足，不能很好地适应精细化饲养的需要。与用预混料调配的全价料相比较，全价性相对差些。

二、各类饲料和原料的采购与质量监控

明确猪场采用何种配合饲料的类型是确定采购何种饲料和原料及数量的前提。如果购买全价配合饲料，根据全价日粮供应量即可。如果使用浓缩料，则根据浓缩料在全价料中的使用方法计算出浓缩料采购量及能量饲料。如果使用浓缩料要根据全价料供应量、饲料配方中各种原料的使用比例，计算出种类饲料中玉米、豆粕、麸皮等大宗原料及食盐、钙磷饲料和预混料的用量，然后将各类饲料中同类原料合并，即为该类原料的采购量。

（一）原料质量现场监控

饲料采购人员每月到饲料厂通过眼观、手感、嘴尝等手段监控原料质量，方法如下：

1．玉　米

（1）观察其颜色。较好的玉米呈黄色且均匀一致，无杂色玉米。

（2）随机抓一把玉米在手中，嗅其有无异味，目测籽粒的饱满程度，有无杂质、霉变、虫蛀粒，初步判断其质量。玉米的外表面和胚芽部分可观察到黑色或灰色斑点为霉变，若需观察其霉变程度，可用指甲掐开其外表皮或掰开胚芽作深入观察。区别玉米胚芽的热损伤变色和氧化变色，如为氧化变色，味觉及嗅觉可感氧化（哈腊）味。

（3）用指甲掐玉米胚芽部分，若很容易掐入，则水分较高，若掐不动，感觉较硬，水分较低，感觉较软，则水分较高。也可用牙咬判断。或用手搅动（抛动）玉米，如声音清脆，则水分较低，反之水分较高。

2．豆　粕

（1）先观察豆粕颜色，较好的豆粕呈黄色或浅黄色，色泽一致。较生的豆粕颜色较浅，有些偏白，豆粕过熟时，则颜色较深，近似黄褐色（生豆粕和熟豆粕的脲酶均不合格）。再观察豆粕形状及有无霉变、发酵、结块和虫蛀并估计其所占比例。好的豆粕呈不规则碎片状，豆皮较少、无结块、发酵、霉变及虫蛀。有霉变的豆粕一般都有结块，并伴有发酵，掰开结块，可看到霉点和面包状粉末。其次判断豆粕是否经过二次浸提，二次浸提的豆粕颜色较深，焦糊味也较浓。最后取一把豆粕在手中，仔细观察有无杂质及杂质数量，有无掺假（豆粕主要防掺豆壳、秸杆、麸皮、锯木粉、砂子等物）。

（2）闻豆粕的气味，是否有正常的豆香味，是否有生味、焦糊味、发酵味、霉味及其他异味。若味道很淡，则表明豆粕较陈。

（3）咀嚼豆粕，尝一尝是否有异味，如：生味、苦味或霉味等。

（4）用手感觉豆粕水分。用手捏或用牙咬豆粕，感觉较绵的，水分较高；感觉扎手的，水分较低。两手用力搓豆粕，若手上粘有较多油腻物，则表明油脂含量较高（油脂高会影响水分判定）。

3．菜　粕

（1）先观察菜粕的颜色及形状，判断其生产工艺类型。浸提的菜粕呈黄色或浅褐色粉末或碎片状，而压榨的菜粕颜色较深，有焦糊物，多碎片或块状，杂质也较多，掰开块状物可

见分层现象。压榨的菜粕因其品质较差，一般不被选用。再观察菜粕有无霉变、掺杂、结块现象，并估计其所占比例（菜粕中可能掺入沙子、桉树叶、菜籽壳等物）。

（2）闻菜粕味道，是否有菜油香味或其他异味。

（3）抓一把菜粕在手上，拈一拈其份量。若较重，可能有掺砂现象，松开手将菜粕倾倒，使自然落下，观察手中菜粕残留量，若残留较多，则水分及油脂含量都较高。再用手触摸菜粕感觉其湿度，一般情况下，温度较高，水分也较高，若感觉烫手，大量堆码很可能会引起自燃。

4. 棉粕

（1）观察棉粕的颜色、形状等。好的棉粕多为黄色粉末，棉籽壳少，棉绒少，无霉变及结块现象。抓一把棉粕在手中，仔细观察有无掺杂，估计棉籽壳所占比例及棉绒含量高低，若棉籽壳及棉绒含量较高，则棉粕品质较差，粗蛋白较低，粗纤维较高。

（2）闻棉粕的气味，看是否有异味、异嗅等。

（3）用力抓一把棉粕，再松开，若棉粕被握成团块状，则水分较高，若成松散状，则水分较低。将棉粕倾倒，观察手中残留量，若残留较多，则水分较高，反之较少。用手摸棉粕感觉其湿度，一般情况下，温度较高，水分较高，若感觉烫手，大量堆码很可能会自燃。

5. 次 粉

（1）看次粉颜色、新鲜程度及含粉率。好的次粉呈白色或浅灰白色粉状。颜色越白，含粉率越高（好次粉含粉率应在90%以上）。

（2）闻次粉气味，是否有麦香味或其他异嗅、异味、霉味、发酵味等。

（3）抓一把次粉在手中握紧，若含粉率较低，松开时次粉呈团状，说明水分较高，反之较低（含粉率很高时则不能以此判定水分高低，要以化验为准）。

（4）取一些次粉在口中咀嚼感觉有无异味或掺杂。若次粉中掺有钙粉等物时，会感觉口内有渣，含而不化。

6. 麸 皮

（1）观察颜色、形状。麸皮一般呈土黄色、细碎屑状，新鲜一致。

（2）闻麸皮气味，是否有麦香味或其他异味、异嗅、发酵味、霉味等。

（3）抓一把麸皮在手中，仔细观察是否有掺杂和虫蛀；拈一拈麸皮份量，若较坠手则可能掺有钙粉、膨润土、沸石粉等物；将手握紧，再松开，感觉麸皮水分，水分高较黏手，再用手捻一捻，看其松软程度，松软的麸皮较好。

7. 洗米糠

（1）先观看洗米糠颜色、形状。洗米糠呈浅灰黄色粉状，新鲜一致，伴有少量碎米和谷壳尖。再看其是否发霉、发酵和生有肉虫。

（2）闻洗米糠气味，是否有清香味或其他异嗅、异味、霉味、发酵味等。

（3）抓一把洗米糠在手中，用力握紧后再松开，若手指和手掌上有滑腻的感觉，则含油较高，反之较低；若手感没有滑腻感觉，但有湿润感，则水分较高；察看碎米颜色，若米粒有渗透形的绿色时，则不新鲜；用手指在手掌上反复揉捻，若感觉粗糙则说明糠壳较重；抓一把若坠手，则说明可能有掺杂。

（4）取少许洗米糠在口中含化，看有无异味或掺杂，正常情况下，应有微甜味、化渣。假如含化时不化渣，咀嚼有细小硬物，则可能掺有膨润土、沸石粉、泥灰、砂石等物质。

8. 大　豆

（1）观察大豆颜色及外观。大豆应颗粒均匀，饱满，呈一致的浅黄色；无杂色、虫蛀、霉变或变质。

（2）用手掐或用牙咬大豆，据其软硬程度判断大豆水分高低，大豆越硬，水分越低。

9. 鱼　粉

（1）观看鱼粉颜色、形状。鱼粉呈黄褐色，深灰色（颜色以原料及产地为准）粉状或细短的肌肉纤维性粉状，蓬松感明显，含有少量鱼眼珠、鱼鳞碎屑、鱼刺、鱼骨或虾眼珠、蟹壳粉等，松散无结块、无自燃、无虫蛀等现象。

（2）闻鱼粉气味。有鱼粉正常气味，略带腥味、咸味，无异味、异嗅、氨味，否则表明鱼粉放置过久，已经腐败，不新鲜。

（3）抓一把鱼粉握紧，松开后能自动疏散开来，否则说明油脂或水分含量较高。

（4）口含少许能成团，咀嚼有肉松感，无细硬物，且短时间内能在口里溶化，若不化渣，则表明此鱼粉含砂石等杂物较重，味咸则表明盐分重，味苦则表明曾自燃或烧焦。

（5）通过显微镜详细检查鱼粉有无掺杂使假现象。

10. 统　糠

（1）先观看统糠颜色、形状，统糠呈浅灰黄色形状新鲜一致，伴有少量谷壳壳尖，看其是否发霉发酵和生有肉虫。

（2）闻统糠气味，是否有清香味或其他异臭、异味、霉味、发酵味等。

（3）抓一把统糠在手中，用力握紧后再松开，若没有滑腻感觉，但有湿润感，则水分较高；抓一把若坠手，则说明可能掺杂，咀嚼有细小硬物，则可能掺有膨润土、沸石粉、泥灰、砂石等。

11. 油脂（混和油、棕油、鱼油）

（1）先观察油脂颜色，油脂颜色为棕色。

（2）嗅油脂味道，是否有异嗅、异味或焦味。

（3）用一张纸拿木棍在油脂容器的中间和底部取油。分别沾在纸上，用火烧，有滋滋声音则掺有水份。

（4）用手指捻，油脂十分滑腻的感觉，有细小颗粒则掺杂。

（二）原料及成品的实验室检测

1. 原料及成品抽样

（1）抽样程序及方法。

采样人员每月对所有生产品种抽样并送样到化验室，进行检测。

① 成品样品。

采样人员在成品仓库或者猪舍现场每品种抽取样品。随机抽样，至少需要在 8 袋同批次同品种的饲料样中抽样得到待测样品份样，每份样的样品量应该相当，将各份样混合均匀得到总份样，最小的总份样量不得少于 8 kg。按照四分法将总份样缩分，最小的缩分样 500 g，送到营养实验室待检。

② 饲料原料。

如因特殊要求需要对原料进行检测，饲料采样人员应该亲自到饲料厂抽样。如果条件许可时，采样应在装货卸货时进行。随机选取每个样份的位置，既要覆盖样品表面，又要包括样品内部，尽可能增加该批次产品的抽样样份数。将抽取的样品按四分法缩分，最小的缩分样 500 g，送营养实验室待检。

（2）四分法缩分样品。

将样品倒在清洁、光滑、平坦的桌面或光面硬纸上，充分混匀后将样品摊成正方形平面，然后以 2 条对角线为界，分成 4 个三角形，取出其中 2 个对角三角形的样品，剩下的样品再按上述方法反复缩分，直至最后剩下的 2 个对顶三角形的样品接近平均样品所需的重量为止。

（3）样品的记录。

样品放入密封的采样袋中，标明样品名称、生产日期、生产厂家，采样人、采样时间、采样地点、采样基数，并附上饲料成品标签和袋装原料的标签。

（4）实验室样品的制备和管理。

营养实验室收到待检样品后，分装成 2 份样品，每份重量 250 g，一份留样备查，一份待检。

2. 常规营养指标和霉菌毒素的检测

每月的样品检测常规营养成分和呕吐毒素、玉米赤霉烯酮，制作饲料检测台账，发总营养师、饲料部、生产技术服务部负责饲料人员，用以监督饲料质量。

（三）饲养效果验证

1. 饲养效果验证。当饲料按新配方生产后，需要对饲养效果进行观察和记录。观察种猪体况变化及粪便排出情况；生长猪进行饲养试验，测定猪的生长速度和饲料转化率，填写《饲养效果报告》报饲料部、总营养师，报告饲料部存档。

2. 饲养对比实验。必要时开展饲养对比实验，适当外购饲料进行饲养试验，测定猪的饲料转化率等经济转化效率指标，填写《饲养效果报告》报饲料部和总营养师，报告饲料部存档。

三、饲料原料和成品饲料的贮存与管理

采购符合生产需要的原料入库后，贮存与管理不善，如高温、高湿同样直接影响原料质量。原料一旦受到污染，发霉、变质、虫蛀都会降低饲料中营养成分的含量，导致料肉比偏高，猪场直接生产成本上升，利润空间下降。

超过安全水分值的饲料，严禁入库。相对湿度在 70% 以下所达到的平衡水分称为贮藏的安全水分。生产中，不同饲料原料和不同地区的安全水分是不同的。如大豆粕 13%、菜籽粕 12%、米糠粕 13%、麸皮 13%、冬小麦 12.5%、春小麦 13.5%、稻谷 14%、玉米 14.5%（东北三省、内蒙古自治区、新疆维吾尔自治区）、玉米 14%（其他地区）、鱼粉 12%、浓缩料 14%、预混料 12%、配合饲料 10%~14.5%。对超过安全水分值的饲料，原则上应拒绝入库，如要如库必须进行烘干、晾晒处理。

建造标准的库房，提供适宜的储存条件。根据原料（包括添加剂等）特性创造适宜的温度与湿度，确保采购原料不变质。存放玉米、豆粕、棉粕、次粉等大宗原料的库房，要求能通风、防雨、防潮、防虫、防鼠及防腐等。存放微量元素、维生素、药品添加剂等原料库房除能通风、防雨、防潮、防虫、防鼠及防腐外，还要求防高温、避光。

严格原（饲）料储存的管理。仓库堆料应该整齐有序，原料入库后及时登记；分类堆放的原料，按照"先进先出"的原则，去旧储新；袋装饲料原料存放应做好防潮工作，底层应垫木板和防潮性能好的物品，减少原料与墙层、地面温度差异，防止原料结块或局部水分过高而发霉变质；在原料仓库不同位置挂温湿度计，对于易变质的饲料，每天注意其温度和湿度，有选择性的进行鼓风，特别是原料水分超过 14% 时应每天鼓风，而在相对湿度高于 80% 以上的阴雨天气，禁止鼓风；防止原料日晒雨淋，减少原料中脂肪酸氧化和维生素的破坏损失；及时投放鼠药，减少老鼠对原料造成的污染；定期组织打扫饲料加工设备和仓库，有条件时可做熏蒸消毒。

四、饲养标准

饲养标准要采用最新的原料标准、根据瘦肉型猪的饲养标准、种猪场的饲养管理目标及猪的饲养阶段来设定。在我国的养猪生产中，参考价值较高的饲养标准有中国瘦肉型猪饲养标准、美国 NRC 饲养标准及各大育种公司猪的饲养标准。在猪的饲养标准方面，目前主要问题是哺乳仔猪、泌乳母猪的能量营养水平不够，后备母猪、公猪没有专用料等。

猪的饲养标准是发展猪业、制定猪生产计划、组织饲料供给、设计饲料配方、生产平衡饲粮、对猪实行标准化饲养管理的技术指南和科学依据。但是，照搬"标准"中数据，把"标准"看成是解决有问题的现成固有答案，忽视"标准"的条件性和局限性，则难以达到预期目标。因此，应用任何一个饲养标准，都应充分注意以下基本原则。

1. 选用"标准"的适合性

"标准"都是有条件的"标准"，是具体的"标准"。所选用的"标准"是否适合，必须认真分析"标准"对应用对象的适合程度，重点把握"标准"所要求的条件与应用对象实际条件的差异，尽可能选择最适合应用对象的"标准"。选用任何一个"标准"，首先应考虑"标准"所要求的动物与应用对象是否一致或比较相近，若品种之间差异太大则难使"标准"适合应用对象，例如 NRC 猪的营养需要则难适用于我国地方猪种。除了动物遗传特性以外，绝大多数情况下均可以通过合理设定保险系数使"标准"规定的营养适合应用对象的实际情况。

2. 应用标准定额的灵活性

"标准"规定的营养定额一般只对具有广泛或比较广泛的共同基础的动物饲养具有应用价值，对共同基础小的动物饲养则只有指导意义。要使"标准"规定的营养额度变得可行，必须根据不同的具体情况对营养定额进行适当调整。选用按营养需要原则制定的"标准"，一般都要增加营养额度。选用按"营养供给量"原则制定的"标准"，营养定额增加的幅度一般比较小，甚至不增加。选用按"营养推荐量"原则制定的"标准"，营养定额可适当增加。

3. "标准"与效益的统一性

应用"标准"规定的营养定额，不能只强调满足猪对物质的客观要求，而不考虑饲料生产成本。必须贯彻营养、效益（包括经济、社会和生态等效益）相统一的原则。

"标准"中规定的营养定额实际上显示了猪的营养平衡模式，按此模式向猪供给营养，可使猪有效利用饲料中的营养物质。在饲料或猪产品的市场价格变化情况下，可以通过改变饲粮的营养浓度，不破坏平衡，而达到既不浪费饲料中的营养物质又实现调节猪产品的量和质的目的，从而体现"标准"与效益统一性的原则。

只有注意"标准"的适合性和应用定额的灵活性，才能做到"标准"与实际生产的统一，获得良好的结果。

4. 在养猪生产实践中，要特别注意如下问题：

（1）用哺乳母猪料喂公猪存在的问题。哺乳母猪料中过高的能量使公猪采食后容易肥胖；微量元素与公猪要求不一致，造成公猪精液质量下降；抗生素容易对公猪肝脏、肾脏造成损害。

（2）小猪料喂公猪的问题。氨基酸、微量元素、钙、磷、助消化物等偏高，增加肝脏及消化系统负担。能量偏高容易让种公猪过肥，抗生素对种公猪肝脏产生干扰。

（3）怀孕母猪料喂公猪存在的问题。妊娠母猪料营养指标偏低，粗纤维含量偏高，易引起公猪营养不良综合征。

（4）使用中、大猪料喂后备母猪的问题。能量与蛋白质偏高，钙磷不足，导致体况发达，生殖系统发育滞后，阴户太小，不利于产仔（易发生难产），发情排卵滞后，产仔数少。

（5）使用妊娠母猪料喂后备母猪的问题。能量与蛋白质不足，不利于生殖器官发育。

五、饲喂方式

猪饲料的消化利用率高低，不仅取决于饲料本身营养含量和品质，而且还与饲料的加工调制和科学利用有关。

1. 改熟喂为生喂

规模化猪场一般提倡生饲，生饲可节省燃料、设备、劳动力、降低成本，减少养分流失等优点，但某些饲料需炒熟或煮熟饲喂。如大豆宜炒熟、豆粕宜蒸熟、马铃薯及其粉渣宜煮熟后可明显地提高利用率，并减少腹泻情况的发生。

（1）干粉料。把干粉状全价配合饲料投入料槽，让猪自由采食，同时保证充足的饮水。

干粉料加工简单，具有省工、减少应激的优点，但由于猪喜欢拱食，常含着饲料去饮水造成饲料浪费多。此外，饲喂干粉料还具有容易增加空气中的粉尘，不易及时观察到病猪，浪费水较多等缺点。适用于自动料槽，机械喂料或自由采食；同时要关注猪舍料槽结构设计不当，饲养管理人员喂料不认真造成的饲料浪费。

（2）湿拌料。在机械化程度不高的猪场，常采用湿喂的方法，饲喂时在饲料中加入一定比例的水，搅拌均匀后喂猪。但加水量不宜过多，一般按料水比例为 1：（1.5～2），调制成潮拌料或湿拌料，在加水后手握成团、松手散开即可。喂湿拌料具有适口性好、增加采食量、减少空气中粉尘、节约用水等优点。喂湿拌料时饲料浸泡的时间不应超过 1 h，否则，维生素就要受到损失。此外，夏天一定要对浸泡的容器一次一清，防止饲料发生霉败。对怀孕母猪由于多采用限饲方式饲喂，为降低成本一般多用粉料，如果饲养母猪数目不多，建议以湿拌料为好。对哺乳母猪为了增加母猪的采食量最好采用湿拌料的方式饲喂，并要增加饲喂次数。湿拌料不适宜自动料槽和机械喂料，湿拌料的机械采食容易导致残留的饲料霉变。

（3）颗粒料。把原料磨碎成粉状，然后经过蒸汽调湿、加压使饲料透过孔膜而形成颗粒。颗粒饲料可以做成不同的长度、直径及不同程度的硬度：饲喂时把饲料放入食槽，让猪自由采食，另设水槽或自动饮水器保证饮水。喂颗粒料的好处为便于投食、损耗小、有利于舍内环境卫生、防止猪挑食、减少饲料浪费、不易发霉、营养物质的消化率高，但增加加工成本。颗粒饲料在增重速度和饲料转化率都好于干粉料。大量试验证明，颗粒料可使每千克增重减少饲料消耗 0.2 kg。适用于自动采食机械饲喂。

2. 限量饲喂与自由采食

（1）限量饲喂。就是限制猪的营养物质的摄入量，空怀母猪、妊娠母猪、种公猪、后备猪和生长肥育猪后期通常采用此法。限量饲喂包括限制采食量和降低饲料营养浓度两种形式，其最终目的都是控制猪营养物质的摄入量，以防止猪过肥。限量饲喂应做到定时、定量、定质。即固定每天饲喂时间，一般来说哺乳仔猪每天 4～6 次；体重 35 kg 以下时，每天 3～4 次；体重 35～60 kg 时，每天应喂 2～3 次；体重 60 kg 以上时，每天可饲喂 2 次；泌乳母猪每天 3～4 次，其他猪每天 2～3 次。定量即固定每天每次的饲喂量。定质就是饲料质量要稳定，饲料种类变化应逐渐增减、逐渐过渡。

（2）自由采食。是指在料槽或自动食箱中放足够量的饲料，让猪任意采食。通常对仔猪、生长育肥猪前期和泌乳母猪采用此法。这种饲喂方法简便、省时、省工，一两天加 1 次料即可。用此方法，充分满足猪的营养需要，提高饲料利用率，有利于猪的增重，缩短育肥期，但浪费饲料较多，猪易肥。对生长育肥猪来说，与限量饲喂养方法结合起来，效果较好。

六、各阶段猪的营养需要

1. 种公猪营养及需要量

适宜的营养水平，是提高公猪健康水平和繁殖性能的决定性因素。饲喂水平过低，则精液产量低，性欲下降；饲喂水平过高，体重易超标，可导致腿部运动障碍。

公猪应依据体况的不同合理饲养，饲喂公猪料，每日两次，日喂料量在 2.7～3.3 kg，上午饲喂 60%，下午饲喂 40%。生产公猪饲喂种公猪料，强化氨基酸、微量元素和维生素。

生产公猪营养需要量见表 1-11（成年种猪营养需要量表）。

2. 母猪营养及需要量

（1）青年母猪与后备母猪营养。

保育期末转至生长培育种猪舍的母猪称为青年母猪，其体重范围在 25 ~ 110 kg 内。青年母猪的营养目标在于充分发挥母猪的遗传潜力，使母猪达到最大瘦肉生长速度和骨骼坚实度，尽快达到性成熟。为此，青年母猪的饲喂为自由采食，而且宜使用高能、高蛋白并强化矿物元素和维生素的饲料。作为种猪的青年母猪的饲喂划分为 4 阶段，每个阶段设计符合相应阶段猪只生理需要的饲料配方，使青年母猪尽快达到体成熟和性成熟。

后备母猪通常指体重 110 kg 至配种阶段的母猪。该阶段种猪的饲养目标是使母猪在 240 日龄以上时体重达到 135 ~ 145 kg，背膘厚介于 14 ~ 20 mm。后备母猪采用自由采食的方法饲喂，这种方法不会使母猪过肥，却能使母猪快速达到体成熟。

后备母猪的初配年龄，是基于初产窝产总仔数和母猪繁殖寿命长短的综合经济效益而确定的。一般来说，随着初配年龄的增加，初产窝产总仔数亦增多，但其繁殖寿命减少。对于种猪实现最佳经济效益的初配年龄是 240 日龄以上。

（2）妊娠母猪营养。

妊娠母猪的饲养工作重点在于调控体况，使母猪在产前拥有合适的体况。如果饲喂过量，产前背膘厚超过 20 mm，则哺乳期采食量下降 270 ~ 318 g/d，同时影响下胎排卵数和产仔数。相反，如果饲喂不足，母猪体况在泌乳期间过度消耗，断奶时背膘损失超过 2 mm，则下胎窝平均产活仔少 0.4 头/窝，且推迟断奶后发情时间。由此可见，妊娠母猪体况的调控直接关系到母猪的繁殖性能与繁殖寿命。

"体况"是妊娠母猪营养与饲养的核心词汇，因此如何评估母猪的体况显得尤为重要。体况可由背膘厚、体重和膘情评分三种形式来评估。后者是最为常见的体况评估方法。但是人眼观测主观性强，容易误判（如图 1-7 所示）。

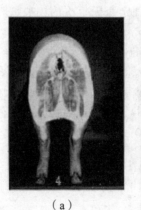 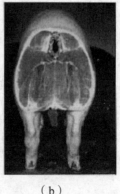

（a）　　　　　（b）

图 1-7　外形和背膘的不一致性

大多种猪生产场以背膘厚来评估妊娠母猪体况，并以此规定饲喂规程。

① 饲喂。

妊娠母猪日喂 2 次，根据测定的背膘厚度，对不同阶段猪只进行分类并做好记号，背膘厚大于 20 mm 为过肥，做红色标记；背膘厚小于 14 mm 为过瘦，做黄色标记；背膘厚在 14 ~ 20 mm 范围内的为适中，做蓝色标记，按表 1-10 的相应标准进行饲喂。

表 1-10　背膘情况确定饲喂量表

	体况	背膘厚/mm	饲喂最 /（kg/d）
蓝色条带	适宜	14 ~ 20	2.3
黄色条带	偏瘦	< 14	2.9
红色条带	偏肥	> 20	2.1
绿色条带	产前两周		3.5

妊娠后期胎儿体重呈指数增长，妊娠最后 2 ~ 3 周每头仔猪增重 80 ~ 90 g/d，仔猪 80% 的增重发生在此阶段。如果该阶段不增加母猪饲喂量可导致其产前失重，影响其产仔过程及仔猪存活力。故产前两周，所有妊娠母猪统一饲喂 3.5 kg/头/d。

有自动喂料系统的猪场，在定量筒上按标准饲喂量做好刻度标记，定量饲喂。没有自动喂料系统的猪场，使用料车和料瓢，找出标准饲喂量在料瓢中的刻度，仍定量饲喂。

② 背膘测定部位及时间。

在最后一根肋骨垂直距离背中线 6 ~ 6.5 cm 处测定。

第一次测定：经产母猪在断奶时测定；后备母猪在配种时测定。

第二次测定：配种后第 50 d。

第三次测定：妊娠第 113 d。

③ 饲料品种。

妊娠母猪饲喂妊娠料。后备母猪转入配种妊娠舍（转入时间不得超过 20 d）后饲喂妊娠料，配种测定背膘后按《妊娠母猪饲喂程序》确定饲喂量。妊娠母猪提前 3 d 转入产房，转入产房后饲喂哺乳料。

（3）哺乳母猪营养。

哺乳母猪的饲养目标是最大限度提高采食量和总营养摄入量。通常在泌乳期间，理想的体重损失（即母猪断奶时和产后母猪体重差异）在 20 kg 以内，体重损失大于 20 kg，影响下胎窝平均活产仔数减少约 0.4 头。哺乳母猪采食量与其哺育的仔猪生长成正比，采食量低则产奶量低，仔猪生长减缓。同时，母猪哺乳期间失重大，断奶至再发情间隔延长，排卵数低，下窝产仔数下降。由此可见，哺乳母猪采食量的高低，不仅影响当前窝仔性能，还对其后生产有长足影响。饲养管理上应以最大化采食量为宗旨，采取尽可能多的措施提高采食量。

哺乳母猪饲喂程序：产前一天，投料量减至 1.8 kg/d；分娩当天，驱赶母猪站立起来吃料，投料量约 1 ~ 1.5 kg/d；分娩后第一天，2.75 kg/d；分娩后第二天，3.63 kg/d；分娩后第三天，4.5 ~ 5.5 kg/d；分娩后第四天，自由采食，设定 6 kg/头，没有上限。头胎母猪产后前 3 天在上述标准的基础上可降低 0.5 kg/d，如果在第四天时采食不是很理想，可以继续饲喂 3.5 ~ 4.5 kg/d 1 ~ 2 d。

使用颗粒饲料饲喂哺乳母猪，应采用少量多次的方法进行饲喂。应注意饲料的储藏，保持饲料新鲜至关重要，任何动物都不愿采食发霉、变质的食物。同时，母猪在傍晚和夜间的采食量占总量的 10%~20%，尤其在炎热夏季，傍晚和夜间采食会更多，故在夏季饲喂母猪时，应在一早一晚凉爽的时间段进行。由于温度影响采食量，对产房应该使用红外线灯和隔热箱为母猪营造适宜的温度，使产房温度保持在 18 ℃~20 ℃，以利于母猪采食。产房温度在 20 ℃ 以上，每增加 1 ℃，采食量下降 150 g/d。哺乳母猪应饲喂哺乳料。

（4）断奶母猪营养。

断奶到配种期间，断奶母猪生理、激素和体况都要经历很大的变化：催乳素分泌停止，孕酮水平下降，雌激素分泌开始猛增，随后在排卵前促黄体激素分泌。而且由于断奶应激，采食量下降，断奶母猪体重继续下降，因此在断奶至配种期间应继续饲喂高能量、高蛋白的妊娠母猪料，不限饲喂量。

断奶母猪营养需要量见表 1-11。

（5）仔猪营养及需要量。

产房内的新生仔猪生长主要依赖于母乳，因此，提高哺乳母猪采食量和泌乳量的措施，是提高仔猪断奶重的重要途径。产房仔猪 14 日龄时开始补料，每窝每天平均给饲开口料（2100#）150 g，喂料应少量多次，以保证其新鲜、不浪费为原则。

因新生仔猪体内消化酶系发育未成熟，开口料配方应选择消化率高、适口性好的原料，比如各类乳副产品、优质鱼粉等。

仔猪断奶后因环境、心理、营养等应激因素的作用，易发生以腹泻、生长迟滞为特征的"仔猪早期断奶应激综合症"。对于 21 日龄断奶仔猪，断奶后第一周平均日增重 150~200 g/d 是我们的目标。为此，应保证仔猪断奶后快速采食，同时确保猪舍温度适宜，如果温度过低，仔猪易"起堆"而不愿采食，断奶后两周内猪舍温度应保持在 28 ℃~29 ℃。断奶仔猪饲喂开口料后转为不同的保育仔猪料。阶段饲养是仔猪乃至其他阶段猪饲养的核心。将保育舍仔猪划分为 3（即保育 1、保育 2、保育 3）阶段，每个阶段设计符合其消化生理特点的饲料配方，这样既使饲粮供给的营养物总量最大化接近猪的营养需要量，又可顺利实现饲料过渡和避免饲料浪费。

保育仔猪营养需要量见表 1-12。

（6）生长肥育（培育）猪营养及需要量。

猪生长肥育（培育）阶段的饲料消耗量占其出生至出栏全期耗料总量的 70%~75%。生长肥育猪的营养重点是根据生长发育规律合理供给营养物质，最大限度地发挥猪的生长潜力，减少饲料消耗。

与仔猪相同，生长育肥猪的饲喂方式为自由采食。由于该阶段耗料量大，应该充分利用当地饲料资源来降低饲料成本。洗米糠、统糠等都是较好的饲料资源，但应注意品质的控制。任何提高饲料效率的管理和营养措施都可降低饲料成本，阶段饲养同样也是减少饲料浪费、最大化利用饲料资源的管理措施。种猪场采用三阶段饲养，以更好地降低生产成本。

阉公猪与小母猪一般在 25 kg 体重前生产性能没有差别，但在 25 kg 以后，阉公猪的耗料量与生长速度高于青年母猪，但饲料转化率和瘦肉沉积速度则低于青年母猪。因此，分性别饲养生长育肥猪可增强猪群整齐度，易于生产管理。

为满足消费者对上市猪只肉质的需求，最后阶段饲料配方中不用米糠等易氧化、易酸败的饲料原料，同时强化饲粮维生素 E 供给量对改善肉色和系水力有一定作用。

生长肥育（培育）猪营养需要量见表 1-13。

表 1-11 成年种猪营养需要量表

营养指标	单位	怀孕母猪	哺乳母猪	种公猪
代谢能	kcal/kg	3 040	3 200	3 075
粗蛋白	%	12.5	19	16
总赖氨酸	%	0.62	1.08	0.83
真可消化赖氨酸	%	0.56	1	0.77
总蛋氨酸	%	0.21	0.43	0.37
真可消化蛋氨酸	%	0.19	0.4	0.35
总蛋+胱氨酸	%	0.44	0.73	0.63
真可消化蛋+胱氨酸	%	0.42	0.68	0.6
总苏氨酸	%	0.51	0.76	0.67
真可消化苏氨酸	%	0.43	0.66	0.59
总色氨酸		0.14	0.24	0.19
真可消化色氨酸	%	0.11	0.21	0.17
钙	%	0.90~0.93	0.90~0.93	0.9
总磷	%	0.75~0.78	0.75~0.78	0.8
有效磷	%	0.43	0.43	0.5
钠	%	0.20~0.25	0.20~0.25	0.20~0.25
铁	mg/kg	150	150	150
铜	mg/kg	20	20	20
锰	mg/kg	50	50	50
锌	mg/kg	150	150	150
碘	mg/kg	1	1	1
钴	mg/kg	0.2	0.2	0.2
硒	mg/kg	0.5	0.5	0.5
维生素 A	IU/kg	12 500	12 500	12 500
维生素 D	IU/kg	2 000	2 000	2 000
维生素 E	IU/kg	75	75	75
维生素 K	mg/kg	4	4	4
维生素 B_1（硫胺素）	mg/kg	2	2	2
维生素 B_2（核黄素）	mg/kg	18	18	18
维生素 B_6（吡哆醇）	mg/kg	7	7	7
维生素 B_{12}	mg/kg	0.04	0.04	0.04
叶酸	mg/kg	7.5	7.5	7.5
生物素	mg/kg	0.5	0.5	0.5
烟酰胺	mg/kg	50	50	50
泛酸	mg/kg	30	30	30
胆碱	mg/kg	250	250	250

表 1-12　保育猪营养需要量表

营养指标	单位	体重阶段（kg）		
		5.5～7	7～12	12～27
代谢能	kcal/kg	3 545	3 345	3 245
粗蛋白	%	20	20	20
总赖氨酸	%	1.58	1.37	1.26
真可消化赖氨酸	%	1.5	1.3	1.2
总蛋氨酸	%	0.58	0.56	0.51
真可消化蛋氨酸	%	0.55	0.53	0.48
总蛋+胱氨酸	%	0.95	0.86	0.82
真可消化蛋+胱氨酸	%	0.8	0.73	0.67
总苏氨酸	%	1.06	0.9	0.86
真可消化苏氨酸	%	0.96	0.81	0.76
总色氨酸		0.31	0.25	0.24
真可消化色氨酸	%	0.28	0.23	0.22
钙	%	0.77～0.80	0.75～0.78	0.75～0.78
总磷	%	0.79	0.7	0.64
有效磷	%	0.55	0.45	0.38
钠	%	0.40～0.50	0.30～0.40	0.20～0.25
铁	mg/kg	150	150	150
铜	mg/kg	125	125	125
锰	mg/kg	50	50	50
锌	mg/kg	150	150	150
碘	mg/kg	1	1	1
钴	mg/kg	0.2	0.2	0.2
硒	mg/kg	0.5	0.5	0.5
维生素 A	IU/kg	12 500	12 500	12 500
维生素 D	IU/kg	1 500	1 500	1 500
维生素 E	IU/kg	75	75	75
维生素 K	mg/kg	4	4	4
维生素 B_1（硫胺素）	mg/kg	2	2	2
维生素 B_2（核黄素）	mg/kg	9	9	9
维生素 B_6（吡哆醇）	mg/kg	4	4	4
维生素 B_{12}	mg/kg	0.04	0.04	0.04
叶酸	mg/kg	1.25	1.25	1.25
生物素	mg/kg	0.125	0.125	0.125
烟酰胺	mg/kg	50	50	50
泛酸	mg/kg	30	30	30
胆碱	mg/kg	600	600	600

表 1-13　生长培育猪营养需要量表

营养指标	单位	阶段		
		27～50	50～70	70～110
代谢能	kcal/kg	3 200	3 175	3 150
粗蛋白	%	16	15	13
总赖氨酸	%	1.04	0.93	0.82
真可消化赖氨酸	%	0.94	0.83	0.72
总蛋氨酸	%	0.36	0.30	0.25
真可消化蛋氨酸	%	0.33	0.28	0.22
总蛋+胱氨酸	%	0.64	0.57	0.50
真可消化蛋+胱氨酸	%	0.54	0.48	0.42
总苏氨酸	%	0.69	0.63	0.55
真可消化苏氨酸	%	0.59	0.53	0.45
总色氨酸	%	0.19	0.17	0.15
真可消化色氨酸	%	0.16	0.14	0.12
钙	%	0.80～0.85	0.80～0.85	0.80～0.85
总磷	%	0.52	0.51	0.49
有效磷	%	0.38	0.38	0.38
钠	%	0.20	0.18～0.20	0.18～0.20
铁	mg/kg	150	150	150
铜	mg/kg	100	100	20
锰	mg/kg	50	50	50
锌	mg/kg	150	150	150
碘	mg/kg	1	1	1
钴	mg/kg	0.20	0.20	0.20
硒	mg/kg	0.50	0.50	0.50
维生素 A	IU/kg	12 500	12 500	12 500
维生素 D	IU/kg	2 000	2 000	2 000
维生素 E	IU/kg	75	50	50
维生素 K	mg/kg	4	4	4
维生素 B_1（硫胺素）	mg/kg	1.3	1.3	1.3
维生素 B_2（核黄素）	mg/kg	6	6	6
维生素 B_6（吡哆醇）	mg/kg	2.7	2.7	2.7
维生素 B_{12}	mg/kg	0.03	0.03	0.03
叶酸	mg/kg	7.5	7.5	7.5
生物素	mg/kg	0.5	0.5	0.5
烟酰胺	mg/kg	33	33	33
泛酸	mg/kg	20	20	20
胆碱	mg/kg	250	250	250

七、猪场饲料计划的编制

配合饲料的质量优劣最终由使用效果体现，配合饲料是科学产品，科学产品要科学使用。因此，种猪场的技术人员要深入生产的第一线，掌握正确的饲养方法和用量，使配合饲料发挥出最佳的效能。

制定科学合理的猪场饲料供应计划，既可保障种猪场生产的正常运行，又能保持饲料的新鲜度。此外，结合饲料仓库容量和饲料的保存期限让猪只阶段性使用，合理控制库存，可降低饲料采购量和压缩流动资金。因此种猪场应根据生产计划，制订对应的饲料消耗和采购、运输、仓储计划。如表1-14所示为某万头商品猪场在稳定生产条件下的猪群常年存栏数及不同猪群的日粮定额，以此为依据制订饲料供应计划。

表 1-14　万头商品猪场常年存栏数及日粮定额

猪群类别	日粮定额/kg	常年存栏猪群头数
种公猪	2.5	26
后备公猪	2.2	10
青年母猪	2.1	180
空怀配种母猪	2.0	76
妊娠前期母猪	2.2	256
妊娠后期母猪	2.5	256
哺乳期母猪	5.0	125
15～35日龄仔猪	0.3	1 175
36～70日龄小猪	0.9	1 060
71～180日龄肉猪	1.75	3 312
总　计	—	6 476

加强饲料采购管理，饲料采购要货比三家，实行比质、比价、比服务。采购和运输要做到"及时、准确、安全、经济"，饲料运输过程中要注重防暴晒、雨淋和包装损坏，运输既要经济合理，又要安全可靠。目前，一般采用送货到场。

加强饲料质量监控，必须建立饲料质量动态跟踪制度，及时掌握饲料的质量和库存动态，并反馈到采购、技术和生产等有关部门，不断提高采购、保管、生产加工和供应等工作的管理水平，以提高饲料利用率和降低饲料成本。

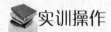实训操作

猪场饲料计划的编制

一、实训目的
通过实训，使学生根据已知条件，学会猪场饲料计划的编制。

二、实训工具与材料

猪群存栏数以及日粮定额等，计算器、计算机等。

三、实训方法与步骤

1. 根据猪群头数和日粮定额，测算不同类型猪群和全场的阶段耗饲量，一般以每天、每周、每季（计 13 周）和每年测算，测算公式为

某类猪群某阶段饲料需要量 = 某类猪群头数×日粮定额×某阶段天数

日量定额按如表 1-14 所示的对应定额计算，由上式计算出各类猪群的每天、每周、每季（计 13 周）、每年（计 52 周）的饲料需要量，并填入表 1-15 中。

表 1-15　万头商品猪场饲粮需要量测算表

猪群类别	每天	每周	每季	每年
种公猪				
后备公猪				
青年母猪				
空怀配种母猪				
妊娠前期母猪				
妊娠后期母猪				
哺乳期母猪				
15～35 日龄仔猪料				
36～70 日龄小猪料				
71～180 日龄肉猪料				
总　计				

2. 根据表 1-15 测算结果，按 0.5% 的饲料损耗率，安排各种配合饲料的季度供应量计划，并填入表 1-16 中。

表 1-16　季度饲料损耗量与供应量

配合饲料类型			
种公猪料			
后备公猪料			
青年母猪料			
青年公猪料			
空怀配种母猪料			
妊娠前期母猪料			
妊娠后期母猪料			
哺乳期母猪料			
15～35 日龄仔猪料			
36～70 日龄小猪料			
71～180 日龄肉猪料			
总　计			

四、实训作业

编制一个年产 2 万头商品猪的猪场饲料供应计划，提交实习报告。

技能考核

技能考核方法见表 1-17。

表 1-17 猪饲料计划的编制

序号	考核项目	考核内容	考核标准	参考分值
1	考核过程	操作态度	集中精力，积极主动，服从安排	10
2		协作意识	有合作精神，积极与小组成员配合，共同完成任务	10
3		查阅资料	动手积极，认真查阅、收集资料，并找出相对应的目标	10
4		拟定饲料筹备计划	动手积极，拟定认真，数据准确，对任务完成过程中的问题进行分析和解决，完成了饲料筹备计划的拟定公猪	30
7	考核结果	饲料筹划结果综合判断	准确并能熟练掌握	20
8		工作记录和总结报告报告	有完成全部工作任务的工作记录，字迹工整；总结报告结果正确，体会深刻，上交及时。	20
			合　计	100

自测训练

一、填空题

1. 饲料采购和运输做到_____、_____、_____、_____，运输过程中要注意防爆晒、雨淋和包装损坏，运输既要经济合理，又要安全可靠。

2. 加强饲料_____监控，必须建立饲料质量_____制度，及时掌握饲料的_____和_____动态，并反馈到采购、技术和生产等有关部门，不断提高采购、保管、生产加工和供应等工作的管理水平，以提高饲料利用率和降低饲料成本。

二、问答题

1. 怎样搞好饲料的库存管理？

2. 编制猪场饲料计划对生产有何意义？

项目二　种猪引进

【知识目标】

1. 了解猪的经济类型、猪品种的种质特性和品种选择的基本知识。
2. 掌握评定猪繁殖、生长和胴体等重要性状的测定方法。
3. 掌握种猪不同阶段的选择原理和方法。
4. 了解种猪繁育体系建立的方法和商品猪生产的杂交模式。

【技能目标】

1. 掌握常见猪品种的识别技术。
2. 掌握猪繁殖、生长和胴体等重要性状的测定技术。
3. 掌握种猪选留技术。
4. 能在特定条件下科学地运用商品猪杂交生产模式。

任务一　种猪品种识别

任务要求

1. 实地参观，调查养猪场、查阅、收集相关资料。
2. 掌握常见猪品种的识别技术。
3. 正确认识种猪在商品猪生产中的作用。

学习条件

1. 猪场及部分典型品种的猪。
2. 多媒体教室、猪品种挂图、教学课件、教材、参考图书等。

相关知识

一、猪的经济类型

我国猪遗传资源极为丰富，根据 2004 年 1 月出版的《中国畜禽遗传资源状况》介绍，我国已认定的 596 个畜禽品种中，猪种 99 个（地方品种 72 个、培育品种 19 个和引入品种 8 个），加上 2004 年以来审定的新品种和配套系 6 个，共 105 个猪种。可谓世界之冠，是世界猪种资源宝库中的重要组成部分。

人们从不同的经济价值考虑，而培育出适合不同市场需求的不同类型的猪种。根据猪的产肉特点和外形特征，大致将猪分为瘦肉型、脂肪型和肉脂兼用型三种不同经济类型（见表 2-1）。纵观世界养猪业品种经济类型的发展，随着经济的腾飞，人们的生活水平的提高和对瘦肉需求的增加，猪只的选择逐渐由脂肪型猪向肉脂兼用型猪，再向瘦肉型猪的不断演变。

表 2-1　猪种经济类型划分比较

比较项目		瘦肉型	脂肪型	兼用型
体形外貌	体型	流线型、中躯长、腿臀发达，肌肉丰满	方砖型、中躯呈正方形，体躯宽、短、矮、肥	介于前二者之间
	头颈部	轻而肉少	重而肉多	
	四肢	高、四肢间距宽	矮、四肢间距窄	
	体长与胸围比	大于 15～20 cm	相等或不超过 2～3 cm	
胴体特征	瘦肉率	高于 55%	低于 45%	45～50%
	背膘	薄、小于 3.5 cm	厚、多于 4.5 cm	3.5～4.5 cm
饲料利用特点		转化瘦肉率高	转化脂肪率高	介于前二者之间
代表品种		长白、大约克、三江白猪、湖北白猪	槐猪、赣州白猪、两广小花猪、海南猪	上海白猪、新金猪

二、我国地方猪种

（一）我国地方猪种的分类

我国地方猪种按其外貌体型、生产性能、当地农业生产情况、自然条件和移民等社会因素，大致可以划分为六个类型：华北型、江海型、华中型、华南型、西南型、高原型。

1. 华北型

华北型猪主要在淮河、秦岭以北。华北型猪毛色多为黑色，偶在末端出现白斑。体躯较大，四肢粗壮，头较平直，嘴筒较长，耳大下垂，额间多纵行皱纹，皮厚多皱褶，毛粗密，鬃毛发达，可长达 10 cm；冬季密生绒毛，乳头 8 对左右，产仔数一般在 12 头以上，母性强，泌乳性能好，仔猪育成率较高。耐粗饲，消化能力强。代表猪种有东北民猪、八眉猪、黄淮海黑猪、沂蒙黑猪等。

2. 华南型

华南型猪分布在云南省西南部和南部边缘，广西和广东偏南的大部分地区，以及福建的东南角和台湾各地。

华南型猪毛色多为黑白花，在头、臀部多为黑色，腹部多为白色，体躯偏小，体型丰满，背腰宽阔下陷，腹大下垂，皮薄毛稀，耳小直立或向两侧平伸；性成熟早，乳头多为 5～7 对，早熟，产仔数较少，每胎 6～10 头，脂肪偏多。代表猪种有两广小花猪、蓝塘猪、香猪、槐猪、桃源猪、海南猪等。

3. 华中型

华中型猪主要分布于长江南岸到北回归线之间的大巴山和武陵山以东的地区，大致与华中区相符合。

华中型猪体躯较华南型猪大，体型则与华南型猪相似。毛色以黑白花为主，头尾多为黑色，体躯中部有大小不等的黑斑，个别有全黑者，体质较疏松，骨骼细致，背腰较宽而多下凹，乳头 6～7 对，生产性能介于华南与华北之间，每窝产仔 10～13 头；早熟，肉质细嫩。代表猪种有金华猪、大花白猪、华中两头乌猪、福州黑猪、莆田黑猪等。

4. 江海型

江海型猪主要分布于汉水和长江中下游沿岸以及东南沿海地区。江海型猪毛色自北向南由全黑逐步向黑白花过渡，个别猪种全为白色，骨骼粗壮，皮厚而松，多皱褶，耳大下垂；繁殖力高，乳头多为 8 对或 8 对以上，窝产仔 13 头以上，高者达 15 头以上；脂肪多，瘦肉少。如太湖猪、姜曲海猪、虹桥猪、中国台湾猪等。

5. 西南型

西南型猪主要分布在云贵高原和四川盆地的大部分地区，以及湘鄂西部。西南型猪毛色多为全黑和相当数量的黑白花（"六白"或不完全"六白"等），但也有少量红毛猪。头大，腿较粗短，额部多有旋毛或纵行皱纹；乳头多为 6～7 对，产仔数一般为 8～10 头；屠宰率低，脂肪多。如内江猪、荣昌猪、乌金猪等。

6. 高原型

高原型猪主要分布在青藏高原。高原型猪被毛多为全黑色，少数为黑白花和红毛。头狭长，嘴筒直尖，犬齿发达，耳小竖立，体型紧凑，四肢坚实，形似野猪；属小型早熟品种，乳头多为 5 对，每窝产仔 5～6 头，生长慢，胴体瘦肉多；背毛粗长，绒毛密生，适应高寒气候，藏猪为其典型代表。

（二）我国猪种的优良遗传特性

1. 繁殖力强

主要表现在母猪的初情期和性成熟早，排卵数和产仔数多，胚胎死亡率低；乳头数多，泌乳力强，母性好，发情明显，可利用年限长；公猪的睾丸发育较快，初情期、性成熟期和配种日龄均早。初情期平均 98 d，范围在 64 d（二花脸）～142 d（民猪）；平均体重 24 kg，范围在 12 kg（金华猪）～40 kg（内江猪），而国外主要猪种在 200 日龄左右。我国地方猪种，除华南型和高原型的部分品种外，普遍具有很高的产仔数。如太湖猪平均产仔 15.8 头，平均排卵数为 28.16 个，比其他地方猪种多 6.58 个，比国外猪种多 7.06 个；太湖猪早期胚胎死亡率平均为 19.99%，国外猪种则为 28.40%～30.07%。

2. 抗应激和适应性强

我国猪种对粗纤维利用能力、抗寒性能、耐热性、体温调节机能都很强；对高温高湿、耐饥饿、抗病力及高海拔等方面具有很强的适应性，有些猪种对严寒（民猪等）、酷暑（华南型猪）和高海拔（藏猪和内江猪）有很强的适应性。绝大多数中国猪种没有猪应激综合征（PSS）。

3. 肉质优良

我国地方猪种素以肉质鲜美著称。根据 10 个地方猪种肌肉品质的研究表明：肌肉颜色鲜红（没有肉色灰白、质地松软和渗水的劣质肉，即所谓的 PSE 肉），系水力强，肌肉大理石纹适中，肌纤维细，肌肉内脂肪含量高。由于具有上述特点，在口感上具有细嫩多汁和肉香味美的感觉，加之肉色鲜红，地方猪种的肉质显得色鲜味美，而这些是国外猪种无法与之相比的。

4. 矮小特性

我国贵州和广西的香猪、海南的五指山猪、云南的版纳微型猪以及台湾的小耳猪，是我国特有的遗传资源。成年体高在 35 ~ 45 cm，体重只有 40 kg 左右，具有性成熟早、体型小、耐粗饲、易饲养和肉质好等特性，是理想的医学实验动物模型，也是烤乳猪的最佳原料，具有广阔的开发利用前景。

我国地方猪种虽具有以上优良特性，但同时也存在生长慢、成熟早、脂肪多和皮厚等缺点，需要扬长避短，合理开发利用。

三、主要的引入品种

19 世纪末期以来，从国外引入的猪种有十多个，其中对我国猪种改良影响较大的有中约克夏猪、巴克夏猪、大白猪、苏白猪、克米洛夫猪、长白猪等；20 世纪 80 年代，又引进了杜洛克猪、汉普夏猪和皮特兰猪。

目前，在我国影响大的瘦肉型猪种有大约克夏猪、长白猪、杜洛克猪、皮特兰猪及 PIC 配套系猪、斯格配套系猪。

（一）主要引入品种

1. 大约克夏猪

原产于英国。体型大，被色全白，又名大白猪。大约克夏猪具有增重快、繁殖力高、适应性好等特点。窝产仔数 11.8 头，日增重 930 g，饲料转化率 2.30，胴体瘦肉率 61.9%。在我国猪杂交繁育体系中一般作为父本，或在引入品种三元杂交中常用作母本，或第一父本。

2. 长白猪（兰德瑞斯猪）

原产于丹麦，体躯长，被毛全白，在我国都称它为长白猪。长白猪具有增重快、繁殖力高、瘦肉率高等特点。窝产仔数 12.7 头，日增重 947 g，饲料转化率 2.36，胴体瘦肉率 60.6%。在我国猪杂交繁育体系中一般作为父本，或在引入品种三元杂交中常用作母本或第一父本。

3. 杜洛克猪

原产于美国，全身被毛棕色。杜洛克猪具有增重快、瘦肉率高、适应性好等特点。在生产商品猪的杂交中多用作终端父本。

4. 皮特兰猪

原产于比利时。被毛灰白，夹有黑色斑块，还杂有部分红毛。皮特兰猪具有体躯宽短、背膘薄、后躯丰满、肌肉特别发达等特点，目前世界瘦肉率最高的一个猪种。但该品种的肌纤维较粗，肉质肉味较差。日增重 800 g 以上，饲料转化率 2.4，胴体瘦肉率 64%。在生产商品猪的杂交中多用作终端父本。

（二）国外引入品种的种质特性

1. 生长速度快，饲料报酬高

体格大，体型均匀，背腰微弓，后躯丰满，呈长方形体型。成年猪体重 300 kg 左右。生长育肥期平均日增重在 700~800 g 以上，料重比 2.8 以下。

2. 屠宰率和胴体瘦肉率

100 kg 体重屠宰时，屠宰率 70% 以上，胴体背膘薄 18 mm 以下，眼肌面积 33 cm^2 以上，后腿比例 30% 以上，胴体瘦肉率 62% 以上。肉质较差，肉色、肌内脂肪含量和风味都不及我国地方猪种，尤其是肌内脂肪含量在 2% 以下。出现 PSE 肉（肉色苍白、质地松软和渗水肉）和暗黑肉（DFD）的比例高，尤其皮特兰猪的 PSE 肉的发生率高。

4. 繁殖性能差

母猪通常发情不太明显，配种难，产仔数较少。长白和大白猪经产仔数为 11~12.5 头，杜洛克、皮特兰一般不超过 10 头。

5. 抗逆性较差

四、主要培育品种

1. 哈尔滨白猪

哈尔滨白猪简称哈白猪，产于黑龙江省南部和中部，以哈尔滨市及周围各县较为集中。哈尔滨白猪是当地猪种同约克夏、巴克夏和俄国不同地区的杂种猪进行无计划的杂交，形成了适应当地条件的白色类群。自 1953 年以来，通过系统选育，扩大核心群，加速繁殖与推广，1975 年被认定为新品种。

哈白猪具有较强的抗寒和的耐粗饲能力，肥育期生长快耗料少，母猪产仔和哺乳性能好等特点。

2. 上海白猪

上海白猪的中心产区位于上海市近郊的上海县和宝山县。1963 年前很长一个时期，上海市及近郊已形成相当数量的白色杂种猪群，这些杂种猪具有本地猪和中约克夏猪、苏白猪、德国白猪等血液。1965年以后，广泛开展育种工作。1979年被认定为一个新品种。

上海白猪体型中等，全身被毛白色，属肉脂兼用型猪，具有产仔较多，生长快，屠宰率和瘦肉率较高，特别是猪皮优质，适应性强，既能耐寒又能耐热等特性。

3. 湖北白猪

湖北白猪主产于湖北武昌地区。1973—1978年展开大规模杂交组合实验，确定以通城猪、荣昌猪、长白猪和大白猪作为杂交亲本，并以"大白猪×（长白猪×本地猪）"组合组建基础群，1986年育成的瘦肉型猪新品种。

湖北白猪体格较大，被毛白色，能很好适应长江中下游地区夏季高温和冬季湿冷的气候条件，并能较好地利用青粗饲料，兼有地方品种猪耐粗饲特性，并且在繁殖性状、肉质性状等方面均超过国外著名的母本品种。

4. 三江白猪

三江白猪主产于黑龙江省东部合江地区。以长白猪和东北民猪为亲本，进行正反杂交，再用长白猪回交，经6个世代定向选育10余年培育成的瘦肉型猪新品种，于1983年通过鉴定，正式命名为三江白猪。三江白猪全身被毛白色，具有很强的适应性，不仅抗寒，而且对高温、高湿的亚热带气候也有较强的适应能力。在农场生产条件下，表现出生产快、耗料少、瘦肉率高，肉质良好，繁殖力较高等优点。

5. 北京黑猪

北京黑猪中心产区为北京市国营北部农场和双桥农场。基础群来源于由华北型本地黑猪与巴克夏猪、中约克夏猪、苏白猪等国外优良猪种进行杂交，产生的毛色、外貌和生产性能颇不一致的杂种猪群。1960年以来，选择优秀的黑猪组成基础猪群，通过长期选育，于1982年通过鉴定，确定为肉脂兼用型新品种。

北京黑猪被毛全黑，具有肉质优良、适应性强等特性，是北京地区的当家品种，与国外瘦肉型良种长白猪、大约克夏猪杂交，均有较好的配合力。

6. 南昌白猪

南昌白猪中心产区是江西省南昌市及其近郊。1987—1997年通过滨湖黑猪、大约克夏猪等品种杂交培育而成的，并经国家猪品种审定专业委员会审定通过。

南昌白猪毛色全白，背长而平直，后躯丰满，四肢结实，具有适应性强、肌内脂肪丰富、肉质优良等特性。

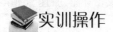实训操作

猪品种识别

一、实训目的

（1）了解常见猪品种的经济类型；

（2）熟悉常见猪品种的体型外貌特点；

（3）掌握常见猪品种的识别技术。

二、实训材料与用具

图片、录像，部分猪品种。

三、实训方法与步骤

（1）通过看图片、录像等手段，结合学生课前、课后查阅的相关文献资料，识别猪品种；

（2）参观猪场认识品种。通过现场观察和调查，归纳总结常见品种猪的典型外貌特征、突出的生产性能以及生产利用情况。

四、实训作业

教师提供 15～20 张不同品种猪的图片，要求学生根据图片描述其体型外貌特征，判断其经济类型，并认识猪的品种，同时介绍其利用情况。

技能考核

技能考核方法见表 2-2。

表 2-2 猪品种识别

序号	考核项目	考核内容	考核标准	参考分值
1	过程考核	操作态度	精力集中，积极主动，服从安排	10
2		协作意识	有合作精神，积极与小组成员配合，共同完成任务	10
3		查阅生产资料	能积极查阅、收集资料，认真思考，并对任务完成过程中的问题进行分析和解决	10
4		识别品种	根据实物和图片等，结合所学知识，正确做出判断	30
7	结果考核	鉴定结果综合判断	结果准确	20
8		工作记录和总结报告	撰写认真，有个人看法，上交及时	20
合 计				100

自测训练

一、填空题

1. 按照经济类型分类，将猪分为_____、_____和_____。

2. 我国从国外引入的猪常见品种有_____、_____、_____、_____、_____。

二、问答题

1. 简述我国地方猪种和外来引入猪种的特点。

2. 试述太湖猪的外貌特征、生产性能和生产利用情况。

任务二　种猪选育

▣ 任务要求

1. 能够指出猪体表各部位的名称，掌握猪体尺测量方法。
2. 掌握猪外貌评定方法。
3. 掌握猪繁殖性能测定方法。

▣ 学习条件

1. 供测猪若干头，卷尺、测杖、皮尺、磅秤、圆形测定器，猪外貌鉴定标准，猪外貌鉴定评分表、记录表单等。
2. 猪场、电子秤、生产记录。
3. 多媒体教室、教学课件、教材、参考图书等。

▣ 相关知识

一、种猪体型外貌的评定

（一）猪体尺测量

猪体尺测量是用测量工具对猪的各部位体尺进行测量。常用的测量工具有测杖、圆形测定器、卷尺。这些工具在使用前要仔细检查，并调整到正确的度数。测量时要使被测个体站在平坦的地方，肢势保持端正。人一般站在被测个体的左侧，测具应紧贴被测部位表面，防止悬空测量。体型外貌评定中要测量的体尺指标主要有：

（1）体高（鬐甲高）。鬐甲顶点至地面的垂直高度。

（2）荐高。荐骨最高点至地面的垂直高度。

（3）体长。从两耳连线中点沿背线到尾根处距离。

（4）胸深。从鬐甲至胸骨下缘的直线距离（沿肩胛后角量取）。

（5）胸宽。从肩胛后角左右两垂直切线间的最大距离。

（6）胸围。沿肩胛后角量取的胸部周径。

（7）头长。自两耳连线中点至吻突上缘的直线距离。

（8）管围。在左前肢管部上 1/3 最细处量取的水平周径。

（二）猪的外貌评定

1. 猪体各部位的特征

一般将猪划分为头颈部、前躯、中躯和后躯 4 个部分。猪的外形特征因品种、地区和生产性能而不同。总体上讲，要求种猪结构匀称，身体各部位间结合良好而自然，体质强健，性征表现明显，符合种用要求。

（1）头颈部。头是表现品种特征最明显的部位，不同品种猪的形状和大小均不同。我国地方猪种常以头型作为分类的一个重要标准。头的大小应与体躯相一致，头大身小表示幼年营养不良，头过小表示体质羸弱，头过大则屠宰率低，故头大小适中为宜。虽然颈部是肉质最差的部位之一，但因为颈部与背腰是同源部位，颈部宽时，个体的背部也较宽，故应宽厚且较长。宜选择颈清秀的个体留作种用。颈与头及与躯干结合良好，看不出凹陷。公猪颈宜粗短，以示其雄性的特征，而母猪颈宜稍细长些，以示其母性的特征。除了以上对头部和颈部的总体要求外，还应该注重对鼻、嘴、眼、耳和额纹等细部特征的选择。

（2）前躯。要求肩部宽平，肩胛角度适中、丰满，与颈结合良好，平滑而不露痕迹。鬐甲要宽平，因为鬐甲与背腰为同源部位。胸部要宽、深和开阔，胸宽则胸部发达，内脏器官发育好，相关机能旺盛，食欲较强。四肢要正直，长短适中，左右距离大，无X、O形等不正常肢势，行走时前后两肢在一条直线上，不宜左右摆动。前臂以平滑椭圆形为好，且粗端向前；腕不能臃肿，系部短而坚强、粗壮、稍许倾斜，过分倾斜或太长、卧系都是缺点；蹄的大小适中，形状一致，蹄壁角质坚滑、无裂纹。

（3）中躯。中躯是产肉较多的部位，要注意各部位间的结合。背部是生产优质肉的地方，要宽、平、直且长。背部窄、突起，以及凹背都不好。凹背是脊椎或体质软化的象征，表示邻近部位脊椎相连的韧带松弛，是一个重要的缺陷。但应注意，年龄较大的猪，特别是母猪，背部允许稍微凹陷。腰部宜宽、平、直且强壮，长度适中，肌肉充实；胸则要宽平、强壮、长且深，外观平整、平滑；肋骨开张而圆弓，外形无皱纹，皱纹多，是体质软弱和肌肉发育不良的外在表现；腹部容积要大，不下垂不卷缩。母猪腹部大小适中，结实而富有弹性。腹过大而下垂则表明个体体质软弱。公猪腹下线宜平直，不能有吊腹或卷腹。欣要平而充实，欣部凹陷，表明体质软弱。有效乳头数不少于12个，无假乳头、瞎乳头或凹乳头。乳头分布均匀，前后间隔稍远，左右间隔要宽，最后一对乳头要分开，以免哺乳时过于拥挤。乳头总体对称排列或平行排列，个别呈"丁"字形排列。

（4）后躯。臀和大腿是最主要的产肉部位，总体要求宽广而丰满。臀部要宽、长而平，可稍微倾斜，肌肉丰满。臀部长表明大腿发育良好，臀部宽阔则后躯开阔。母猪臀部宽阔，表明骨盆发达，产仔较多，分娩容易。后腿是经济价值最高的部位之一，要求厚、宽、长、圆，肌肉丰满，到飞节上部没有凹陷，肌肉分布一直延续到飞节。大腿下部皮皱，表示体质软弱，早熟性差。后肢间要宽，腿要正直，飞节角度要小。不能出现曲飞节、软系、卧系或球突。尾根要粗，向下渐小，末端卧一束毛，表示发育良好。如果整条尾部都粗，表示性情粗野。尾巴长短因品种不同而要求不同，一般不宜过飞节，超过飞节是晚熟的特征。

（5）外生殖器。外生殖器是种猪的主要特征，要求种猪外生殖器发育正常，性征表现良好。公猪睾丸要大小一致，外露，轮廓鲜明且对称。母猪阴户发育良好，外阴过小预示生殖器发育不好和内分泌功能不强，容易造成繁殖障碍。

2. 猪外貌评定方法及注意事项

种猪外貌评定是一种直接根据体型外貌和外形结构进行选种的表型选种法。猪的外形能反映猪的体质、机能、生产性能和健康状况，尤其是对品种特征和肢蹄强健性等项目必须根据外貌评定来选择，故现代种猪育种仍需强调外貌评定，但外貌评定不能真实反映遗传素质，只能作为一种辅助方法，要求选种人员有丰富的经验。

在进行种猪外貌评定时，人与被评定个体间保持一定距离，一般以3倍于猪体长的距离为宜。从正面、侧面和后面，进行一系列的观测和评定，再根据观测所得到的总体印象进行综合分析并评定优劣。

评定时主要看个体体型是否与选育方向相符，体质是否结实，整体发育是否协调，品种特征是否典型，肢蹄是否健壮，有何重要失格以及一般精神表现。再令其走动，看其动作、步态以及有无跛行或其他遗传疾患。取得一个概括认识以后，再走近畜体，对各部位进行细致审查，分析优劣。为减少主观性，通常采用评分鉴定，即根据一系列评分表来评定优劣。

父系种猪：总体要求体型结构、肢蹄结构健全，骨骼发育良好；个体及其亲属无遗传缺陷，外生殖器发育良好；公猪乳头数12个以上，乳头间隔适中；四肢距离宽，行动自然，前肢及后肢弹性好，两蹄大小相等。

母系种猪：总体要求体格、外生殖器、乳腺健全。没有干扰正常繁殖功能的缺陷或缺点，尤其是乳腺和骨骼。外生殖器发育正常，至少有6对以上距离适当和功能健全的乳头。乳头凹陷或结疤的小母猪，不应留种。

外貌评定时除要考虑各部位外形特点外，还应考虑猪的总体外貌特征。重点考虑皮肤、鬃毛、毛色和毛型等的特征。皮肤要软弱、强韧、均匀光滑、富有弹性。皮肤松弛且皱褶，表示体质软弱。鬃毛光泽而厚密，表示躯体健康。鬃毛过少，表示体质软弱，抗病力差，特别不适于放牧饲养的环境条件。但在炎热环境下猪鬃毛较少，是对环境适应的结果。毛色既是品种特征之一，也是重要的个体特征，故在育种中备受关注。猪的毛色种类很多，通常可分为白、黑、褐、花斑四大类。毛色是被毛中黑色素的种类和分布情况所决定。研究表明，猪毛色遗传较复杂，主要由5个基因座位控制，每个座位上又存在数量不等且具有显性等级的等位基因，并且还有控制毛色分布程度和花斑的修饰基因。

二、种猪繁殖性能的测定

（一）产仔数和产活仔数

产仔数是指出生时同窝仔猪的总数，包括死胎、木乃伊和畸形猪在内。通常以某年度（或一定时期内）猪场出生仔猪总数除以分娩的母猪数即平均产仔数来衡量母猪的产仔性能，其计算公式为：

平均产仔数 = 年度（或一定时期）产仔总数÷同期分娩母猪窝数（头/窝）

产活产仔数则专指出生时活的仔猪数，如出现畸形猪应注明畸形类别。以某年度（或一定时期）猪场出生活仔猪总数除以分娩的母猪数即平均产活仔数来衡量，其计算公式为：

平均产活仔数 = 年度（或一定时期）产活仔总数÷同期分娩母猪窝数（头/窝）

猪产仔数的遗传力较低，在0.15左右（观察范围为0.03~0.24）。此形状是复合性状，主要受排卵数、受精率和胚胎生活率3个因素的影响，故对它选择是无效或微效的。同时应该注意，遗传力低的性状的杂交优势却比较明显。

（二）初生重和初生窝重

（1）仔猪初生重。

是指出生时活仔猪的个体重量，最好在生后（吃初乳前）立即称重，尽量不要超过 12 h。以某年度（或一定时期）出生活仔猪总重除以产活仔总数即平均日增重来衡量，其计算公式为：

平均初生重 = 年度（或一定时期）出生活仔猪总重÷同期产活仔总头数（kg/头）

仔猪初生重主要受母猪年龄、胎次、妊娠期的营养状况、同窝仔猪数等因素的影响，其遗传力 0.1 ~ 0.2，仔猪初生重与断奶体重呈正相关。

（2）初生窝重。

是指同窝活仔猪初生重的总和，不包括死胎在内。以某年度（或一定时期）初生窝重总和除以同期分娩总窝数即平均初生窝重来衡量，其计算公式为：

平均初生窝重 = 年度（或一定时期）初生窝重总和÷同期分娩总窝数（kg/窝）

仔猪初生窝重的遗传力较高（0.44 ~ 0.73），它与 20 日龄、45 日龄、60 日龄的窝重均呈强正相关。

（三）泌乳力

母猪泌乳力的高低直接影响哺乳仔猪的生长发育，属于重要的繁殖性状之一。母猪泌乳力一般用 20 日龄仔猪全窝重来表示，包括寄入的仔猪在内，但寄出的仔猪不得计入。寄养仔猪的时间、来源、去向等必须简要注明。该性状遗传力为 0.1 左右，选择效果差。

（四）断奶重和断奶窝重

（1）断奶个体重。是指断奶时仔猪的个体重量。

（2）断奶窝重。是指仔猪断奶时全窝仔猪的重量之和，包括寄养仔猪在内，一般都在早晨空腹时称重并注明日期，同一猪场中的断奶日龄应力求一致。断奶窝重的遗传力较低，为 0.17 左右。断奶个体重的遗传力低于断奶窝重，在实践中一般把断奶窝重作为选择性状，它与产仔数、初生重、哺乳期育成率、哺乳期增重和断奶个体重等主要繁殖性状均呈正相关。

（3）断奶日龄。商品生产时，断奶日龄可根据饲养管理水平灵活确定，一般为 35 日龄。育种场的断奶日龄应长期稳定。

（五）断奶仔猪数与育成率

（1）断奶仔猪数。是指仔猪断奶时成活的仔猪数，包括寄入的仔猪在内，并注明寄养头数。

（2）断奶仔猪育成率。简称哺育率，是指断奶时的仔猪数占哺乳初期仔猪数的百分比，计算公式为：

断奶时仔猪育成率 = 断奶仔猪数÷（产活仔数－寄出仔猪数+寄入仔猪数）×100%

（六）情期受胎率

在单位时间内，受胎母猪数（包括中途流产的母猪在内）占情期配种母猪数的比例。计算时在同一发情期内复配几次都只算一次，其计算公式为：

$$情期受胎率 = 受胎母猪数 ÷ 情期配种母猪数 × 100\%$$

（七）年产胎次

年分娩窝数（包括产全部死胎的在内）除以同期能繁母猪折实数。能繁母猪折实数一般以每月未能繁母猪存栏数平均数表示。其计算公式为：

$$年产胎次 = 年分娩窝数 ÷ 年能繁母猪折实数$$

（八）母猪平均年哺育仔数

年断奶仔猪总数除以同期能繁母猪折实数。其计算公式为：

$$母猪平均年哺育仔数 = 年育成断奶仔猪总数 ÷ 年能繁母猪折实数$$

三、种猪生长性能的测定

（一）达目标体重日龄

目标体重一般指标准的屠宰体重，对此各国因饲养品种和对肉质的要求不同而各有不同的规定，我国农业部畜牧兽医总站于 2000 年颁布的《全国种猪遗传评估方案》建议国外品种为 100 kg；在育种工作中，目标体重因选育阶段和要求不同而异。

在实际应用时，由于对测定猪无法正好在 100 kg 时称重，所以可以在体重的一定范围内（75 ~ 115 kg）进行称量，然后利用实测重量、日龄及性别，将测定猪校正达到 100 kg 的日龄。其方法如下：

第一步：计算校正系数（CF）。

$$公猪：CF = W_T ÷ D_T × 1.826\ 040$$

$$母猪：CF = W_T ÷ D_T × 1.714\ 615$$

第二步：利用 CF 进行日龄测算

$$校正体重达 100\ kg = D_T - （W_T - 100）÷ CF$$

其中：D_T 为实测日龄，W_T 为实测体重，1.826 040 和 1.714 615 为常数。

（二）平均日增重

猪在测定期内的平均日增重，用克表示。计算公式如下：

平均日增重 =（末重－始重）÷测定天数

测定时的开始体重与结束体重，应根据测定猪的品种、测定目的的不同而异：对国外品种通常从体重 30 kg 开始，至体重 100 kg 结束；对地方品种，通常从体重 20 kg 开始，至体重 75 kg 或 90 kg 结束。

（三）达目标体重背膘厚

即测定达目标体重的背膘厚。同样由于不可能正好在被猪达到目标体重时测背膘厚，也需要将实测体重的背膘厚校正到目标体重的背膘厚，以比较选择。

如加拿大用以下的校正公式：

校正背膘厚 = 实际背膘厚×A÷[A + B×（实际体重－目标体重）]

其中 A 和 B 随品种和性别而异，如表 2-3 所示。

对活体测膘通常用 A 型或 B 型超声波测定仪测定，测定部位各国也有不同的规定，如加拿大规定 A 型测定的 4 个点为：第一个部位在最后肋骨处，第二个部位在髋骨前 3.8 cm 处，这两个部位分别代表了最厚和最薄的背膘，背中线两个部位，每个部位在左右两侧距背中线 5 cm 处各取一点，然后用这 4 点的平均值作为背膘厚的值；用 B 型只需测一个点，通常在最后肋骨处测定。

表 2-3　计算校正背膘厚所需参数[*]

品　　种	公　猪		母　猪	
	A	B	A	B
大约克猪	12.402	0.106 530	13.706	0.119 624
长白猪	12.826	0.114 370	13.983	0.126 014
汉普夏猪	13.113	0.117 620	14.288	0.124 425
杜洛克猪	13.468	0.111 528	15.654	0.156 646

[*]指所有其他表中未列品种都用大约克猪的参数。

（四）饲料利用率

饲料利用率又称"料比"、"料重比"，是指测定期内每单位增重所消耗的饲料量，计算公式如下：

饲料利用率 = 饲料总消耗量÷总增重

在标准化的性能测定站，通常每头猪单栏饲养，用记录个体饲料消耗来计算。目前已有采用群饲的测定设备，通过机械和电子设备控制，可以记录群饲中每头猪的采食时间、采食量、当时的体重等数据，传至电脑自动记录。在没有上述设备时，有的采用群饲（45 头猪一圈），记录群体总耗料与群体总增重，如在自由采食条件下，其数据尚有一定的代表性，但在限量采食条件下，往往发生个体间体重差异较大，群内变异系数增大，所测数据缺乏代表性，很难进行统计比较。

猪的日增重与饲料利用率之间呈正相关性，其相关系数在 0.7～0.85。但饲料利用率与猪的品种类型，特别是猪胴体的物理组成（瘦肉与脂肪的比例）的关系更大。一般来说，瘦肉型猪的饲料利用率高，脂肪型猪的饲料利用率低。同一头猪在不同体重阶段的饲料利用率也有差异，生长前期高，生长后期低。

（五）采食量

猪的采食量是度量食欲的性状。在畅饲条件下，猪的平均日采食饲料量称为采食饲料能力或随意采食量，这是近年来育种方案中日益受到重视的性状，但这是个很难度量的性状。采食量的遗传力在 0.3 左右，与日增重呈强正相关，与背膘厚呈中等正相关，与胴体瘦肉率呈负相关。

四、种猪酮体品质测定

胴体品质测定即根据胴体性状的好坏对胴体质量进行客观而科学的评价，包括胴体组成测定和肉质测定两个部分。测定方法为受测猪屠宰前停食给水 24 h，称活体重，屠宰后进行胴体性状测定和肉质分析等，具体指标及测定方法如下。

（一）胴体组成测定

（1）宰前体重。经 24 h 的断食休息，称得的空腹体重。

（2）空体重。宰前体重减去胃肠道和膀胱内容物的重量。

（3）胴体重。经放血、脱毛、去掉头、蹄、尾和内脏（保留板油和肾脏）所得重量。又分为热胴体重和冷胴体重，前者是宰后 45 min 的胴体重，后者是指宰后 24 h 的胴体重。国外胴体重是不包含内脏器官，但包含头、蹄、肾和板油的屠宰重量。

（4）屠宰率。胴体重占宰前活重的百分比，计算公式如下：

$$屠宰率（\%）=（胴体重/宰前活重）\times 100\%$$

（5）背膘厚。指皮下脂肪的厚度（不含皮厚）。一般是测量第 6 和第 7 肋接合处的背部皮下脂肪厚度。胴体测量时，用游标卡尺取肩部皮下脂肪最厚处、胸腰椎结合处和腰荐结合处三点膘厚的平均值（平均膘厚），或只在 6～7 肋间测定膘厚（1 点膘厚）。反应膘厚指标时应说明测定部位。

（6）皮厚。用游标卡尺在第 6～7 肋间测定皮厚。

（7）胴体长。一般有两种量法。一是由枕寰关节底部前缘（第一颈椎凹陷处）至耻骨联合前缘中线的距离，称为胴体直长；二是由第一肋骨与胸骨结合处至耻骨联合前缘中线的距离，称为胴体斜长。

（8）眼肌面积。猪背最长肌的横断面积形似眼故名为眼肌。在胸腰椎结合处垂直切下，用硫酸纸贴在上面描绘其轮廓，用求积仪或坐标纸计算面积。如无上述仪器可用游标卡尺量出眼肌的高度和宽度，然后按公式求出面积。

$$眼肌面积（cm^2）=眼肌高\times 眼肌宽\times 0.7$$

（9）胴体瘦肉率。沿背、腹中线，将胴体对称剖成左、右两片。将左侧胴体称重后，除去板油和肾脏，进行瘦肉、脂肪、皮和骨剥离。剥离时，肌间脂肪不另剔除算作瘦肉，皮肌（包括腹部和大腿部皮肌）不另剔除算作脂肪。瘦肉重占瘦肉、脂肪、皮和骨四部分总重之比为胴体瘦肉率。与之相对应的还有脂肪率、皮率和骨率。

（10）板油比例。板油的重量占胴体重的比例。

（二）肉质测定

（1）pH 值。用 pH 测定仪或 pH 试纸，屠宰后 45 min 内，在倒数 3～4 肋骨间测背最长肌的 pH 值为 pH_1，pH_1 小于 5.9 是 PSE 肉的象征；将胴体腿肌肉在 4 ℃下冷却 24 h，测定的 pH 为 pH_{24}，pH_{24} 大于 6.0，是 DFD 肉的象征。

（2）系水力。指肌肉受外力（加压、加热、冷冻等）作用时保持其原有水分的能力，也称持水性或保水力。测定方法主要有两种：一是在屠宰后 1 h 内，在 13～14 肋骨间取背最长肌的肉样，测定其在一定机构压力和一定时间中的重量损失率，即肌肉失水率；二是取同样的肉样，将其悬挂后测定其在自然重力作用下在一定时间内的失水率，即为滴水损失。

（3）熟肉率。取左侧胴体有股二头肌，称重，并标上标号牌。水开时记录时间，煮 45 min，捞出挂凉 30 min 后称熟肉重，并计算熟肉率。

（4）肉色。屠宰后 2 h 内，以胸腰结合处新鲜背最长肌的横断面，对照标准肉色图板，目测肉色评分，评分标准为：1 分——灰白色，2 分——微红色，3 分——正常鲜红色，4 分——微暗红色，5 分——暗红色。以 3 分最佳，2 分和 4 分仍为正常，1 分则趋于 PSE 肉（肉质软、肉色淡和渗出液多），5 分趋于 DFD 肉（肉质硬、肉色深和干燥）。除目测外，也可用仪器测量，如分光光度计、肉色测定仪等，可以更客观地度量肉色。

（5）大理石纹。肌肉大理石纹反映肌肉纤维之间脂肪的含量和分布，是影响肉味口感的主要因子之一。测定方法：把胸腰结合处背最长肌垂直切断，取有该横切面的背最长肌 10 cm 左右长一段，在 4 ℃以下存放 24 h，然后将该横切面与肌肉大理石纹评分标准图板对比，用目测评分，评分标准为：1 分——脂肪痕迹，2 分——脂肪微量，3 分——脂肪少量，4 分——脂肪适量，5 分——脂肪过量。

此外，还肌肉嫩度、适口性等指标，但这些指标都要通过人品尝才能判断，主观性太强，而且工作量很大，因而很少测定。

五、种猪的选留

（一）后备猪的选留

1. 断奶阶段

根据父母和祖先的品质（即种用价值）、同窝仔猪的整齐度以及本身的生长发育（断奶重）和体质外形进行鉴定。以自身表现为主，亲代成绩为辅，先进行窝选，然后在其中选择。作种用的仔猪应长得快、体重大、发育好、肢体健壮，特征明显，有六个以上发育良好、排列整齐的乳头，公猪睾丸紧凑、匀称，体质外形基本符合本品种要求，没有遗传缺陷。由于在断奶时难以准确地选种，故应力争多留，便于以后精选，此期的选留比例一般要求按小母猪3～5倍，小公猪5～8倍预选。

2. 6月龄阶段

这是选种的重要阶段，因为此时是猪生长发育的转折点，许多品种的体重此时可达到90 kg左右。通过审查本身的生长发育资料，并参照同胞测定资料，基本上可反映其生长发育和育肥性能的好坏。重点选择从断奶至6月龄阶段的体重或日增重、背膘厚和眼肌面积（活体测量）及体长，同时应结合体质外貌和性器官的发育情况，并参考同胞生长发育和胴体性状等资料进行选种。具体应注意以下几点：

（1）体形结构匀称，身体各部位发育良好，体躯长，四肢强健，体质结实。背膘结合良好，腿臀丰满。

（2）健康，无传染病（主要是慢性传染病，如气喘病），有病的即予淘汰。

（3）性征表现明显，公猪要求性欲旺盛，睾丸发育匀称；母猪要求阴户和乳头发育良好。

（4）食欲好，采食速度快，食量大，更换饲料时适应较快。

（5）符合本品种的特征要求。

（二）鉴定种猪的选留

1. 鉴定母猪的选留

此时的母猪已有初产繁殖成绩，必须以本身的繁殖成绩为主要依据。尽管该母猪在断奶阶段选留时，已考虑过其亲代的繁殖成绩，但难以具体说明它本身繁殖力的高低。当母猪已生产第一窝仔猪并达到断奶时，首先淘汰生产的仔猪出现畸形、脐疝、隐睾和毛色、耳形等不符合育种要求的母猪和公猪，然后再按母猪繁殖成绩，将选择指数高的留作种用或转入育种核心群，其余的转入生产群或出售。

2. 鉴定公猪的选留

投产公猪的鉴定，一般仍以该公猪的生长速度为主、繁殖成绩为辅的原则，结合活体测膘和眼肌面积结果，进行选留。种公猪的繁殖成绩可用它全部的同胞兄妹和这头公猪的全部女儿繁殖成绩的均值代表。

就选种而言，一头后备种猪由小到大需经过3次选择：断奶阶段、6月龄阶段和初产阶段。目前，我国种猪场的种猪选择强度不大：一般要求公猪（3～5）选1，母猪（2～3）选1。这样从断奶到参加繁殖，按上述原则与方法，经过多次筛选，将优异个体选留下来，可使整个猪群生产力水平得到不断提高。

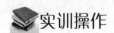 实训操作

猪的体型外貌评定

一、实训目的

（1）能够指出猪体表各部位的名称；

（2）掌握猪体尺测量的方法；

（3）掌握猪外貌评定方法。

二、实训材料与用具

供测猪若干头，测杖（或活动标尺）、卷尺（长 2 m）、磅秤、圆形测定器、猪品种外貌鉴定标准、猪外貌鉴定评分表。

三、实训方法与步骤

（一）猪的外貌鉴定方法

1. 先看猪的整体

察看猪的整体时，需将猪赶在一个平坦和光线良好的场地上，保持与被选猪一定距离，对猪的整体结构、健康状态、生殖器官、品种特征等进行肉眼鉴定。

（1）体质结实，结构匀称，各部结合良好。头部清秀，毛色、耳型符合品种要求，眼神有神，反应灵敏，具有本品种的典型特征。

（2）体躯长，背腰平直呈弓形，肋骨开张良好，腹部容积大而充实，腹底平直，大腿丰满，臀部发育良好，尾根附着要高。

（3）四肢端正结实，步态稳健轻快。

（4）被毛短、稀而富有光泽，皮薄而富有弹性。睾丸和阴户发育良好，乳头在 6 对以上，无反转、瞎、凹乳头等。

2. 再看关键部位

（1）头、颈。头中等大小，额部稍宽，嘴鼻长短适中，上下腭吻合良好，光滑整洁，口角较深，无肥腮，颈长中等，以细薄为好。公猪头颈粗壮短厚，雄性特征明显；母猪头型轻小，母性良好。

（2）前躯。肩胛平整，胸宽且深，前胸肌肉丰满，鬐甲平宽而无凹陷。

（3）中躯。背腰平直宽广，不能有凹背或凸背。腹部大而不下垂，肷窝明显，腹线平直。公猪切忌草肚垂腹，母猪切忌背腰单薄和乳房拖地。

（4）后躯。臀部宽广，肌肉丰满，大腿丰厚，肌肉结实，载肉量多。

（5）四肢。高而端正，肢势正确，肢蹄结实，系部有力，无卧系。

（6）乳房、生殖器官。种公、母猪都应有 6 对以上、发育良好的乳头，粗细、长短适中，无瞎乳头。公猪睾丸发育良好，左右对称，无包皮积尿；母猪阴户充盈，发育良好。

3. 依据猪品种的外貌鉴定标准，对供测猪进行外貌评分鉴定

学生以 46 人为一组，在教师指导下，分别鉴定 24 头猪，并将鉴定结果填入鉴定评分表中。

（二）猪的体尺测量

猪的体尺测量在断奶、6 月龄和 36 月龄（成年）3 个时期进行。测定时，首先校正测量工具，熟悉测杖、圆形测定器的使用方法。然后选择平坦、干净的场地，适当保定种猪。

（1）体重。早饲前空腹称重，单位用 kg 表示。

（2）体长。从两耳根连线的中点，沿背线至尾根的长度，单位 cm，用皮尺量取。

（3）体高。从鬐甲最高点至地面的垂直距离，单位 cm，用测杖量取。

（4）胸围。沿肩胛后角绕胸一周的周径，单位 cm，用皮尺量取。

（5）腿臀围。从左膝关节前缘，经肛门绕至右侧膝关节前缘的距离，单位 cm，用皮尺量取。

（三）等　级

根据鉴定结果，确定等级。

猪繁殖性能的测定

一、实训目的

（1）了解测定繁殖性状的内容；

（2）掌握猪繁殖性状测定的方法。

二、实训材料与用具

（1）猪场历年生产记录资料，计算器或计算机，电子秤等。

三、实训方法与步骤

（一）根据生产记录资料统计分析

统计分析的主要指标有：平均产仔数、平均产活仔数、平均初生重、泌乳力、断奶窝重、断奶仔猪数、哺育率、情期受胎率、年产胎次及母猪平均年哺育仔猪数等。

（二）现场测定

到猪场现场进行各繁殖性状的测定，包括仔猪各阶段称个体重和统计产仔数等。

四、实训作业

将学生分成 4～5 人一组，要求统计 15～20 头母猪产仔哺乳记录资料，并自己设计繁殖性能记录统计表。

猪的活体测膘与屠宰测定

一、实训目的

了解猪活体测膘的方法、测定部位与测定技术；

了解猪屠宰的程序、熟悉屠宰测定内容、掌握屠宰测定方法。

二、实训材料与用具

皮尺、测膘尺、超声波活体测膘仪、剪刀、碘酊、手术刀、屠宰工具，屠宰测定记录表、电子秤、游标卡尺等测量用具、仪器等。

三、实验方法与步骤

（一）猪的活体测膘

1. 猪只固定

选平坦地面，用一套绳子的木棒（鼻拧子）套住猪上颌骨，一人握棒固定好，使猪水平站立。

2. 确定测定部位

测量 A、B、C 三点。A 点：沿肘关节后缘至肩胛骨后缘与背中线相交点距背中线 4 cm，相当于第 6、7 肋骨的分界线。B 点：胸腰结合部（最后肋骨处）距背中线 4 cm 处。C 点：膝关节前缘（腰椎与荐椎结合处）引线与背中线垂直相交距背中线 4 cm 处。

3. 探尺法测膘

（1）在 A、B、C 测膘部位将毛剪去，并用碘酊消毒。

（2）抽出测尺笔帽将手术刀消毒刀口沿背最长肌垂直方向切开皮肤，切口长约 0.5 ~ 1.0 cm，最深不超过 0.8 cm。

（3）套上笔帽取下笔套，消毒测尺后，将测尺顺切口徐徐插入皮下脂肪，当测尺触及肌膜有阻力感觉时停止插入（测前躯一点膘厚时，一般猪脂肪有两层间有腿膜时应加以体会判断）。

（4）按探尺上的游标靠皮肤处，观察游标所指的刻度为膘厚（包括皮厚），固定探尺游标刻度，取出测尺。

（5）测毕，做好消毒清洁探刺尺，防止感染。

4. 超声波活体测膘（肌）法

（1）打开电源开关（PWR），将功能选择旋扭调到 BF（背膘）点，测眼肌时调到 EM 点。

（2）将灵敏度（SENS）调节到第二点，测眼肌时则调至最高点。

（3）将探头涂上石蜡油，平放于测定部位，并与皮肤垂直密合，略施压力。

（4）读数：第一个较矮小的波峰指在 0 处，表示皮肤的厚度，第二个波峰所指刻度为第一层脂肪厚度，第三个波峰即为欲测得的背膘厚度。最高波峰与第三波峰值之差即为眼肌厚度，并记录。

（5）测毕，关闭所有旋扭，清洁探头，备用。

（二）屠宰测定

1. 屠　宰

（1）称重。待测猪达到规定体重后，早晨空腹称重，第二天早晨空腹称重后加喂一顿，然后停食，第三天早晨空腹称重后屠宰；以 3 d 空腹重平均值作为宰前体重。

（2）放血、烫毛和煺毛。放血进刀部位是在颈后第一肋骨水平线下方，稍偏向颈中线右侧；猪一般经电麻后仰卧，刀由上前方向后下方刺入，割断颈动脉放血；血放净后，将宰体在 68 ~ 70 ℃ 热水中浸烫 3 ~ 8 min 煺毛（煺毛后不吹气）。

（3）开膛。自肛门起沿腹下中线至咽喉左右平分剖开体腔，清除内脏（肾脏和板油保留）。

（4）劈半。先沿脊柱（背中线）切开背部皮肤和脂肪，再沿脊椎骨（中线）砍成左右对称的两半，尽量保存左侧半片的完整性，以便进行胴体测定。

（5）去除头、蹄和尾。头在耳后缘和颈部第一自然皱褶处切下。前蹄自腕关节、后蹄跗关节切下。尾在荐尾关节处切下。

2. 胴体与肉质测定

测定方法见本任务"相关知识"。

四、测定结果

按式求平均背膘厚：平均背膘厚 =（A+B+C）/3

五、实验结果整理

将学生分成 4 ~ 5 人一组，按上述方法进行一次背膘和眼肌厚度的测定和屠宰测定，并填写屠宰测定记录表。

技能考核

技能考核标准见表2-4~表2-6。

表 2-4　猪的体型外貌鉴定

序号	考核项目	考核内容	考核标准	参考分值
1	过程考核	操作态度	精力集中，积极主动，服从安排	10
2		协作意识	有合作精神，积极与小组成员配合，共同完成任务	10
3		测定内容和方法	测定内容全面，测定方法正确	10
4		试验方案	方案可行，损伤性强	30
7	结果考核	鉴定结果综合判断	准确	20
8		工作记录和总结报告	有完成全部工作任务的工作记录，字迹工整；总结报告结果正确，体会深刻，上交及时	20
			合　计	100

表 2-5　猪繁殖性能测定

序号	考核项目	考核内容	考核标准	参考分值
1	过程考核	操作态度	精力集中，积极主动，服从安排	10
2		协作意识	有合作精神，积极与小组成员配合，共同完成任务	10
3		生产记录统计	根据猪场历年的繁殖资料，整理分类得当，统计无误，分析全面，结论可信	10
4		现场测定	测定指标全面，测定方法正确	30
7	结果考核	鉴定结果综合判断	准确	20
8		工作记录和总结报告	有完成全部工作任务的工作记录，字迹工整；总结报告结果正确，体会深刻，上交及时	20
			合　计	100

表 2-6　猪的活体测膘与屠宰测定

序号	考核项目	考核内容	考核标准	参考分值
1	过程考核	操作态度	精力集中，积极主动，服从安排	10
2		协作意识	有合作精神，积极与小组成员配合，共同完成任务	10
3		现场操作	动作规范，测定部位准确，方法正确	30
4		统计分析	测定指标全面，数据真实可靠，分析透彻全面	10
7	结果考核	鉴定结果综合判断	准确	20
8		工作记录和总结报告	有完成全部工作任务的工作记录，字迹工整；总结报告结果正确，体会深刻，上交及时	20
			合　计	100

自测训练

一、名词解释

体尺　体长　胸围　管围　产仔数　情期受胎率　泌乳力　断奶窝重　饲料利用率　日增重　活体背膘厚　屠宰率　胴体瘦肉率　胴体斜长　大理石纹　系水力　DFD 肉　PSE 肉　胴体重

二、问答题

1. 猪外貌评定的方法和步骤是什么?
2. 如何提高母猪的繁殖性能?
3. 简述猪活体测膘的方法。
4. 简述猪屠宰测定的程序。
5. 如何测定猪系水力。
6. 简述后备母猪的选留方法。

任务三　引种隔离与检疫

任务要求

1. 了解引进种猪前的准备工作。
2. 掌握引进种猪的隔离与检疫方法。

学习条件

1. 猪场。
2. 多媒体教室、猪繁育教学课件、教材、参考图书等。

相关知识

养猪品种是关键,猪场根据市场需要和自身条件,适时引进高产猪种,既能提高生猪产品的质量和市场竞争力,又能获得较高经济效益,是促进养猪业持续发展的保证。由于各地种猪场疫病多而复杂,养猪场如果盲目引种,就会引进疫病,形成猪病传染、流行,给猪场的生产造成巨大的损失。因此,在引进种猪过程中,实行严格的隔离与检疫制度是必不可少的环节。

一、引种前的准备工作

1. 制订科学的引种计划

养猪场在引种前,应对欲引种的种猪场进行全面了解。要根据本场的实际情况制定科学的引种计划，应充分考虑到引种猪的日龄，要做到有层次，以便于猪场设施设备的有效应用。在引种时尽量从一家种猪场引进，选择能够提供健康无病，性能优良种猪的大型种猪公司。

2. 做好技术咨询

通过向畜牧部门及养猪协会进行咨询，调查引种地区的动物疫病发生及疫病发生有影响的自然条件等，引种猪场所在地区应是国家畜牧兽医部门划定的非疫区，要尽量选择新建种猪场，建场时间最好不超过 5 年；供应种猪的场必须具有国家畜牧兽医等职能部门颁发的动物防疫许可证、种畜禽生产经营许可证、营业执照等法定销售种源资格证照。对种猪群的来源应要清晰，有档案可查，要做到心中有底。

3. 办理相关引种审批手续

引种前应按照《动物防疫法》的要求，将引种地点、品种、数量等向本地区县级以上动物防疫部门进行申报，办理有关引种审批手续。

4. 做好种猪到场前的准备

（1）隔离舍。猪场应设隔离舍，要求距离生产区最好有 300 m 以上的距离，猪舍门口设有脚踏盆和洗手盆。在种猪到场前的 10 d（至少 7 d），应对隔离栏及用具进行严格消毒。若为封闭式隔离猪舍，最好采用熏蒸消毒的方法，消毒后杜绝人员进入。

（2）物品与药品。种猪在引进以后，猪场要进行全封闭管理，禁止外界人员与物品进入场内，因此，要把一切物品、药品、饲料准备齐全，以免造成不必要的防疫漏洞。需要准备的物品如：饲喂用具、粪污清理用具、医疗器械；需要准备的药品如：常规药品（青霉素、安痛定、痢菌净等）、抗应激药品（地塞米松等）、驱虫药品（伊维菌素、阿维菌素等）；疫苗类需要准备猪瘟、口蹄疫等，消毒药品如火碱、消毒威及其他刺激性小的消毒液等；同时饲料要准备好，备料量要保证一周的需要量。将所有的物品包括饲料也一定要消毒。

（3）人员。准备进入隔离场的工作人员和后勤人员提前 1 星期进入隔离场，在隔离期间遵循只出不进的原则。进入种猪区人员在生活区洗澡更衣后进入生产区，在生产区再次洗澡更衣进入猪舍。

（4）消毒。新建场引种前的消毒，应本着"清洗—甲醛熏蒸—3% 火碱喷雾消毒"的消毒程序，消毒时，猪舍的每一个空间一定要彻底，不留死角；对于生活区与场外周边环境也要用 3%～4% 的火碱溶液进行喷雾消毒。旧场改造后的猪场引种前，首先把入场区的通道全部用生石灰覆盖，猪栏也要用石灰乳刷一遍，粪沟内的粪便要清理干净，彻底用火碱水冲洗干净，自动饮水器逐个检查，料槽逐个清扫消毒。猪场与场区也要像新场一样消毒以后方可引种。

二、种猪运输

对运输车辆等应充分清洗、彻底消毒。消毒液可用 0.05% 过氧乙酸溶液及 5% 的石碳酸溶液、5% 克辽林溶液。若是在达到后转车，应选择没有拉过猪的车，且要经过严格消毒。要根据自己运猪数量、大小等确定车辆的大小，要尽量选择带有隔栏的车辆，并适当准备一些锯末、稻草等垫料，以防车厢内打滑；随车应准备一些必要的工具和药品，如绳子、铁丝、钳子、抗生素、镇痛退热药以及镇静剂等备用。

种猪起运前，要向输出地区县级以上动物防疫监督机构申报检疫合格，凭动物运输检疫证及动物及其产品运载工具消毒证明运输。到达目的地以后，还须向输入县动物防疫监督机构申报检疫合格证，方可入境。种猪在运输途中一旦发现传染病或可疑传染病，要向就近的动物防疫监督机构报告，采取紧急以防措施。途中发现的病、死种猪不得随意宰杀出售或沿途抛弃，要在指定地点卸下，连同被污染的设备、粪便、垫料和污物等一同在动物防疫人员监督下分别按规定处理。

种猪在汽车长途运输过程中，会经历一系列应激因素的刺激，产生病理变化，如不注意预防死亡率会较高。长途运输的车辆，车厢最好能铺上垫料，冬天可铺上稻草、锯末，夏天铺上细沙，以降低种猪肢蹄损伤的可能性；在装车运输前，可肌注长效广谱抗菌素，以提高种猪的抗病能力。对出现特别不安的种猪，可注射镇静剂。夏季运输时，要准备充足的饮水，利用早晚阴凉时赶路运猪，以防路途炎热猪群出现中暑等。

对出现运输应激综合症的病猪，及时对症治疗。出现全身震颤、高热的用盐酸氯丙嗪 $2 \sim 3$ mg/kg 一次肌注。对重症者同时使用地塞米松磷酸钠 $7 \sim 10$ mg，一次肌注。出现脱水、酸中毒时，及时使用 3.5% 的碳酸氢钠溶液 $150 \sim 200$ mL，一次静注；在酸中毒现象得到缓解后，用葡萄糖生理盐水 $500 \sim 1\,000$ mL，加维生素 C 一次静注，疗程不得少于 $2 \sim 3$ 天；有并发感染时，配合使用抗菌和解热药物。

三、引进种猪的双重检疫

引进种猪到场，必须进行隔离观察。引进的新种猪至少需要 8 周的时间对其进行检疫，这 8 周又可以分为两个阶段。

1. 隔离观察阶段

引入种猪隔离的主要目的是减少新引入猪群所携带的未知病原入侵原有猪群的风险。这一阶段大约需要 4 周左右的时间。在此期间要密切观察猪只有无病征，可以根据所掌握的情况在饲料中添加抗应激、抗生素类药物。待猪适应 1 星期后，应根据种猪场的实际情况和本场的疾病情况，有针对性地对猪群进行某些疾病的血清学检测，以免带进本场没有的新的传染病。

2. 适应猪场微生物环境阶段

这一阶段主要是让新猪种慢慢适应本场的微生物环境，旨在通过场内现有的微生物，帮助敏感猪群产生抗体，从而克服感染。完成隔离后，假定新进种猪健康状况良好，那么至少需要进行 4 周的适应驯化期。虽然隔离可预防新疾病的传入，但是驯化适应可通过控制引进猪与场内已有病原的接触，解决接受猪群中现有的疾病。一旦隔离期结束，新进种猪立刻与场内已有猪群混合，未能正确度过适应期，可能会降低引进种猪群的终身生产力。

驯化适应最好在隔离舍内进行，并且只有在隔离 2 周后才能进行。可采取的具体措施有：
（1）接种疫苗。及时按防疫程序给引进猪群接种各种疫苗，让其产生抗体，应对场内已有或正威胁猪群的特定病原。免疫接种方案应早在在猪运达后 5 d 就启动，场内兽医应与供种方技术代表一道，制定合适的免疫接种方案。

（2）"反馈"方式。并非新进猪群需要产生免疫力的场内所有病原都能通过接种疫苗得到控制，"反馈"是一种使后备种猪感染"场内"病原，帮助它们在进入繁育群前产生免疫力的方法。如传染性肠胃炎和肠道病毒就是可以通过"免疫"方式获得免疫力的病原的特例。为了预防这种疾病，至少从猪运达后 2 周起，后备母猪的饲料要混入 15% ~ 20% 的成熟公猪或年长母猪（产下第 3 胎或更年老的母猪）的粪便。注意这一办法不能在有猪痢疾史的猪场中使用。

（3）直接接触。将淘汰猪混入，让其鼻对鼻的直接接触。

四、种猪隔离检疫过渡期的饲养管理

1. 种猪运达时的管理

种猪到达目的地后，立即对卸猪台、车辆、猪体及卸车周围地面进行消毒，然后将种猪卸下，用刺激性小的消毒药对猪的体表及运输用具进行彻底消毒，用清水清洗干净后进入隔离舍。同时要核对种猪号码，并且猪号标在墙上，逐个检查猪的体况，对运输过程中出现的肢蹄及其他部位的外伤、脱肛等情况的种猪，应立即隔开单栏饲养，并及时治疗处理，并对受伤猪只进行详细记录。

种猪按照性别、体重、年龄、品种和数量进行分圈，饲养密度为 3 m^2/头。猪只圈号确定后，没有特殊情况一律不准调圈。如必须调圈必须上报兽医，经兽医同意后方可调圈。

不要急于给料，先让猪群休息，要采取少量多次供给法供给种猪清洁的饮水；冬季可给予温水，夏季饮水要清凉；长途运输的种猪群，最好给种猪群引用补液盐水，以补充电解质，防止脱水。待种猪群充分休息 4 ~ 8 小时后，再给少量饲料（给予日常量的 30%），由少到多逐步增加。

3. 种猪隔离检疫期的管理

工作人员在隔离结束前不准进入生产区（生大病除外）。后勤人员在隔离期间吃住在猪场的生活区，一律不准外出。隔离期间外来人员一律不准入场。所需牛、羊和猪肉及其制品一律不准带入猪场。鸡蛋和鸡肉产品以及蔬菜、水果等必须到专门的批发市场去购买，不到同时批发猪肉和鸡肉的市场去购买，避免交叉感染。进场物品必须在紫外灯照射 2 h 以上，方可进入生活区，能够擦拭的物品要用消毒药液擦拭。种猪饲料经过熏蒸消毒后，提前 1 星期左右进入种猪隔离区。

外来车辆一律不准入场，外来运送蔬菜、水果的车辆必须经过严格消毒，把所运送的物品放到门外后马上离开。

隔离场禁止饲养猫、狗等动物，并且在生产区专门指定人员对场区进行巡视，发现有放牛或羊的农民立即制止并劝其马上离开，并及时登记、记录，向有关部门报告。

每天对生活区、生产区和种猪消毒 1 次，消毒药用量为 0.3 L/m^2。每星期轮换 1 次消毒药。

隔离期间，禁止给种猪用药，以避免种猪进行采血检疫时出现假阳性猪只。

对种猪进行体温监测。对每个单元的种猪按照品种、性别进行抽测。每单元抽测的头数占单元数的 10% 左右，每天上午 10:00 左右进行，及时了解种猪的状态，发现情况及时处理。

由于种猪刚到隔离场，对环境和饲料有个适应过程，有可能会出现腹泻，所以应对种猪进行饲料控制，饲喂种猪的饲料逐渐增加，3~5 d 达到正常规定喂量，并且在饲料中添加葡萄糖（添加量为 5%）和电解质多维（添加量为 100 g/100 kg），添加时间为 3~5 d，同时保证种猪的饮水。

搞好猪舍空气质量的控制。猪舍采取半漏粪地板，每天集中清扫床面 2 次，其他时间随时发现随时清扫，机械刮粪每星期 1 次，并且根据外部的气候状况调整通风，以降低有害气体浓度，改善猪舍空气质量。

 实训操作

猪引种隔离与检疫

一、实训目的

1. 了解猪引种前的准备工作。

2. 掌握猪引种隔离与检疫的方法。

二、实训材料与用具

引进种猪，引种资料。

三、实训方法与步骤

1. 了解引种前的准备工作

通过查阅猪场引种资料，了解引种计划的制订、引种手续的报批及种猪到场前的一些准备工作。

2. 引种隔离与饲养

（1）引种双重检疫。引进种猪到场后要实行双重检疫，历经两个阶段，即隔离观察阶段和适应猪场微生物环境阶段。在此期间要密切观察猪只有无病征，待猪适应 1 星期后，应根据种猪场的实际情况和本场的疾病情况，有针对性地对猪群进行某些疾病的血清学检测，以免带进本场没有的新的传染病。在后一阶段，可以采取接种疫苗、"反馈"方式以及直接接触等方法，观察引进种猪的适应情况。

（2）隔离检疫期间的饲养管理　种猪到场和隔离检疫期间的饲养管理技术见本任务。

四、实训作业

根据以上方法和步骤，分析评价猪场引种隔离与检疫措施是否规范。

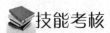 技能考核

技能考核方法见表 2-7。

表 2-7　猪引种隔离与检疫

序号	考核项目	考核内容	考核标准	参考分值
1	过程考核	操作态度	精力集中，积极主动，服从安排	10
2		协作意识	善于合作，积极与小组成员配合，共同完成任务	10
3		方法与步骤	方法正确，条理清晰	10
4		分析比较	分析全面，措施具体得当	30
7	结果考核	鉴定结果综合判断	准确	20
8		工作记录和总结报告	有完成全部工作任务的工作记录，字迹工整；总结报告结果正确，体会深刻，上交及时	20
合　计				100

自测训练

问答题

1. 引进种猪前需要做好哪些准备工作？

2. 如何搞好引进种猪隔离检疫期间的饲养管理工作？

项目三　种猪繁殖

【知识目标】

1. 理解猪的繁殖生理。
2. 掌握母猪发情鉴定、人工授精、妊娠诊断和母猪分娩接产的技术要点。

【技能目标】

1. 能够进行母猪发情鉴定。
2. 学会猪人工授精技术。
3. 掌握母猪妊娠诊断技术。
4. 掌握分娩母猪接产技术。

任务一　母猪发情鉴定

任务内容

1. 实地参观调查养猪场，查阅收集相关资料，了解母猪发情情况。
2. 掌握母猪发情鉴定的方法。
3. 判断输精或配种的最佳时间。

学习条件

1. 处于发情阶段的母猪若干头，试情公猪若干头。
2. 开腔器、手电筒、脸盆。
3. 毛巾、肥皂、消毒液、药用棉签、记录本。
4. 多媒体教室、猪繁殖教学课件、教材、参考图书。
5. 母猪保定设施。

相关知识

一、母猪的生殖活动规律

（一）青年母猪的初情期、性成熟和适配年龄

1. 初情期

母猪初次出现发情表现并发生排卵的时期（日龄），称为初情期。母猪的初情期受品种、

饲养管理条件、饲料营养和气候等方面的影响，不同品种的初情期差异较大。我国本地猪种多属于性成熟较早、体型偏小、对环境适应性较强的脂肪型和脂肉型品种，一般在3月龄左右就表现出发情征状；而国外猪种多属于性成熟较晚、体型偏大、抗逆性较差、对饲料营养要求较高和生长速度较快的瘦肉型品种，一般在6～8月龄开始发情；培育品种介于地方猪种和国外猪种之间，其初情期一般在5～7月龄。

2. 性成熟

只有达到性成熟才具备生殖能力。猪的性成熟主要表现为副性征发育达到完善的程度，性器官中开始形成成熟的生殖细胞——精子和卵子，产生性激素，形成各种性行为表象，公、母猪能够交配和受精，并可完成妊娠和胚胎发育过程。猪的性成熟与品种、性别、气候、饲料营养和饲养管理等因素有密切的关系。

地方猪种一般多属早熟品种，性成熟时间一般在3～5月龄；培育品种的性成熟时间一般为4～6月龄；国外引入的瘦肉型猪品种和瘦肉型猪培育品种的性成熟时间一般为6～8月龄。

猪达到性成熟绝不等于已经可以进行配种和繁殖，因为猪的性成熟期和体成熟期的年龄是不一致的。当猪达到性成熟时，其身体的生长发育还在继续进行，一般要求在体成熟以后才能进行交配，以更好地发挥猪的生产性能和延长利用年限。

3. 适配年龄

母猪的适配年龄应根据其生长发育情况而定，一般在性成熟以后，其体重达到成年体重的70%～75%为宜，瘦肉型青年母猪的适配年龄一般在8～9月龄，即240～280日龄；而我国地方猪种母猪的适配年龄一般在5～6月龄。在这一时期配种，受胎率和产仔数均较高。

（二）母猪的发情周期

青年母猪或断奶母猪第一次发情后，如果没有配种后没有受胎，则间隔一定时间便开始下一次发情，如此周而复始地进行，直到性功能停止活动的年龄为止。这种周期性的活动，称为发情周期。猪属于多周期发情家畜，常年发情。母猪的发情周期一般为18～23 d，平均21 d。地方品种为19～21 d，杂种为20～22 d，国外品种为20～23 d。猪的发情周期可分为发情前期、发情期、发情后期和休情期4个时期。

1. 发情前期

是发情周期的开始阶段，此时母猪生殖器官发生很大的变化：输卵管内壁细胞生长，纤毛数量增加，子宫角的蠕动加强，子宫黏膜内的血管分布大量增加，阴道上皮组织也增生增厚；发情前期的时间为1～2 d。

2. 发情期

是母猪性周期高潮时期，母猪表现出很强的性欲。母猪在发情前期发生的各种变化更加显著，并为受精和受精卵在子宫着床准备条件；此时，卵巢表面的卵泡破裂，卵细胞排出，母猪发情征状更加明显，发情期1～2 d，此时的母猪接受公猪爬跨，是适宜配种的时期；如果排出的卵子未受精，就过渡到发情后期。

3. 发情后期

此时母猪性欲减退,拒绝公猪爬跨。卵巢中形成黄体,并分泌黄体酮,子宫黏膜增生和黏液分泌停止,体内各性器官的生理活动逐渐恢复到平常生理状态;这一阶段历时约 2 d。

4. 休情期

继发情后期之后,是各性器官的生理活动相对静止期,性器官没有显著的性活动过程,卵巢中黄体逐渐萎缩消融,新的卵细胞和滤泡细胞开始发育,逐渐过渡到下一个发情周期。

(三)发情持续期

发情持续期是指一次发情所持续的时间,从母猪呈现压背静立不动或接受公猪爬跨开始算起,到拒绝压背或公猪爬跨为止。母猪发情持续期一般为 2 ~ 5 d,平均 2.5 d。一般情况下,不同季节、品种、年龄的母猪发情持续期会有差异,一般春季短,国外品种短(除长白猪外),老年母猪短。

二、影响发情周期的因素

饲养管理及营养供应直接影响母猪的发情周期。要使母猪保证正常的发情周期,就需要供给较多而全面的营养物质,要特别注意日粮中蛋白质的数量和品质,维生素 A、维生素 D、维生素 E 的含量,钙、磷和食盐等矿物质的供应。要保持母猪适宜的繁殖体况,不能过肥或过瘦;如果体况过肥或过瘦都会影响发情周期的正常。此外,温度、光照等外界条件对母猪的发情周期也有一定影响。在封闭式猪舍中,要注意调节室内光照、空气和温湿度。

三、发情征状

母猪在发情期除内部生殖器官发生一系列变化外,其外部征状也很明显。发情母猪的外部特征主要表现为在行为和阴户的变化:发情的母猪食欲减退,精神不安,抓跨其他猪;外阴部先红肿,后有黏液流出;后期静止不动,两耳直立、尾向上举,此时母猪频频排尿,喜欢接近公猪,等待交配。母猪外阴部肿胀时间最短 4 ~ 5 d,最长可达 10 d,平均 7 d 左右。

四、母猪不发情原因及解决办法

造成母猪不发情的原因很多,但主要与猪的遗传缺陷、品种、饲养管理方式(饲养密度、光照)、营养状况和疾病等因素有关。

(一)遗传原因

由于选种不严格,使一些遗传缺陷得以延续,造成母猪不发情和繁殖障碍。如母猪雌雄间体，即从表面看是母猪，肛门下面有阴蒂、阴门和阴唇，但腹腔内无卵巢却有睾丸。另外生殖道有生理疾患，如阴道管道形成不完全，子宫发育不全等。在实际生产中，上述生殖器官缺陷较难发现，一旦发现长期不发情的后备母猪，必须淘汰。要避免遗传因素，就必须加强选种工作：一是严格查验要留母猪的祖先系谱，对上几代有遗传疾患的母猪不能留作种用；二是严格检查要留母猪的外生殖器官发育情况，对生殖器官存在缺陷的母猪不能留作种用。

（二）品种原因

猪的品种对发情有重要的影响。我国地方猪种大多为早熟品种，在长期的饲养过程中都饲喂青绿饲料，只要日粮的营养水平不是过低，或母猪体况过瘦、过肥，不发情的比例很小；而国外引进和瘦肉型猪种，在饲喂正常情况下，晚发情和不发情的比例较高。如英国父系大约克猪的初情期较迟，后备母猪的初情期一般在 9 月龄以后，公猪到 11 月龄才能配种。

（三）营养原因

营养不良是造成母猪不发情的主要原因之一，母猪体况过瘦或长期缺乏某些与繁殖有主要关系的营养因子，如能量、蛋白质、维生素和矿物质等，使某些内分泌腺的功能出现异常，导致母猪不发情。如果母猪的营养过剩，体形过度肥胖，造成卵巢脂肪化，也会影响发情。为防止母猪营养不良或营养过剩，应该合理饲养管理母猪，饲料的营养水平应严格按饲养标准，防止体形过瘦过肥，但实践中更要注意看膘饲喂，以保持正常的繁殖体况。有条件的应饲喂些优质青绿饲料。

（四）环境因素

当夏季环境温度长期在 30 ℃ 以上时，母猪卵巢的性功能会受到抑制，此期母猪断奶后的不发情率比其他季节明显要高，初产的青年母猪受的影响更大。当母猪长期饲养在黑暗或一直被阳光照射的环境中，对母猪的发情都会产生不利的影响。试验证明，每日光照超过 12 h，可能会对母猪的发情活动产生抑制作用。为了防止温度和光照对母猪发情的不良影响，应为母猪提供适当的光照和环境温度条件。

（五）疾病原因

由生殖道炎症和其他疾病造成的母猪不发情或繁殖障碍，如子宫炎、阴道炎、部分黄体化和非黄体化的卵泡囊肿。对上述疾病要对症下药，及时治疗，以促使母猪恢复正常发情。乙型脑炎、伪狂犬病、细小病毒等疾病都会引起母猪不发情或延迟发情，甚至繁殖障碍，上述疾病必须以预防为主，按免疫程序用疫苗预防。

五、母猪假发情的原因及防止措施

1. 真假发情的区别

（1）假发情母猪发情症状不明显，发情持续时间也短，一般只有 1～2 d。

（2）假发情母猪在行走时尾巴自然下垂或夹于两腿之间，而不是举尾摇摆。

（3）假发情的母猪不允许公猪爬跨。

2. 假发情的原因

（1）饲养管理水平低，妊娠母猪营养状况差。

（2）气候多变，生殖道疾病造成内分泌紊乱。

3. 防止措施

（1）加强妊娠后期母猪和泌乳母猪的营养，使母猪在妊娠后期达9成以上膘情，断奶时达 7～8 成膘情。

（2）对太瘦的空怀母猪实行短期优饲是预防营养性假发情的有效措施。

（3）加强生殖道疾病预防和治疗工作。

（4）做好冬季和早春的防寒保温工作，适量添加青饲料。

六、促进母猪发情的措施

为使母猪达到多胎高产，促使不发情和屡配不孕的母猪正常发情排卵，在调整和加强饲养管理的基础上，可采取人工催情措施。

1. 异性诱导

将试情公猪赶至不发情母猪圈内 2～3 h，连续 2～3 d，促使母猪在异性刺激下恢复正常发情。

2. 科学饲喂、控制膘情

母猪膘情与母猪发情的关系密切，只有供给营养平衡的日粮，合理饲喂，才能保持母猪良好的繁殖体况，保持和促进母猪正常发情。经常给母猪适量的青绿多汁饲料，能有效地促进母猪发情。

3. 断奶群养

泌乳母猪断奶时，实行去母留仔，把母猪转入空怀待配或妊娠舍，小群圈养，能有效地促进母猪提早发情，缩短发情时间间隔，增强发情征状。把返情母猪转出并圈小群圈养，有同样效果。

4. 按摩乳房

实践证明，对不发情母猪，每天早晨按摩其乳房 10～30 min，连续 3～10 d，可刺激发情。也可通过母猪注射激素促使发情，但建议慎用。

**实训操作**

母猪发情鉴定

一、实训目的

1. 了解母猪的发情特点。

2. 掌握母猪发情鉴定的方法。

3. 能找出发情母猪，并鉴定母猪的发情阶段。

二、实训工具与材料

若干头发情母猪，试情公猪等。

三、实训方法与步骤

鉴定人员进入猪舍，在空怀舍或后备猪舍内分群逐头观察，或是根据生产记录提供的信息，有针对性地进行检查，查出有发情征状的后备母猪或空怀母猪。具体方法如下：

（一）行为观察法

1. 发情前期。母猪兴奋不安，鸣叫，对公猪气味和声音表示好感，但不允许公猪过分亲近，爬跨其他母猪，食欲明显减退，这一阶段持续1~2 d。

2. 发情期。母猪间断鸣叫，接受其他猪的爬跨，主动接近公猪，检查人员站在疑似发情母猪的侧后部，双手用力按压疑似发情母猪背部（30 kg压力），有明显的压背静力反射：呆立不动，举尾上翘或甩向一边，两后退叉开，两耳直立或震颤，神情呆滞，这一阶段持续1~2 d，这阶段为最佳配种期。

3. 发情后期。拒绝公猪爬跨，躲避压背测试，精神、食欲等恢复正常。

（二）阴部观察法

将疑似发情母猪赶至光线较好的地方或把舍内照明灯打开，仔细观察母猪阴户颜色、状态，观察阴道黏液数量和黏度。

（1）发情前期。外阴部逐渐肿胀，阴道黏膜由淡黄色变为红色，阴道湿润，并有少量黏液，随着外阴肿胀程度的增加，黏膜充血发红，阴道流出的黏液增多。

（2）发情期。外阴肿胀达到高峰，阴道黏膜潮红，从阴道内流出水一样的黏液，黏稠度很小。稍后阴门由潮红变成浅红，由水肿变为出现微皱，阴门较干，仔细观察阴道口的底端，当阴道口底端流出的黏液由稀薄变成黏稠，用医用棉签蘸取黏液，当黏液不易与阴道口脱离、拖拉滴挂时，是配种最佳时期。最后，外阴道水肿消退，黏膜呈红色，阴道分泌液变得少而黏稠。

（3）发情后期。发情征状完全消失，阴门肿胀消退，黏膜光泽逐渐恢复正常，黏液减少至无，外阴部完全恢复正常。

（三）试情法

（1）鉴于母猪在发情时，对于公猪的爬跨反应敏感，采用试情公猪和母猪接触，根据接受公猪爬跨安定的程度判断其发情的阶段。将疑似发情母猪赶到配种室或配种栏内，让试情公猪与疑似发情母猪自由接触，如果疑似发情母猪允许试情公猪爬跨，说明此时可以进行配种。

（2）由于母猪对公猪气味异常敏感，可用沾有公猪尿或精清的布块放在母猪鼻端，观察母猪的反应，以判断其是否发情。

（3）目前有合成激素用于母猪试情。还有利用发情母猪对公猪的叫声异常敏感的特点，用播放公猪求偶叫声录音来鉴定母猪的发情。

生产实践中，多采取观察阴门颜色、状态变化，阴道黏液黏稠程度，反应检查结果等各项观察指标进行综合判断，如果有试情公猪或配种公猪，可以直接用试情公猪或配种公猪进行试情，这样可以提高鉴定的准确度。

四、实训作业

结合本次任务所学内容，找出教学猪场发情母猪，并说明理由。

技能考核

技能考核方法见表 3-1。

表 3-1　猪的发情鉴定

序号	考核项目	考核内容	考核标准	参考分值
1	过程考核	操作态度	精力集中，积极主动，服从安排	10
2		协作意识	善于合作，积极与小组成员配合，共同完成任务	10
3		生产记录	积极思考，能认真查阅、收集资料，并对任务完成过程中问题进行分析和解决	10
4		行为表现观察	根据待鉴定母猪行为表现，收集各种资料，对应各种表现，正确作出判断	10
5		阴户变化鉴定	根据待鉴定母猪阴户变化，能准确判断和表述发情状况	10
6		试情反应判断	根据待鉴定母猪和试情公猪的试情反应，能准确判断和表述待鉴定母猪扫情状况	10
7	结果考核	鉴定结果综合判断	准确	20
8		工作记录和总结报告	有完成全部工作任务的工作记录，字迹工整；总结报告结果正确，体会深刻，上交及时	20
		合　计		100

自测训练

一、填空题

1. 母猪发情周期一般为＿＿＿＿d，平均为＿＿＿＿d，地方品种为＿＿＿＿d，杂种为＿＿＿d，国外品种为＿＿＿＿d。

2. 母猪发情周期分为＿＿＿＿、＿＿＿＿、＿＿＿＿、＿＿＿＿4个时期。

3. 母猪发情持续期一般为＿＿＿＿d，平均＿＿＿＿d。

二、名词解释

初情期   性成熟   初配年龄   发情持续期   发情

三、问答题

1. 母猪发情的征状有哪些？
2. 母猪发情鉴定的主要方法有哪些？

任务二   种猪人工授精

任务内容

1. 掌握猪的采精、精液品质检查、精液稀释和输精等操作技术。
2. 了解精液保存及运输的技术要点。

学习条件

1. 种公猪若干头、发情待配母猪若干头。
2. 采精所需设备，精液品质检查所需设备。
3. 精液稀释及保存所需用品。
4. 输精所需设备。

相关知识

一、采精前的准备

1. 器材的清洗和消毒

采精用的所有器材，均应确保清洁无菌。在每次使用之前要严格消毒，使用后必须洗刷干净，务必立即用清水冲洗干净，不留残迹，然后经过严格消毒方可使用。消毒方法因各种器材质地不同而异。

2. 采精杯的准备

将盛放精液用的食品保鲜袋或聚乙烯袋放进采精用的保温采精杯中，将袋口外翻罩住保温采精杯口，工作人员将消毒过的4层纱布盖在杯口上，用橡皮筋套住，连同盖子，放入37 ℃的恒温箱中预热，冬季尤其应引起重视。采精时，拿出保温采精杯，盖上盖子，然后传递给采精员；当处理室距离采精室较远时，应将保温采精杯放入保温箱内，然后传送到采精室；这样做可以力求采集的精液与采精杯内温度接近，减少低温对精子的影响。

3. 检查精液品质器材的准备

先将显微镜调好焦距备用，把显微镜加热板放在显微镜载物台上，用标本夹固定好，打开电热板控制器电源开关，把设定温度调到 37 ℃ 再调到测温状态，准备好两块洁净的载玻片和两块洁净的盖玻片放在加热板上预温。将电子秤、密度测定仪等用品准备好。

4. 稀释液的准备

猪精液稀释液的配方有很多种，如在常温下可保存 3 ~ 5 d 的配方有 BTS、Kiev、Modena 等，保存 5 ~ 7 d 的长效保存稀释液有 ZorPVA，也有冷冻精液稀释液，最常用的稀释液为 BTS 稀释液。应按具体要求准备。

5. 公猪的准备

应经常保持公猪全身清洁，若包皮处阴毛太长，则要用剪刀剪短。采精之前，应将公猪尿囊（包皮）中的积尿挤净，并用毛巾擦干净包皮部，避免污染精液，减少有关疾病的传播，以提高母猪的情期受胎率和产仔数。

6. 采精室的准备

采精前先将假母台周围清扫干净，特别是公猪精液中的胶体，一旦溅落地面，公猪踩踏到则很容易打滑，造成公猪扭伤而影响生产。安全区应避免放置物品，以利于采精人员因突发事件可躲避到该区。采精室地面应避免积水、积尿，不能放置无关杂物，通风和采光良好，室内和周围环境应安静，以免影响公猪的射精，如图 3-1 所示。

图 3-1 采精室

7. 采精员的准备

采精员应穿上工作服，将公猪赶至采精室，清扫猪体后，右手戴上双层无毒无菌的一次性手套，带上纸巾、集精杯、小凳等，准备采精。

二、采精方法

猪的采精方法主要有假阴道法和徒手法 2 种。

1. 假阴道采精法

是借助于特制模仿母猪阴道功能的器械采取公猪精液的方法，这种方法需要特制的假阴道器具等，且清洗很费时，操作较繁琐，现在生产上已很少使用。

2. 徒手采精法

这种方法是模仿母猪子宫颈对公猪螺旋阴茎龟头的束力而引起射精。因此，采精时手要握成空拳，当公猪阴茎伸出时，将阴茎导入空拳内，让其抽送转动片刻，用手指由轻到紧握住阴茎龟头不让转动；随阴茎充分勃起时顺势牵伸向前，手指有弹性、有节奏地调节压力，公猪即行射精。

徒手采精是目前广泛使用的一种方法，具有设备简单、操作方便，而且可将公猪射出精液的前置部分和中间较稀的精清部分弃掉，根据需要集取精液等优点，其缺点采精员操作不熟练的话，公猪的阴茎刚伸出和抽动时，较易发生阴茎碰到假母台而擦伤龟头或阴茎表皮，同时精液容易污染和受冷环境的影响。为避免精液污染，操作时采精人员要戴上消毒手套，待公猪爬跨母跨后，用 0.1% 高锰酸钾溶液将公猪包皮附近洗净消毒，并用生理盐水冲洗干净。

三、精液品质检查

采精结束后，应立即进行精液品质的常规检查。精液常规检查的内容包括精液量、颜色、气味、活力和密度等。

1. 精液量

以电子天平称量精液，按 1 mL/g 计，避免以量筒等转移精液盛放容器的方法测量精液体积；公猪一次射精量为 150～250 mL，多者可达 500 mL 以上。

2. 颜色

正常的精液是乳白色或浅灰白，精子密度越高，色泽愈浓，其透明度愈低。如带有绿色或黄色是混有脓液或尿液，若带有淡红色或红褐色是含有血液。这样的精液应舍弃不用，会同兽医寻找原因。

3. 气味

猪精液略带腥味，如果臊味很大，可能是受包皮积液的污染；如果有臭味，则可能混有脓液。气味异常的精液必须废弃，且需查出原因，及时处理。

4. pH 值（酸碱度）

以 pH 计测量，pH 是中性或微碱性。

5. 活力

活力是指精液中呈直线运动的精子占总精子数的百分比。

精子活力受温度的影响很大，检查前应将放置显微镜的保温箱预温至 35～38 ℃，检查在保温箱内进行。目前，精子活力的评定多采用十级评分法：在一个视野中，若 100% 的精子呈直线前进运动则评为 1.0 分，90% 的评为 0.9 分，80% 的评为 0.8，依此类推。鲜精精液的活力一般在 0.7 ~ 0.8，活力低于 0.6 的精液一般不用。

6. 精子密度（或精液浓度）测定

精子的密度是指单位体积精液所含的总精子数，它是用来确定稀释倍数的重要依据。精子密度可用目测法估测或血细胞计数板法测定（见图3-2，图3-3）。

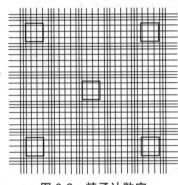

图 3-2　精子计数室

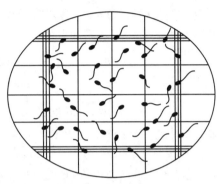

图 3-3　精子计数室中的 1 个方格

目测法是根据显微镜下视野中精子和稠密程度，粗略分为密、中、稀 3 个等级，在显微镜视野中，精子间的空隙小于 1 个精子者为密级，这种精液每毫升含精子 3 亿个以上；精子间的空隙能容纳 1 ~ 2 个精子者为中级，这种精液每毫升含精子 2 亿个；若精子间的空隙能容纳 2 个以上的精子者为稀，这种精液每毫升含精子约 1 亿个。稀级精液也可用于输精，但不宜再稀释，则应使用血细胞计数板法。

7. 畸形精子的检查

精子畸形率是指畸形精子占总精子数的百分比。青年公猪在使用前应进行精子畸形率测定，正常使用的成年公猪也应每月进行一次精子畸形率测定。精子可用伊红、龙胆汁（甲紫）或纯蓝墨水等染色剂染色，并在显微镜 400 倍下观察，畸形率不应高于 20%。

四、精液的稀释与分装

采精后应立即进行精液检查和稀释，目的是为了增加精液容量和便于保存，提高优秀种公猪的利用率。

1. 稀释液的成分及作用

稀释液中含有稀释剂、营养剂及保护剂等多种成分。稀释剂主要用以增加精液容量，要求所选试剂与精液具有相同的渗透压，一般用等渗的氯化钠、葡萄糖、果糖、蔗糖等。营养剂主要为了减少精子自身的能量消耗，延长精子寿命，一般为糖类，如葡萄糖、果糖。保护剂是保护精子免受各种不良因素的危害，如缓冲物质，常用的有柠檬酸钠（枸橼酸钠）、碳酸氢二钠和三羟甲基氨氨甲烷等，用以保持适当的 pH 值，还有其他一些抗冷、抗冻及抗菌物质等。

2. 稀释液的种类

猪精液的稀释液配方有很多种，如在常温下保存 3 ~ 5 d 的配方有 BTS、Kiev、Modena 等，保存 5 ~ 7 d 长效保存稀释液有 ZorPVA，也有冷冻精液稀释液，最常用的是 BTS 稀释液。我国目前商品猪生产上很少应用冷冻精液。

3. 精液稀释的倍数

精液适宜的稀释倍数应根据精子密度、活力、畸形率和稀释后保存时间来确定，国家试行标准规定每剂量精液 80 mL、有效精子数为 30 亿，如果稀释后需要保存的时间较长，还要适当降低稀释倍数。稀释液添加量的计算公式为

$$稀释液用量（mL）= 集精量\{[原精的密度 \times 活力 \times （1 - 畸形率）]$$
$$\div 稀释后精子密度 - 1\}$$

其中，稀释后精子密度 = 30÷80，80 为每剂精液的分装体积（mL），30 为每剂精液的有效精子数（亿个），在生产中应根据每剂精液的体积和有效精子数确定此数值。

例如：某头公猪一次采精量是 200 mL，活力为 0.8，密度为 2 亿/mL，要求每个输精剂量是含 40 亿精子，输精量为 80 mL，则总精子数为 200 mL × 2 亿/mL = 400 亿，输精头份为 400 亿÷40 亿 = 10 份，加入稀释液的量为 10×80 mL – 200 mL = 600 mL。

4. 稀释过程

采集的精液要求在 0.5 h 内完成稀释，要求稀释液与精液的温度相差不超过 ± 1 ℃。稀释时，将稀释液沿精液瓶壁缓慢加入，切不可将精液倒入稀释液内；稀释后将精液瓶轻轻转动，使二者混合均匀，切忌剧烈搅动；如作高倍稀释，应分次进行，先低倍后高倍，防止精子所处的环境突然改变过大，造成稀释打击。精液稀释后健壮分装前和输精前均应进行显微镜检查，如果稀释后精子活力下降明显，说明稀释液有问题或操作不当。如果输精前发现精子活力低，则不可使用。

5. 精液的分装

精液的包装有瓶装和袋装两种，装精液用的瓶或袋应是对精子无毒害作用的塑料或玻璃制品。瓶（袋）的最大容量应略大于分装量，应尽量控制缩小瓶（袋）分装后的空间，以利保存。分装后的精液要贴上标签，标签上写明公猪品种、耳号、采精时间等，以备查验，为了便于区分，一般一个品种使用一种颜色的标签。

五、精液的保存与运输

保存精液是为了延长精子的存活时间，便于长途运输，扩大精液的使用范围。现行的精液保存方法，可分为常温（15 ~ 25 ℃）保存、低温（0 ~ 5 ℃）保存和冷冻（– 79 ~ – 196 ℃）保存 3 种。前两者以液态形式作短期保存，故称为液态保存；后者以冷冻形式作长期保存，猪精液主要采用常温保存。常温保存是将精液放在一定变动幅度的室温下保存（也称室温保存），精液稀释分装后，要在室内进行平稳降温，先放置在 22 ~ 25 ℃ 的室温内逐步降温 1 h

后，然后放在 16～17 ℃ 的恒温箱中保存。精液贮存 2～3 d 后，有效精子数将会减少，在使用前需要检查精子活力，活力过低不能使用。精液存贮过程中每隔 12 h 要将精液混匀，注意操作力度要平缓。

为了扩大公猪精液的使用范围，解决母猪不便到人工授精站配种的问题，切断疾病接触传播途径，进行猪群血统更新等，精液运输就成为必不可少的一个环节。流言蜚语精液运输应注意下列事项：① 按规定进行精液的稀释和保存。② 包装应妥善严密，要有有防潮、防震衬垫，包装工具可用精液保温箱、广口保温瓶等。③ 运输过程中，必须维持温度稳定，切忌温度突然剧变。④ 尽量避免在运输过程中剧烈震动和碰撞。

六、输　精

1. 输精前的准备

（1）检查精子活力，精子活力低于 0.5 级的精液不能使用。

（2）根据需要输精的母猪头数，准备好精液。总剂数应为需要输精母猪头数的 2 倍或略多，即至少为每头待配母猪准备一份复配用的精液。

（3）输精前将精液瓶（袋）放入专用保温箱或疫苗箱中，冬季应避免精液在运送及输精时降温，可在保温箱内放一个热水袋，盖上几层毛巾（几分钟后手压在上面略感温暖即可），再将精液瓶（袋）放入。冬季时如将精液升温至 20～25 ℃ 时输精为好（极端寒冷地区可升温至 33 ℃），夏季应防止精液温度受气温影响升温过高（33 ℃）。

（4）准备好清洁、消毒的干毛巾或 4 张纸巾，专用润滑膏。

（5）输精管应按需要量放入专用的临时存放盒（袋）中。使用时输精管的前 2/3 部分不要用手直接接触。

（6）输精前仍应对发情母猪的适配情况再次检查确认，清洁躯体和外阴部，如果母猪外阴过于肮脏，可先用湿毛巾拧干水分后擦拭，不要用清水去洗，尤其是输精前，以防止母猪将污水吸入子宫内，引起子宫炎。

（7）刺激母猪敏感部位。母猪的敏感部位不同品种、不同个体有一定的差异，但总体上，位于母猪毛稀和皮肤柔软的部位。如下腹、侧腹、乳房、臀部及腹股沟及阴门和背部（见图 3-4）。刺激方法有搓（侧腹、臀部）、揉（下腹）、托（乳房）、捏（阴门）、压（后背部）。按摩力量应适当，发情母猪一般会表现紧张性

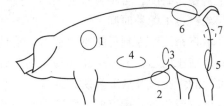

图 3-4　母猪敏感部位示意图

1—肩部；2—后部乳房；3—后腿与腹部间的皮肤皱褶；
4—侧腹；5—腹股沟；6—后背部；7—外阴

的震擅、阴门收缩等。对母猪各个敏感部位的刺激应持续 3～5 min，接着再进行输精。

2. 输精过程

（1）清洁母猪外阴。用清洁的干毛巾或纸巾将母猪的外阴（包括阴门内）擦干净。

（2）在输精导管头部涂抹润滑剂。从密封塑料袋中取出没有受任何污染的一次性输精管（手不应接触输精管的前 2/3 部分），在其头端涂上精液或人工授精专用的润滑胶或凡士林作

为润滑液。注意防止润滑胶（膏）将输精导管头中央的小孔堵塞。

（3）精液容器与输精导管连接。轻轻摇动输精瓶（袋）3～5次，使沉淀的精子与上清液混合，用剪刀剪去瓶嘴（袋装精液有连接管或接口），接到输精管上，准备开始输精。

（4）将输精导管泡沫头锁定在子宫颈管中。输精员站（或蹲）于母猪后侧，用左手将母猪阴唇分开并向后下方拉，使阴门呈开张状态，右手将输精管泡沫头向上呈45°角慢慢插入母猪阴道，插入约15 cm后，平缓水平重复抽送输精导管，直到输精管的前部到达子宫颈口（有阻力），然后适度用力向左旋转并推入约4～5 cm，使输精导管的泡沫头卡进母猪的子宫颈管。由于子宫颈管受到刺激后会收缩，使输精导管的泡沫头被锁定。螺旋形的多次性输精管（梅罗丝输精管）在输精时，当输精管到达子宫颈口时，向左旋转，可将输精管前端的螺旋部分旋入子宫颈的皱褶内，并被子宫颈锁定（见图3-5）。

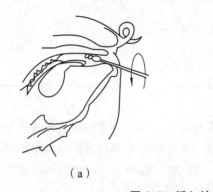

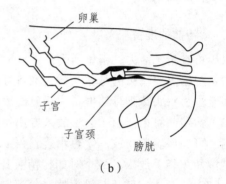

卵巢

子宫

子宫颈

膀胱

（a）　　　　　　　　　　（b）

图 3-5　插入输精枪并锁定在子宫颈皱褶处

（5）确认输精导管的泡沫头锁定在子宫颈管中。确认输精导管被锁定的标准为：向前推送输精导管时，阴门被牵引向体腔内，轻拉输精导管时有一定阻力，当放松时，输精导管自动向前缩入；轻轻转动输精导管管杆，当放松时，输精导管旋回原位。如果不是这样，说明输精导管没有被锁定，或没有插入子宫颈管内。可试着向子宫颈管内插入，如果仍然不行，说明子宫颈口封闭，可将输精管抽出，过一会儿再试。如果重试还不行，则可能母猪不到配种时间或错过了配种时间。

（6）将精液输入到母猪生殖道内。输精员应一手将精液袋（瓶）提起，使其与输精导管的连接处高于阴门，另一手压住母猪的后背或手臂跨过母猪背部，使腋部压在母猪背上，并按摩母猪的侧腹部及后部乳房，使其子宫收缩产生负压，将精液吸入。如果流动不畅，可轻轻挤压精液容器，使精液充满输精导管，然后尽量让精液自行流入生殖道。切勿将精液挤入母猪生殖道内。输精时间控制在3～5 min为宜，如果输精时间短于3 min，不利于精液的吸收，对受胎不利；一般不要超过10 min，时间太长，说明输精过程存在问题，可通过控制输精瓶的高低来调节输精时间（见图3-6）。

（7）抽出输精导管。输完精后，不要急于拔出输精管，先将精液瓶取下，将输精管后端一小段打折封闭，这样既可防止空气进入，又可防止精液倒流，并使输精导管的泡沫头继续留在子宫颈内刺激子宫收缩3～6 min，然后较快而平稳地向后下方抽出。这样便于使精液向子宫深部运动，对于提高受胎率有利。

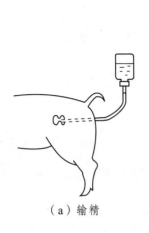
（a）输精

（b）输精时抚摸或压背刺激母猪

图 3-6　输入精液

3. 输精量及输精时间

母猪的最宜输精时间是在出现发情后 12~24 h，目前有效的办法仍是用压背法或公猪试情，如果每天只试情 1 次，应对所有发现的发情母猪试情；如果每天试情 2 次，应在出现发情后 12 h 和 24 h 各试情 1 次。

一次输精量一般 20~100 mL，依母猪体型大小可酌情增减，但一次输入有效精子总数应不少于 20 亿个（有的省规定不少于 8 亿个）。

实训操作

猪的人工授精

一、实训目的

（1）熟悉采精流程、掌握徒手采精方法；了解精液品质检查的内容、掌握精液品质检查的方法；能判断母猪的配种适期、能正确进行人工授精。

二、实训工具与材料

种公猪、高锰酸钾、采精杯、采精架（假母猪台）、纱布；显微镜、计数器、血细胞计数板；发情母猪、输精管、精液、消毒剂、毛巾等。

三、实训方法与步骤

（一）采　精

（1）将采精所用的器械进行清洗与消毒处理，保证无菌。

（2）配制稀释液，并将稀释液放入 35 ℃ 的水浴锅中升温。

（3）打开显微镜上的加热板控制开关，设定温度到 38 ℃。

（4）准备预温的采精杯及其他采精用品，放入壁橱。

（5）将公猪赶入采精室，关上栅栏，清洁其体表。

（6）按摩、挤出公猪包皮腔积液，并用消毒纸巾擦干。

（7）戴上双层手套，诱导公猪爬跨假母猪。

（8）锁定并顺势拉出阴茎。

（9）待射出部分清亮液体后，开始收集精液。

（10）观察公猪行为，结束采精。

（11）将采精杯送到处理室。

（12）将公猪赶回圈内（不可快速驱赶）。

（二）精液品质检查

1. 感官检查

（1）容量。用电子秤称量采精杯集精前后的重量，由于猪精液的比重为 1.03，统一设定每克精液为 1 mL。

（2）气味。正常的新鲜精液只有一点腥膻味。

（3）色泽。正常的精液呈浅灰白色到浓乳白色，而公猪刚射出的浓分精液则呈奶油色（略偏黄）。

2. 精子活力检查

采用十级评分法，在一个视野中，若 100% 的精子直线前进运动则评为 1.0 分，90% 的评为 0.9，80% 的评为 0.8，依次类推。新鲜精液的精子活力一般在 0.7～0.8 间，活力低于 0.6 的精液一般不用。

3. 精子密度检查

轻轻摇动精液，用微量移液器（取样器）取精液 100 μL，擦去外部精液，加入一次性试管中，用移液管吸取 3% 氯化钠溶液 3.9 mL，加入精液中，混合均匀，原精液被稀释了 40 倍。

将血细胞计数板放在载物台上，加盖盖玻片，用取样器吸取稀释后的精液加入计数板与盖玻片之间的计数室中，使计数室充满。在显微镜下找到计数室，计数计算室内的总精子数，为了减少计数室内的工作量，可选择有代表性的 5 介中方格，如四角一中心，或斜对角线的 5 个方格计数精子。

为了避免计数精子时重复，应以精子的头数为准，对在格线上的精子，可依照计上不计下，计左不计右的原则，计数 5 个方格中的总精子数。

5 个中方格总精子计数完后得出的结果，按以下公式计算原精液的精子密度（此公式已被简化）：

$$\text{精子密度（亿个/mL）} = 5 \text{ 个中方格总精子数} \times 0.02$$

4. 畸形精子的检查

用伊红染色剂染色，并在显微镜 400 倍下观察精子形态，计算畸形率。

（三）输　精

（1）做好输精前的准备工作；

（2）清洁母猪外阴；

（3）在输精管头上涂上润滑剂；

（4）精液容器与输精管连接；

（5）将输精管泡沫头锁定在子宫颈管中；

（6）确认输精管头锁定在子宫颈管中；

（7）将精液输入母猪生殖道内；

（8）抽出输精管。

四、实训作业

根据人工授精操作过程，撰写实训报告。

技能考核

技能考核方法见表 3-2。

表 3-2　猪的人工授精

序号	考核项目	考核内容	考核标准	参考分值
1		操作态度	积极主动，服从安排	10
2		合作意识	善于合作，积极与小组成员配合	10
3	过程考核	思考意识	善于思考，积极寻找问题答案	10
4		采精技术	操作正确，从容不迫	15
5		精液品质检查	操作标准，语言描述准确	15
6		输精	操作规范，注重细节	15
7	结果考核	结果综合判断	计算结果准确，评议描述规范	15
8		实训小结	小结撰写认真，有个人看法，上交及时	10
		合　计		100

自测训练

一、填空题

1. 目前国内外最广泛使用的猪人工采精方法是_____。

2. 采精杯在使用前应进行_____。

3. 正常猪精液的色泽_____，气味_____。

4. 精子密度测定方法有_____和_____。

5. 精液稀释剂含有_____、_____和_____。

6. 精子活力低于_____的精液不能用于输精。

二、名词解释

精子活力　人工授精　精液稀释

三、问答题

1. 采精前需要做好哪些准备？

2. 精液品质检查的项目有哪些？方法是什么？

3. 简述输精的操作流程。

任务三　母猪妊娠诊断

📚 任务内容

1. 掌握母猪妊娠诊断的基本方法。
2. 了解妊娠母猪饲养管理的要点。

📚 学习条件

配种后 20～40 d 的母猪若干头。

📚 相关知识

及时对配种后的母猪进行妊娠鉴定，对养猪生产有特别重要的意义。如果能早期判断母猪已经受孕，则应按妊娠母猪进行饲养管理，防止早期流产；如未受孕，则要及时采取措施，促使母猪再次发情配种，防止失配影响母猪生产力，造成饲料浪费。常见的妊娠诊断方法有以下几种。

一、观察法

观察性周期表现：母猪的发情周期一般为 21 d，若配种后经过一个发情周期未表现发情，就可初步认定母猪已妊娠，但要注意的是，一些疾病因素会导致母猪虽未妊娠，但不发情。

观察行为和体态变化：母猪配种后，如果表现食欲渐增、贪睡、行为稳重、性情温顺、喜欢趴卧、尾巴自然下垂、驱赶时夹着尾巴走路、背毛顺溜光滑、增膘明显等现象，就可初步认定已经妊娠。妊娠 50 d 后，侧面观察母猪，其腹部容积变大，凸出明显。

观察阴户变化：阴户缩成一条线等现象，这些均为妊娠母猪的综合表征。但配种后不再发情的母猪并不绝对肯定已妊娠，要注意个别母猪的"假发情"现象，即表现为发情症状不明显，持续时间短，对公猪不敏感，不接受爬跨。该方法不用任何仪器或药物且简单易行，在养猪生产中广泛应用。

二、指压法

用拇指与食指用力压捏母猪第 9～12 胸椎背中线处，如指压处出现凹陷反应，即表示未受孕；反之，则表示母猪已受孕，可用于早期妊娠诊断。

二、直肠检查法

一般对体型较大的经产母猪，可用手通过直肠触摸子宫动脉，如果有明显波动则可认为妊娠，一般妊娠后 30 d 可以检出。该方法只适用于体型较大的母猪，且一般不用。

三、公猪试情法

配种后 18~22 d，用性欲旺盛的公猪试情，若母猪拒绝公猪接近，可初步确定为妊娠。

四、超声波诊断法

利用超声波妊娠诊断仪诊断是工厂化养猪常用的方法，它是利用超声波感应效果测定动物胎儿心跳数，从而进行早期妊娠诊断。测定时，在母猪腹底部后侧的腹壁上（最后乳头上方 5~8 cm 处）涂上一些植物油，然后将超声波诊断仪的探头紧贴在测量部位，如果诊断仪发出连续响声，说明该母猪已妊娠。如果诊断仪发出间断响声，并且经几次调整探头方向和方位均无连续响声，说明该母猪还没有妊娠。配种后 20~29 d 的诊断准确率为 80%，40 d 以后的准确率为 100%。

五、注射激素法

母猪配种后 16~17 d，用人工合成的雌性发情激素，一般在母猪耳根下注射 3~5 mL。注射后出现发情症状的是空怀，注射后 5 d 不发情的为妊娠。

六、尿检法

取母猪尿 10 mL 左右放入试管内，用比重计测定其体积质量（应在 1.0~1.025），如尿过浓需加水稀释，然后滴入碘酒在煤气灯或酒精灯上加热。尿液在将达到沸点时发生颜色变化，尿液由上到下出现红色，即表示受孕；出现淡黄色或褐绿色即表示未孕。

除上述方法外，还有 X 光透视法和血清沉降速度检查法等。

 **实训操作**

母猪妊娠诊断

一、实训目的

（1）了解妊娠母猪的生理和行为特点；

（2）掌握母猪的妊娠诊断方法。

二、实训工具与材料

妊娠母猪若干头，B 超机等。

三、实训方法与步骤

对配种后 17 d 左右的母猪进行妊娠诊断,采取观察法、尿检法、超声波诊断法联合诊断。

1. 观察法

观看阴户:母猪阴户下联合处逐渐收缩紧闭,且明显地向上翘,说明已经妊娠。

观察母猪行为和外部形态:母猪如果表现疲倦、贪睡、食欲旺盛、食量逐渐增加、易上膘、性情温顺、行动稳重,则初步认定为妊娠。

2. 尿检法

见本工作任务相关知识。

3. B 超检查法

采用超声波妊娠诊断仪对配种 20 ~ 29 d 的母猪腹部进行扫描,观察出现胚泡液或胎儿心动现象的,则表示已受孕。

四、实训作业

现有一群母猪,根据所学知识,对母猪进行妊娠诊断,并写出实训报告。

技能考核

技能考核方法见表 3-3。

表 3-3　母猪妊娠诊断

序号	考核项目	考核内容	考核标准	参考分值
1	过程考核	操作态度	积极主动,服从安排	10
2		合作意识	善于合作,积极与小组成员配合	10
3		观察法	观察仔细,描述恰当	15
4		尿检法	操作规范,注重细节	15
5		B 超检查法	操作标准,注重细节	20
7	结果考核	综合判断	判定结果正确	20
8		实训小结	撰写认真,有个人看法,上交及时	10
		合　计		100

自测训练

问答题

母猪妊娠的诊断方法有哪些?如何操作?

任务四　母猪的分娩与接产

任务内容

1. 熟悉分娩母猪的接产准备要求。
2. 掌握临产母猪分娩征兆判断。
3. 掌握母猪接产及人工助产的操作要求。
4. 掌握初生仔猪的护理技术。

学习条件

1. 临产和分娩母猪若干头。
2. 接产的相关用具。
3. 多媒体教室。

相关知识

一、母猪分娩前的准备

分娩条件对母猪、仔猪均较大，应做好相应的准备工作。

1. 产房的准备

母猪分娩前 57 d 就应准备好产房。产房要求：

一要控温：室内温度最好控制在 22 ~ 23 ℃。寒冷季节舍内温度较低时，应有采暖设备，同时应配备仔猪保温箱，如用垫草，应提前将垫草放入舍内，使其温度与舍温相同。要求垫草干燥、柔软、清洁、长短适中（10 ~ 15 cm）。炎热季节应防暑降温和通风，若温度过高，通风不好，对母、仔猪均不利。

二要干燥：舍内相对湿度最好控制在 65% ~ 75%。注意通风，但在冬季应注意通风造成舍内温度的降低。

三要卫生：母猪进入分娩舍之前，要进行彻底地清扫、冲洗、消毒工作，清除过道、猪栏、运动场等的粪便、污物，地面、圈栏、用具，用 2% 氢氧化钠溶液喷雾消毒，然后用清水冲洗、晾干，墙壁、天棚等用石灰乳粉刷消毒，对于发生过仔猪黄痢等疾病的猪栏更应彻底消毒。

2. 母猪的准备

为使母猪适应新的环境，应在临产前 7 d 左右将母猪转入产房，在进入产房前，要将母猪全身冲洗干净，驱除体内外寄生虫，这样可保证产床的清洁卫生，减少初生仔猪的疾病。产前要将猪的腹部、乳房及阴户附近的污物清除，然后用 2% ~ 5% 来苏尔溶液消毒，然后清洗擦干。转栏宜在早饲前空腹时进行，将母猪转入产房后立即饲喂，使其尽快适应新的环境。

3. 分娩用具的准备

产前应准备好高锰酸钾、5% 碘酊、凡士林油、干净毛巾、剪刀、照明用灯，以及称仔猪的秤、耳号钳、分娩记录表及卡等。冬季还应准备仔猪保温箱、红外线灯或电热板等。

二、母猪的分娩

1. 产前征兆

母猪临产前在生理和行为上都会发生一系列变化，掌握这些变化规律，既可防止流产，又可合理安排接产准备工作。因此，饲养员应注意掌握母猪的一些临产征兆。观察母猪临产征兆可采用"三看一挤"的方法。

一看乳房：母猪分娩前 15 ~ 20 d，乳房开始由前向后逐渐膨大下垂，乳房基部与腹部之间呈现出明显的界限。到产前 1 周左右，乳房膨胀更加明显，两排乳头胀得向外开张呈"八"字形，并挺直，皮肤紧绷，发红发亮，用手挤压有乳汁排出。一般初乳在分娩前数小时或一昼夜就开始分泌，个别产后才分泌。营养较差的母猪，乳房的变化不十分明显，要依靠综合征兆做出判断。

二看尾根。母猪临产前，尾根两侧下凹、阴道外阴松弛、阴唇红肿，表现出站卧不安，时起时卧，闹圈。一般出现这种现象后 6 ~ 12 h 产仔。

三看行为表现。临产前母猪食欲减退，表现起卧不安，在圈舍里来回走动并叼草做窝，粪便软少，有光泽。母猪频频排尿，阴部流出稀薄黏液，母猪侧卧，四肢伸直，阵缩时间逐渐缩短，呼吸急促，表明即将分娩。

总体归纳起来为：起卧不定，食欲减退，衔草做窝，乳房有膨胀或有乳漏（挤）出，频频排尿。出现这些征兆，一定要安排专人看护，做好接产准备工作。

2. 分娩过程

分娩是借助子宫和腹壁肌肉的收缩，将胎儿和胎衣排出体外的过程。分娩过程可分为开口期、胎儿产出期、胎衣排出期。

（1）开口期。子宫颈口开张，流出羊水，只有阵缩而不出现努责。由于子宫颈的扩张和子宫肌的收缩，迫使胎儿和胎膜推向已松张的子宫颈，开始时每 5 min 左右收缩一次，持续 20 s，随着时间的推进，收缩频率、强度和持续时间增加。

（2）胎儿产出期。努责是排出胎儿的主要力量，它比阵缩出现晚，停止早；阵缩和努责的共同作用完成胎儿的产出。猪属于弥散型胎盘，胎儿与母体的联系在开口期不久就被破坏，随之中断胎盘供氧，胎儿应尽快排出，以免窒息。

（3）胎衣排出期。当胎儿排出后，母猪即安静下来，经过几分钟后，子宫主动收缩，有时还配合轻度努责，迫使胎衣排出。

母猪分娩取侧卧，胎膜不露在阴门之外，羊水也少，当猪努责 14 次，即可产出一仔，2 个胎儿娩出时间间隔常为 520 min，产程一般 26 h，正常情况下，一般产后 1 060 min 从 2 个子宫角排出 2 堆胎衣。

三、接产技术

接产是管理分娩母猪的重要环节，母猪分娩一般多在夜间，安静的环境对母猪顺利分娩很重要。因此，在整个接产过程中，要求安静，禁止喧哗和大声说笑，接产操作要迅速准确，以免刺激、引起母猪不安，影响正常分娩。接产人员必须指甲剪短、磨光，洗净双手。

1. 接产操作

母猪正常分娩所需时间平均为 4 h，产仔平均间隔 18 min；产仔数越少，则产仔间隔时间越长。一般母猪在流出胎水（羊水）后 30 min 即会产出第 1 头仔猪。当仔猪产出后，应立即用手指掏出其口腔内的黏液，然后用柔软的垫草将口鼻和全身的黏液擦干净，以防窒息和影响仔猪呼吸及减少体表水分，避免仔猪感冒。个别仔猪在出生后胎衣仍未破裂，接产人员应马上用手撕破胎衣，以免仔猪窒息而亡。当仔猪已产出而脐带尚留在产道内时，须用手固定住脐带基部，另一手捏住脐带慢慢从产道内拽出；切不可通过拽拉仔猪拖出脐带；然后，把脐带内血挤向脐带基部，在离脐带基部 4～6 cm 处用线结扎，或用手指掐断，脐带断面用 5% 的碘酒消毒后，迅速帮扶仔猪吃些初乳后将其移至护仔箱内。

2. 人工助产

若母猪反复起卧，强烈努责，频频举尾收腹，躺卧时两后肢不时前伸、弓腰，但不见胎儿产出，有的母猪产下一两头仔猪后努责轻微或不再努责，长时间静卧。出现这些情况，说明母猪可能难产，需要人工助产。

（1）母猪发生难产的原因。母猪发生难产的原因有很多。少数母猪由于产仔数少或仔猪个体发育过大形成难产；子宫颈口狭窄性难产多出现于第一胎母猪，由于母猪配种太早，其本身的生长发育还正在进行中，骨盆口太小，仔猪通不过子宫颈口而形成难产；由于胎儿在母猪子宫内已死亡多日，全身发胀，形成死胎过大，从而导致死胎性难产；由于胎儿在产道中姿势不正常，堵塞产道，引起胎位不正性难产；由于母猪年老体弱、疾病等原因引起膀胱麻痹，膀胱积尿后挤压产道引起膀胱积尿性难产；由于母猪年老体弱、疾病，或胎儿太多、体弱疲劳等原因，造成子宫收缩无力，无法将胎儿产出。此外，两头仔猪同时挤入产道，或母猪产道发育不良、骨盆畸形、产道有肿瘤堵塞、多次助产使产道黏膜水肿或胎儿畸形等，均可造成难产。

（2）人工助产的方法。首先按摩母猪乳房，然后由前向后用力平顺地按压腹部，配合母猪的阵缩和努责帮助仔猪产出；若反复进行 20～30 min 仍无效果，应采取其他方法，如注射催产素等；对高龄体弱、分娩力不足的母猪，也可肌肉注射催产素，促进子宫收缩，必要时可注射强心剂。如 30 min 左右仍胎儿仍未产出，则应进行人工助产。

人工助产的具体操作方法：

首先，将指甲剪短、磨光，用肥皂洗净手及手臂，再用 2% 来苏儿或 0.1% 高锰酸钾水将手及手臂消毒，再用 75% 的酒精消毒，最后在已消毒的手和手臂上涂抹清洁的润滑剂；同时母猪外阴部用上述消毒液消毒；将手指捏成锥形，手心向上，在子宫收缩间隙时，顺着产道徐徐伸入，若胎位不正则先矫正，后握住胎儿的适当部位（眼窝、下颌、腿），随着母猪子宫收缩的节律，慢慢地将胎儿拉出。

其次，对于母猪羊水排出过早、产道干燥、产道狭窄、胎儿过大等原因造成的难产，可先向母猪产道中灌注生理盐水或洁净的润滑剂，然后按上述方法将胎儿拉出。

最后，对胎位异常引起的难产，可将手伸入产道内矫正胎位，待胎位矫正后再将胎儿拉出。有的异位胎儿经矫正后即可自然产出。如果无法矫正胎位或因其他原因拉出有困难时，可将胎儿的某些部位截除，分别取出。

助产后应给母猪注射抗生素类药物，防止感染。

3. 假死仔猪的抢救

有些仔猪出生后，全身发软，呼吸微弱甚至停止，但心脏仍然在跳动的仔猪称为假死仔猪，假死的原因有很多：脐带在产道内拉断过早而缺氧；胎位不正，胎儿在产道内脐带受压或扭转；仔猪在产道内停留时间过长；仔猪被胎衣包裹；黏液堵塞气管等。出现假死时需要及时采取有效措施，立即进行救护。抢救假死仔猪的方法有下列几种：

（1）人工呼吸法。将假死仔猪仰卧在垫草上，把鼻孔和口腔内的黏液清除干净，然后一只手抓着仔猪的头颈部，使仔猪口鼻对着抢救者，用另一只手将医用纱布盖在仔猪的口鼻上，抢救者隔着纱布向假死仔猪的口鼻腔内吹气，并按摩其胸部，直到仔猪出现呼吸动作。

（2）倒提拍打法。用一只手提起仔猪的两后肢，令仔猪头朝下，另一只手有节奏地轻轻拍打仔猪的背部和臀部，使仔猪口鼻内的羊水和黏液流出来，如果仔猪深吸一口气，说明呼吸中枢已启动，即抢救成功。

（3）温水浸泡法。抓住仔猪双耳或两前肢，把仔猪突然放入 40～45 ℃ 的温水里，使其头部露出水面，浸泡 3～5 min，以此激活仔猪。

（4）涂抹刺激物法。在仔猪鼻盘部涂抹酒精、氨水等有刺激性的物质，或用针刺激方法进行抢救。

（5）注射药物法。在紧急情况时，可以注射尼可刹米，或用 0.1% 肾上腺素 1 mL 直接注入假死仔猪心脏急救。

（6）肩臀屈伸法。将仔猪的四肢朝上，一手托着肩部，另一手托着臀部，然后一屈一伸反复进行，直到仔猪叫出声后为止。

（7）捋脐法。尽快擦净胎儿口鼻内的黏液，将头部稍高置于软垫草上，在脐带 20～30 cm 处剪断；术者一手捏紧脐带末端，另一手自脐带末端捋动，每秒 1 次，反复进行不得间断，直至救活。一般情况下，捋 30 次时假死仔猪出现深呼吸，40 次时仔猪发出叫声，60 次左右仔猪可正常呼吸。特殊情况下，要捋脐 120 次左右，假死仔猪方能救活。

4. 初生仔猪的护理工作

（1）早吃初乳。应尽早帮助仔猪吃上初乳，即使寄养出去的仔猪也应尽早吃上 1～2 次初乳。初生仔猪没有先天免疫力，必须通过吃初乳获得免疫力。这不仅仅是因为初乳内含有大量的免疫球蛋白（每 100 mL 初乳含免疫球蛋白 7～8 g，常乳仅含 0.5 g），还因为初生仔猪肠道上皮 24 h 内处于原始状态，免疫球蛋白很容易完整地渗透进入血液，随着时间的推移，这种吸收功能就消失了。因此，仔猪出生后应尽早吃到初乳，获得免疫力。

最好在新生仔猪擦干黏液、断脐后，立即帮助它先吃一次初乳，之后再移入护卫仔箱。

（2）称重。仔猪出生后 12 h 内，应称其个体重，并按相关要求做好详细记录。初生个体重和窝重的大小，不仅是衡量母猪繁殖力的重要指标，而且也是仔猪健康程度的重要标志，初生个体重大的仔猪生长发育快、哺育率高、育肥期短。种猪场必须按育种方案要求称量初生仔猪的个体重或初生窝重，商品猪场可称量窝重。

（3）打耳号。为了正确反映仔猪的血缘关系，便于管理，要给每头仔猪进行编号。编号方法有剪耳法和打耳标法两种，以剪耳法最简便易行且较确切。

剪耳法是用耳号钳在猪的耳朵上打缺口（或加洞辅助）编号，把两个耳朵上所有的数字相加，即得出所编的耳号。一般多采用"左大右小，上大下小，根3尖1，公单母双"的四位数编号法，即左上耳是千位、左下耳是百位、右上耳是十位、右下耳是个位，公仔猪打单号、母仔猪打双号，如图3-7所示。

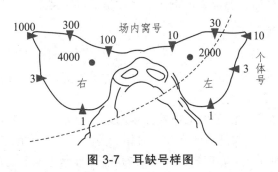

图 3-7　耳缺号样图

目前种猪生产场均采用耳牌进行编号，只是在日常的管理过程中要随时检查耳牌是否松动或掉落，如有发现及时补上耳牌。

（4）剪乳牙。仔猪生时就有成对的上下门齿和犬齿，哺乳时由于争抢乳头而易咬痛、咬伤母猪乳头或同窝仔猪的脸颊部，造成母猪起卧不安、拒绝哺乳、乳房炎症或压踏死仔猪。所以在给仔猪打耳号的同时，应用斜口电工钳从根部剪除这些牙齿，注意钳口消毒和断面要剪平整。

（5）固定乳头。调教仔猪固定吃乳头是不可忽视的环节。母猪前边乳头的乳量比后边的多，所以断奶时，吃前边乳头的仔猪长得大，生长发育好，而吃后边乳头的仔猪长得小，生长发育迟缓。为使仔猪生长发育均匀和提高哺育率，仔猪生后，就要调教固定仔猪吃的乳头位置：把体大健壮的仔猪固定在后边的乳头，体弱瘦小的仔猪固定在前边的乳头；一般经过3～5 d的调教就可固定。调教要从头开始，方法为抓两头（最强和最弱的仔猪）、带中间。

（6）防寒保温。哺乳仔猪调节体温的能力差，怕冷，寒冷季节必须防寒保温。仔猪的适宜温度因日龄长短而异，生后1～3日龄为30～32 ℃，4～7日龄为28～30 ℃，15～30日龄为22～25 ℃，2～3月龄为22 ℃。防寒保暖的措施很多，首先是产房大环境的防寒保温，措施有堵塞风洞、加垫草、加温取暖等，使产房环境温度最好保持在22～23 ℃；其次是在产栏一角设置仔猪保温箱，为仔猪创造一个温暖舒适的小环境。生产实践证明；在仔猪保温箱内采用红外线灯照射仔猪或铺电热板加温，既可保证仔猪所需的温度，又不影响母猪产后恢复。

（7）母子分离哺育。在产栏（床）一角设置护仔箱，从初生始，调教仔猪进入护仔箱（保温箱），定期哺乳，哺乳间隔时间随仔猪日龄的增大而延长。这不但可防冻防压，还有利于母猪产后恢复。

实训操作

母猪的分娩与接产技术

一、实训目的

（1）熟悉母猪分娩过程；

（2）掌握分娩母猪接产技术。

二、实训工具与材料

临产母猪、碘酒、水桶、毛巾、消毒剂、手术剪、耳号等。

三、实训方法与步骤

1. 接产准备

产房的准备：做好清洁卫生和消毒工作，圈养时准备好清洁干燥的垫草，尽量保持温度 22 ~ 23 ℃，湿度 65% ~ 75%。

接产用具及药品的准备：洁净的毛巾或抹布两条，剪刀一把，5% 碘酊，高锰酸钾溶液，凡士林油（难产助产时用），称仔猪的秤及耳号钳、剪牙钳、分娩记录表卡等。

母猪的准备：预产期前 5 ~ 7 d 将母猪赶入产房，在母猪进入产房前，清除猪体尤其是腹部、乳房、阴户周围污物。在早饲前空腹转栏，将母猪转入产房后立即进行饲喂，使其尽快适应新的环境。

2. 临产前征兆

一是看乳房，二是看尾根，三是看排尿。

归纳起来为行动不安，起卧不定，食欲减退，衔草做窝，乳房肿胀，具有光泽，可挤出奶水，频频排尿。出现这些征兆，一定要安排专人看护，做好接产准备工作。

3. 接产操作

接产人员应在接产前把指甲剪短、磨平，用肥皂洗净手臂。整个接产过程保持安静，接产动作要准确迅速。当仔猪产出后，应立即用手批掏出其口腔内的黏液，然后用柔软的垫草将口鼻和全身黏液擦干净，以防堵塞、影响仔猪呼吸和减少体表水分蒸发，避免仔猪感冒。个别仔猪在出生后胎衣仍未破裂，接产人员应马上用手撕破胎衣，以免仔猪窒息而死；随后用手固定住脐带基部，另一手捏住脐带慢慢从产道内拉出，切不可通过拽拉仔猪拖脐带，然后，把脐带内血挤向脐带基部，在离脐带基部 4 ~ 6 cm 处用线结扎，或用手指掐断，断面用 5% 的碘酒消毒后，速将吃上初乳的仔猪移至护仔箱内。

（二）初生仔猪的护理

1. 早吃初乳

擦干黏液、断脐后，应帮助仔猪尽早吃上初乳。即使要寄养出去的仔猪，也应吃上 1 ~ 2 次初乳。

2. 称　重

仔猪出生后 12 h 内，应按相应要求称其个体重或窝重，并做好相应的详细记录。

3. 打耳号

为了正确反映仔猪的血缘关系，便于管理，要给每头仔猪进行编号。

4. 剪乳牙

在给仔猪编耳号的同时，应用剪牙钳从根部剪除这些乳牙，注意钳口消毒和乳牙断面要剪平整。

5. 固定乳头

为使仔猪生长发育均匀和提高哺育率，仔猪生后，应要及时调教仔猪固定吃奶的乳头位置：要把体大健壮的仔猪固定在后边的乳头哺乳，体弱瘦小的仔猪固定在前边的乳头哺乳；调教工作要从头开始，方法为抓两头（最强和最弱的仔猪）、带中间。

6. 防寒保温

产房大环境的防寒保温措施有堵塞风洞、加垫草、增设加温措施，最好使产房环境温度保持在 22 ~ 23 ℃。在产栏一角设置仔猪保温箱（护仔箱），为仔猪创造一个温暖舒适的小环境。

四、实训作业

现有临产母猪数头，准备有关材料和工具进行接产，并写一份实训报告。

技能考核

技能考核方法见表 3-4。

表 3-4 母猪的分娩与接产技术

序号	考核项目	考核内容	考核标准	参考分值
1	过程考核	操作态度	积极主动，服从安排	10
2		合作意识	善于合作，积极与小组成员配合	10
3		分娩准备	用品准备齐全，消毒、清洁工作细致	10
4		临产征兆判断	判断准确	10
5		接产	接产操作娴熟、正确	20
6		仔猪护理	仔猪护理细致到位	20
7	结果考核	结果综合判断	仔猪接产工作完成顺利，无不当操作	10
8		实训小结	小结撰写认真，有个人心得，上交及时	10
合 计				100

自测训练

问答题

1. 母猪分娩前的准备工作有哪些？
2. 如何判断母猪临产？
3. 母猪难产的原因有哪些？如何进行人工助产？
4. 初生仔猪的护理工作有哪些？

项目四　种猪饲养管理

【知识目标】

1. 掌握各种猪舍饲养管理技术要点。
2. 了解仔猪的生长发育和生理特点及营养需要。
3. 了解各阶段仔猪的死亡原因。
4. 掌握仔猪各阶段的饲养管理技术要点。
5. 了解育肥猪生长发育特点及营养需要。

【技能目标】

1. 掌握种公猪舍的饲养管理技术，能养好种公猪。
2. 掌握不同生理阶段及配种妊娠舍、产仔舍种母猪的饲养管理技术。
3. 能对哺乳仔猪、保育仔猪和育肥猪进行正确饲喂。
4. 能科学地管理哺乳仔猪、断奶仔猪，使之按要求生长。

任务一　种公猪舍饲养管理

任务要求

1. 掌握种公猪的饲养方法。
2. 掌握种公猪的科学管理技术。

学习条件

1. 多媒体教室，猪饲养管理教学课件、教材、参考图书。
2. 核心种猪场。

相关知识

一、种公猪的合理饲养

1. 种公猪的生理特点

（1）射精量大。在正确饲养管理条件下，成年公猪一次射精量平均为 250 mL（150～

500 mL），高的可达 900 mL，这远远高于其他家畜。

（2）交配时间长。交配时间一般为 5～10 分钟，长达 20 分钟以上，这也比其他家畜长得多。因此，公猪在交配时消耗体力较大。

（3）公猪精液组成。其中精子占 2%～5%，附睾分泌物占 2%，精囊腺分泌物占 15%～20%，前列腺分泌物占 55%～70%，尿道球腺分泌物占 10%～25%。公猪精液的化学成分，水分约为 97%，粗蛋白质为 1.2%～2%，脂肪约为 0.2%，水分约为 0.916%，各种有机浸出物约为 1%，其中，粗蛋白质占干物质的 60% 以上。

根据以上特点，种公猪需要营养较丰富的物质，特别应满足其蛋白质的需要。

2. 营养需要

（1）粗蛋白。蛋白质是构成精液的重要成分。在公猪的日粮中如能给一定数量的蛋白质（根据不同猪种粗蛋白为 14%～15%），对增加精液数量、提高精液质量以及延长精子寿命来说，都有很大作用。因此，在搭配种公猪日粮时，必须重点考虑蛋白质问题。实行季节配种的公猪，日粮应含有 15% 左右的蛋白质；常年配种的公猪，日粮中蛋白质可适当减少，但要注意做到常年均衡供应。为了提高蛋白质利用率，应使用多种蛋白质饲料搭配喂用。还要注意各种氨基酸平衡，特别是必需氨基酸。

（2）能量。一般要求每千克日粮中消化能不低于 12.97MJ。注意供给要适当，不可过多或过少，防止公猪过肥或过瘦，影响配种。

（3）矿物质。矿物质对公猪精液品质和健康有较大影响。日粮中缺钙，会使精子发育不全；活力不强，缺磷会引起生殖机能衰退；缺锰，会产生异常精子；缺锌，使睾丸发育不良和精子生成完全停止；缺硒，会引起贫血，精液品质下降，睾丸萎缩退化。各种青绿饲料和干草粉中含钙较多，糠麸类饲料中含磷较多，但仍不能满足种公猪的需要，在搭配日粮时还要另外补充一定数量的骨粉、贝壳粉、蛋壳粉、碳酸钙等矿物质饲料。如果猪圈内垫土或猪只进行放牧时，一般不会感到缺乏微量元素，如果猪圈是水泥地面且不垫土时，日粮中就要补充成品微量元素。在公猪日粮中应含有 0.6%～0.75% 的钙、0.5%～0.6% 的磷，而钙和磷的正常比例，一般应保持在 1.25：1 最好。缺硒地区一定要补硒。同时，适量补充有机微量元素，提高公猪的生产精液量。

（4）维生素。维生素对种公猪的健康和精液品质关系密切。如果日粮中缺乏维生素 A 时，公猪性欲不强，精液品质下降，不产生精子，甚至生殖机能减退或完全丧失。如果缺乏维生素 D，会影响公猪对钙、磷的吸收和利用，间接影响精液品质。如果缺乏维生素 E，则睾丸发育不良，精子衰弱或畸形，受精能力减退。如果缺乏维生素 B1、B2 时，能引起睾丸萎缩及性欲减退。胡萝卜、南瓜及优质青绿多汁饲料中含有丰富的胡萝卜素，维生素 E 和维生素 B1、B2。如果种公猪的日粮中有适量的青绿多汁饲料，维生素就不缺乏。维生素 D 在饲料中含量不多，但在晒制较好的干草中含量较多。如果种公猪每天能晒到太阳，紫外线使皮下 7—脱氢胆固醇转化成维生素 D3，种公猪是不会缺乏维生素 D 的，在冬季缺乏青绿饲料时，可补充多种成品维生素，以满足维生素的需要。

3. 饲喂方式

根据公猪全年内配种任务的集中和分散，分为两种饲养方式。

（1）一贯加强的饲养方式。 猪场实行流程式的生产工艺，母猪实行全年分娩时，公猪需负担常年的配种任务。因此，全年都需要均衡地保持公猪配种所需的高营养水平。

（2）配种季节加强的饲喂方式。母猪如实行季节性分娩时，在配种季节前1个月，对公猪逐渐增加营养水平，在配种季节保持较高的营养水平。配种季节过后，逐渐减低营养水平。但仍然需供给维持公猪种用体况的营养需要。

4. 饲喂技术

（1）饲料品种多样化，品质好，适口性好，易消化。注意公猪日粮体积应以小尾号，以防止形成草腹，影响配种。

（2）经常注意种公猪的体况，不得过肥过瘦，根据实际情况随时调整日粮。

（3）日粮调制宜采用干粉料、颗粒料和湿拌料为好，加喂适量的青绿多汁饲料，并供给充足的饮水。

（4）饲喂要定时、定量，每天2次，每次喂得不可过饱，有八九成饱即可。

二、种公猪的科学管理

公猪应饲养在阳光充足、通风干燥的圈舍里。每头公猪应单栏饲养，围栏最好采用金属栏杆、砖墙或水泥板，栏位面积一般为 $5 \sim 6 \ m^2$，高度为 $1.2 \sim 1.5 \ m$，地面到房顶不要低于 $3 \ m$，圈舍一定要牢固。另外，在猪舍内要有完善的降温和取暖设施。

（一）创造适宜的环境条件

（1）适宜的温度和湿度：成年种公猪舍适宜的温度为 $18 \sim 22 \ ℃$。冬季猪舍要防寒保温，至少要保持在 $15 \ ℃$，以减少饲料的消耗和疾病的发生。夏季高温期要防暑降温，因为公猪个体大，皮下脂肪较厚，加之汗腺不发达，高温对其影响特别严重，不仅导致食欲下降，还会影响种公猪性兴奋和性欲，造成配种障碍或不配种，甚至会中暑死亡。所以在夏季炎热时，要每天冲洗公猪，必要时要采用机械通风、喷雾降温、地面洒水和遮阳等措施，使舍内温度最高不超过 $26 \ ℃$，并且配种工作在早晨或晚上温度较低时进行。种公猪最适宜的相对湿度要保持在 $60\% \sim 75\%$ 左右。

（2）良好的光照：猪舍光照标准化对猪体的健康和生产性能有着重要的影响。良好的光照条件，不仅促进公猪正常的生长发育，还可以提高繁殖力和抗病力，并能改善精液的品质。种公猪每天要有 $8 \sim 10$ 小时的光照。

（3）控制有害气体的浓度：如果猪舍内氨气、硫化氢的浓度过大，且作用的时间较长，就会使公猪的体质变差，抵抗力降低，发病（支气管炎、结膜炎、肺水肿等）率和死亡率升高，同时采食量降低，性欲减退，造成配种障碍。因此，饲养员每天都应特别注意通风，还要及时清理粪便，每天打扫卫生至少2次，彻底清扫栏舍过道，全天保持舍内外环境卫生。并且每周带猪消毒两次以上，做好周转猪群、种公猪运动、体表刷试工作。除此之外，要按时注射疫苗、定期驱虫、适当修蹄。

（二）运　动

适量的运动，能使公猪的四肢和全身肌肉得到锻炼，减少疾病的发生，促进血液循环，提高性欲。如果运动不足，种公猪表现性欲差，四肢软弱，影响配种效果。有条件的话可以提供一个大的空地，以便于公猪自由活动。由于公猪好斗，所以一般都是让每头公猪单独活动。最好是建设一个这种环形的运动场，做驱赶运动，这样可以同时使两到三头公猪得到锻炼。一般每天下午驱赶运动 1 h，行程约 1 km。冬天可以在中午进行。在配种季节，应加强营养，适当减轻运动量。在非配种季节，可适当降低营养，增加运动量。

（三）刷拭和修蹄

每天用刷子给公猪全身刷拭 1 ~ 2 次，可以保持公猪体外清洁，促进血液循环，减少皮肤病和体外寄生虫的存在，而且还可以提高精液质量，并且使种公猪温驯听从管教。夏季的时候为了给公猪降温，也要每天给公猪洗澡 1 ~ 2 次。另外，还要经常用专用的修蹄刀为种公猪修蹄，以免在交配时擦伤母猪。

（四）防止自淫

有些种公猪性成熟较早，性欲旺盛，易于形成自淫的恶癖。杜绝这种恶癖的方法：单圈饲养，公母猪舍尽量远离，配种点与猪舍隔开等，以免由于不正常的刺激造成种公猪自淫；同时，加强种公猪的运动，建立合理的饲养管理制度等，也是防止种公猪自淫的方法。

（五）定期进行精液品质检查

公猪精液品质的好坏直接影响受胎率和产仔数。而公猪的精液品质并不恒定，常因品种、个体、饲养管理条件、健康状况和采精次数等因素发生变化。在采用人工授精时必须对所用精液的品质进行检查，才能确定是否可用作输精。从外观看，精液外观呈乳白色，略带腥味。在配种季节即使不采用人工授精，也应每月对公猪检查两次精液，认真填写检查记录。根据精液品质的好坏，调整营养、运动和配种次数。精液活力过 0.8 以上才能使用。

（六）建立良好的饲养管理日程

使种公猪的饲喂、饮水、运动、刷拭、配种、休息等有一个固定时间，养成良好的生活习惯，以增进健康，提高配种能力。

三、种公猪的利用

（1）适宜的配种年龄及体重，使用不可过早或过晚。我国地方品种：5 ~ 6 月龄，体重 60 ~ 70 kg；培育及引入品种：8 ~ 10 月龄，体重 110 ~ 120 kg。公猪初次配种时用已被其他公猪配过种、仍处于静立发情的母猪调教，这样经过几次训练以后就可以正常使用。

（2）掌握适宜的配种强度。初配公猪每周配种 2~3 次；成年公猪每天配种 1 次或 1 天 2 次连用 3 天，休息 1 天，射精次数一般以控制在 2 次为好。

（3）合适的公母比例，用本交进行季节性配种的猪场，公与母的比例为 1：（15~20）；均衡产仔的猪场，公与母的比例为 1：（20~30）；人工授精的猪场公、母猪 1：500 较为适宜。

（4）要严格淘汰。严重影响受胎率、丧失配种能力、年老体弱、失去种用价值的公猪，严格淘汰。以降低生产成本，防止错误使用。

配种期间需要注意：配种时间应在采食后 2 个小时为好；夏季炎热天气应在早晚凉爽时进行；配种环境应安静，不要喊叫或鞭打公猪；配种员应站在母猪前方，防止公猪爬跨母猪头部，引导公猪爬跨母猪臀部，当后备公猪正确爬跨后，配种员应立即撤至母猪后方，辅助公猪，将其阴茎对准母猪阴门，顺利完成交配；交配后，饲养员要用手轻轻按压母猪腰部，防止母猪弓腰引起精液倒流；配种完毕后即把种公猪赶回原舍休息，配种后不能立即饮水采食，更不要立即洗澡、喂冷水或在阴冷潮湿的地方躺卧，以免受凉得病。

自测训练

一、填空题

1. 公猪的生理特点是＿＿＿＿＿＿＿＿、＿＿＿＿＿＿＿＿和精液的组成中营养物质主要由＿＿＿＿＿＿构成。

2. 地方品种后备公猪在＿＿＿＿＿月龄、体重＿＿＿＿＿kg 开始配种，培育品种和引入品种在＿＿＿＿＿月龄、体重＿＿＿＿＿kg 时开始配种。

二、简答题

1. 种公猪如何利用？
2. 种公猪无性欲怎么办？

任务二　　配种妊娠舍饲养管理

任务要求

1. 掌握母猪配种前的饲养管理方法，提高受胎率。
2. 掌握妊娠母猪的饲养管理方法，防止胚胎死亡、流产。
3. 掌握妊娠鉴定方法。

学习条件

1. 多媒体教室、配种妊娠舍种猪饲养管理课件、教材、参考图书。
2. 核心种猪场。

相关知识

一、母猪配种前的饲养管理

配种前母猪分两种,一种是仔猪断奶后至配种的经产母猪,也称空怀母猪;另一种是初情期至初次配种的后备母猪。搞好母猪配种前的饲养管理的目的,就是让母猪发情,多排卵。

(一)母猪繁殖潜力

潜在繁殖力:母猪的繁殖潜力很大,一般情况下,成年母猪在一个发情期内可排卵 20~35 个,称为潜在繁殖力。

实际繁殖力:但是每次的实际窝产仔数仅 10 头左右,称为实际繁殖力。

母猪产仔数的多少除与品种、年龄、胎次有关外,饲养管理水平的高低则是影响母猪繁殖潜力的重要因素。所以,提高种猪的饲养管理水平,挖掘种猪的繁殖潜力,对于提高养猪的经济效益具有重要的意义。

(二)初配母猪适宜配种年龄与体重

(1)后备母猪适宜的初配年龄和体重因品种和饲养管理条件不同而异。一般说来,地方品种生后 6~8 月龄、体重 60~80 kg 即可配种,引入品种及培育品种应在 9~10 月龄、体重 120~130 kg 左右开始配种利用,杂交品种可在出生后 8~9 月龄,体重达 120 kg 以上配种较好。即从体重上看后备母猪体重占成年体重的 70% 以上开始配种;从发情看,大致在第三个发情期配种较为适宜。

(2)后备猪体各组织器官还远未完善,如过早配种,不仅影响第一胎的繁殖成绩,还将影响猪体自身的生长发育,进而影响以后各胎的繁殖成绩,并且利用年限较短;配种过晚,体重过大,会增加后备母猪发生肥胖和难产的概率,同时会增加后备猪的培育费用。

(3)如果后备母猪的饲养管理条件较差,虽然月龄达到初配时期而体重较小,最好适当推迟初配年龄;如果饲养管理条件较好,虽然体重达到初配体重要求,而月龄尚小,最好通过调整饲粮营养水平和饲喂量控制体重,待月龄达到要求再进行配种。最理想的是使年龄和体重同时达到初配的要求标准。

(三)母猪配种前的饲养

(1)满足营养需要。配种前母猪日粮应根据饲养标准和母猪的具体情况进行配合,日粮应该全价,主要满足能量、蛋白质、矿物质、微量元素和维生素的供给。能量水平要适宜,不可过高或过低,以免引起母猪过肥或过瘦,影响发情配种。一般能量要求不宜太高,每千克配合饲料含 11.715 MJ/kg 消化能即可,粗蛋白水平 12%~13%。配种期间适当添加饲料量,而且质量一定要好。植物蛋白与动物蛋白配合使用,注意必需氨基酸的添加。矿物质和微量元素对母猪的繁殖同样有一定的影响,供给不足会造成繁殖机能的下降。如钙、磷缺乏出现不孕、产弱小仔猪、产仔数减少；锰缺乏出现不发情、发情微弱；碘缺乏出现发情微弱、停止发情；硒缺乏出现排卵数减少；铜缺乏患不孕症等。一般每日应供给钙 15 g、磷 10 g、食盐 15 g。饲料中注意铁、铜、硒、锰、碘的供给。维生素对母猪的繁殖机能有重要的作用，如维生素 A 不足降低性机能，引起不孕，哺乳母猪发情延迟；维生素 D 不足则影响钙、磷吸收，母猪发情不正常；维生素 E 不足会使母猪不发情或发情但不受孕；维生素 B 不足可导致母猪受胎率下降，青年母猪开始发情时间延迟；胆碱不足则使母猪繁殖率下降，产仔数减少。饲料中注意添加各种维生素，特别是维生素 A、维生素 D、维生素 E。

（2）合理配饲料。饲料配合时注意饲料的多样化，合理搭配，确保饲料的全价性。并注意各种添加剂的使用，平时注意供给一些青绿多汁饲料，因为青绿饲料中不仅含有多种维生素，还含有一些具有催情作用类似雌激素的物质，以促进母猪的发情。

（3）掌握饲喂方法。配种前母猪多采用湿拌料、定量饲喂的方法，每日喂 2 ~ 3 次。一般 120 ~ 150 kg 体重的母猪每天喂 1.7 ~ 1.9 kg，150 kg 以上的母猪每天喂 2.0 ~ 2.2 kg；中等膘情以上者每天饲喂 2.5 kg，中等膘情以下者自由采食。对那些在仔猪断奶后极度消瘦而不发情的母猪，应增加饲料定量，让其较快地恢复膘情，并能较早地发情和接受交配。

（4）母猪膘情的调整。母猪的膘情是衡量营养状况好坏的主要标志之一，在正常的饲养管理条件下的哺乳母猪，仔猪断奶时有七八成膘，断奶后 7 ~ 10 天就能正常发情配种，而且容易受孕和产仔数多，因此对体况异常的母猪必须加以调整，如过肥母猪造成卵巢脂肪浸润，影响卵子的成熟和正常发情，调整的方法有：降低饲料的营养水平或降低日粮供给量，结合加强运动进行调整。母猪过瘦，内分泌失调，卵泡不能正常发育，发情不正常或不发情，调整方法是加料，给予特殊照顾，尽快恢复膘情。

（5）母猪的短期优饲。短期优饲是指对后备母猪在配种前 10 ~ 14 d，短期内适当加料，提高能量 6 ~ 8 Mcal，对增加排卵数、提高卵子质量有良好影响。对于较瘦的经产母猪可在配种前 10 ~ 14 天开始适当加料，使之较快恢复膘情。增加喂料量对刺激内分泌和提高繁殖机能有明显效果，饲养方法如图 4-1 所示。

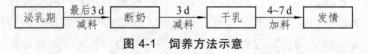

图 4-1 饲养方法示意

在工厂化养猪中，为了提高年产仔数，一般实行早期断奶。因此，仔猪在断奶的前几天，母猪仍能分泌较多乳汁，为了防止断奶后母猪换乳房炎，在断奶前后 3 天减少配合饲料喂量，适当多给一些青粗饲料，以促进母猪尽快干乳。母猪断奶 3 天后，宜多供给营养丰富的饲料和保证充分休息，可使母猪迅速恢复体况。此时日粮的营养水平和饲养量要与妊娠后期相同。如果能增加动物性饲料更好，可促进空怀母猪发情排卵，为提高受胎率和产仔数奠定物质基础。

（四）正确管理

加强配种前母猪的管理是不可忽视的工作，是促进早发情、缩短产仔间隔的必要手段。

（1）单栏或小群饲养。单栏饲养是近年来工厂化养猪的一种方式，将空怀母猪固定在栏内紧闭饲养，活动范围很小，母猪后侧（尾侧）饲养种公猪，以刺激母猪发情。小群饲养一般将 4～6 头同时或相近断奶的母猪饲养在一个圈内，实践证明群饲母猪可促进发情。特别是首先发情的母猪由于爬跨和外激素的刺激，可以诱导其他空怀母猪发情，而且便于饲养管理人员观察发情母猪，也方便用试情公猪试情。

（2）加强运动，注意光照，保持舍内的空气新鲜。阳光、新鲜的空气和运动对促进发情和排卵有重要意义。一般要求母猪舍坐北朝南，让母猪多接触阳光，有条件的最好结合放牧进行，这样母猪既进行了运动，吃到了青绿饲料，呼吸了新鲜空气，还进行了日光浴。因此，放牧运动对促进母猪的发情排卵作用很大。

（3）保持猪舍的清洁卫生，做好冬季保温、夏季防暑工作。每天上、下午各清扫 1 次圈禽。平常认真训练母猪定点排粪尿，安装饮水器的一侧为排泄区。对非排泄区的粪尿，要及时清扫。寒冷的冬季和炎热的夏季对猪的健康都有不利影响，甚至影响发情配种。因此，防寒防暑也是不可忽视的工作。

（4）认真观察。饲养人员要认真观察母猪发情表现，在实践中掌握好发情规律，严防漏配。每日早、中、晚 3 次寻查发情猪只，并做好标记，协助配种员做好配种工作。

二、配 种

1. 母猪的发情表现

（1）静立反射。发情母猪对公猪敏感，公猪路过接近、公猪叫声、气味都会引起母猪如下反应：眼发呆，尾翘起、颤抖，头向前倾，颈伸直，耳竖起（直耳品种），推之不动，喜欢接近公猪；此时查情人员对母猪背部、耳根、腹侧和乳房等敏感部位进行触摸、按压就会出现呆立不动的静立反射，甚至查情人员骑在母猪背部也会不动。

（2）母猪阴门内液体。发情后，母猪阴门内常流出一些黏性液体，初期似尿，清亮；盛期颜色加深为乳样浅白色，有一定黏度；后期为黏稠略带黄色，似小孩鼻涕样。以母猪阴门内黏液和颜色鉴定发情配种：掰开阴户，戴上薄膜手套拈取黏液，如无黏度为太早；如有黏度且能拉成丝、颜色为浅白色可即时配种；如黏液变为黄白色，非常黏稠，已过了最佳配种时机，这时多数母猪会拒绝配种。

（3）母猪阴门变化。发情母猪阴门肿胀，其颜色变化由白粉变粉红，到深红，到紫红色；其状态由肿胀到微缩到皱缩。以母猪阴门颜色、肿胀变化鉴定发情配种：颜色粉红、水肿时尚早；深红色，水肿稍消退，有稍微皱褶时为最佳配种时机；紫红色、皱缩特别明显时已过时。

2. 确定最佳配种时间

一般母猪发情后 24～36 h 开始排卵，排卵持续时间为 10～15 h，排出的卵保持受精能力的时间为 8～12 h。精子在母猪生殖器官内保持有受精能力的时间为 10～20 h，配种后精子到达受精部位（输卵管壶腹部）所需的时间为 2～3 h。据此计算，适宜的交配或输精时间是在母猪排卵前的 2～4 h，即母猪发情后 20～30 h。在生产中，用手压母猪的背部和臀部，母猪呆立不动，阴门内液体能拉成丝状，或用试情公猪爬跨出现呆立不动时即为配种适期。

目前最好采用一个发情期内配种或输精 2 次为好（最多不超过 3 次），即间隔 12～24 h 采用 2 次配种，可大大提高母猪的情期受胎率和产仔数。在生产实践中一般无法掌握发情和能够接受公猪爬跨的确切时间。所以生产实践中，只要母猪可以接受公猪爬跨（可用压背反射或公猪试情），即配第一次。第一次配种后经 12～24 h，再配第二次。更多交配并不能增加产仔数，甚至有副作用，关键要掌握好配种的适宜时间。为准确判断适宜配种时间，应每天早、晚两次利用试情公猪对待配母猪进行试情（或压背反射）。就品种而言，本地猪发情后宜晚配（发情持续期长），引进品种发情后宜早配（发情持续期短），杂种猪居中间。就母猪年龄而言，"老配早，小配晚，不老不小配中间"。

3. 配种方法（具体方法见项目三）

4. 母猪返情不受孕的原因及防止措施

（1）在配种后第一个发情周期返情的母猪。

炎症原因：由于生殖器官炎症，输卵管水肿，内分泌过多等导致不能受精。

配种时机：配种过早或过晚。

精液质量：精液保存过久，公猪配种过度，热应激及猪发烧后配种，均可引起受精卵早期死亡。

（2）在配种后一个情期之后再发情的母猪。多由于配种时或产后母猪生殖器官感染，使胚胎死亡被吸收。如果胎儿骨骼形成后死亡，可形成木乃伊胎，长期滞留在子宫内造成母猪长期不发情。

为减少不受孕母猪，必须使用质量合格的精液配种，保证精液处理过程不受污染，每情期至少配种 2 次，可提高受胎率、产仔数。发病或高烧后的公猪精液应停止使用，配种时对母猪阴部严格清洗，有炎症的及时对症治疗，在夏季做好种群的防暑降温工作。

三、妊娠母猪的饲养管理

（一）预产期的推算

（1）"三、三、三"法。为了便于记忆可把母猪的妊娠期记为：3 个月 3 个星期零 3 天。

（2）配种月加 3，配种日加 20 法。即在母猪配种月份上加 3，在配种日子上加 20，所得日期就是母猪的预产期。例如：2 月 1 日配种，5 月 21 日分娩；3 月 20 日配种，7 月 10 日分娩。

（3）配种月份加 4，日期减 6，再减大月数，过闰年 2 月加 1 天，过平年 2 月加 2 天。

（二）妊娠母猪的变化与表现

（1）体重变化。随着怀孕期的增加，母猪体重逐渐增加，后期加快。其中后备母猪妊娠全期增重为 36～50 kg，或者更高，经产母猪增重 27～35 kg。母猪体重的增加主要是子宫及其内容物（胎衣、胎水和胎儿）的增长，母猪营养物质的储存，后备母猪还有正常生长发育的增重。如表 4-1 所示为母猪妊娠期体重增加比例（日本家畜试验场的统计资料）。

表 4-1 母猪妊娠体重增加比例

项目	配种时	1 个月	2 个月	3 个月	4 个月
体重/kg	146.3	163.7	175.5	187.8	199.0
比例/%	100	112	121	128	136

从表 4-1 可以看出，母猪妊娠期的体重随胎儿的生长发育月龄而增加，母猪妊娠平均体重增加为 52.7 kg，体重增加比例为 36%。

（2）生理变化。母猪在妊娠前期，代谢增强，对饲料的利用率高，蛋白质的合成能力也增强。在饲喂等量饲料的条件下，妊娠母猪比空怀母猪增重要多，这与母猪怀孕后一系列的生理变化有关。特别是体内某些激素增加所致，促使了对饲料营养物质的同化作用，使合成代谢加强。

（3）妊娠后外形及行为表现。母猪妊娠初期就开始出现食欲渐增、背毛顺滑光亮、增膘明显、性情温顺、行动谨慎稳重、贪睡。随着妊娠期的增加，腹围也逐渐变大，特别是到后期腹围"极度"增大，若细心观察，可见胎动。随着妊娠期的增加，乳房也逐渐增大，临产前会膨大下垂，向两侧开张等。

（三）胚胎生长发育规律及影响因素

1. 胚胎生长发育规律

猪的受精卵只有 0.4 mg，初生仔猪重为 1.2 kg 左右，整个胚胎期的重量增加 200 多万倍，而生后期的增加只有几百倍，可见胚胎期的生长强度远远大于生后期。

进一步分析胚胎期的生长发育情况可以发现，胚胎期前 1/3 时期，即胚胎前 40 d，主要是组织器官的形成和发育，生长速度很慢，此时胚胎重量只有初生重的 1% 左右，但胚胎的分化很强烈；妊娠 41～80 d，胚胎生长速度比前 40 d 要快些，80 d 时胚胎重量可达 400 d 左右，81 d 到出生，生长速度达到高峰。初生重的 60%～70% 在此期间内生长完成。所以加强母猪妊娠前、后两期的饲养管理是保证胚胎正常生长发育的关键。

母猪一般排卵 20～25 枚，卵子的受精率高达 95% 以上，但产仔数只有 11 头左右，这说明近 30%～40% 的受精卵在胚胎期死亡。胚胎死亡一般有三个高峰期。

一是妊娠前 30 天内的死亡。卵子在输卵管的壶腹部受精形成合子，合子在输卵管中呈游离状态，并不断向子宫游动，约 24～48 h 到达子宫系膜的对侧上，并在它周围形成胎盘，这个过程大约需 12～24 d。受精卵在第 9～13 d 的附植初期，易受各种因素的影响而死亡，如近亲繁殖、饲养不当、热应激、产道感染等，这是胚胎死亡的第一个高峰期。这一阶段死亡率占胚胎总数的 20%～25%。

二是妊娠中期的死亡。妊娠 60～70 d 后胚胎生长发育，由于胚胎在争夺胎盘分泌的某种有利于其发育的类蛋白质类物质而造成营养供应不均，致使一部分胚胎死亡或发育良。此外，粗暴地对待母猪，如鞭打、追赶等以及母猪间互相拥挤、咬架等，都能通过神经刺激而干扰子宫血液循环，减少对胚胎的营养供应，增加死亡。这是胚胎死亡的第二个高峰期。此期胚胎死的死亡占 10%～15%。

三是妊娠后期和临产前的死亡。此期胎盘停止生长，而胎儿迅速生长，或由于胎盘机能不健全，胎盘循环失常，影响营养物质通过胎盘，不足以供给胎儿发育所需营养，致使胚胎死亡。同时母猪临产前受不良刺激，如挤压、剧烈活动等，也可导致脐带中断而死亡。这是胚胎死亡的第三个高峰期。而妊娠后期和临产前的死亡占到 5%~10%。

2. 影响胚胎生长发育因素

（1）遗传因素。

① 染色体畸变。猪染色体的畸变与胚胎死亡有十分密切的关系。因此在生产实践中需对窝产仔猪少的公猪和母猪进行细胞遗传学分析，如发现染色体畸形的个体应立即淘汰。

② 排卵数与子宫内环境。猪的排卵数和胚胎成活率主要是受遗传因素控制，主要表现在子宫长度与胚胎成活率之间有着高度的正相关。其次子宫营养供给状况对胚胎存活也有较大的影响。法国学者对大白猪和梅山猪的研究发现，两种猪的排卵数很接近，但妊娠 11 天时，梅山猪胚胎存活率几乎是 100%，而大白猪妊娠只有 48%，主要原因是梅山猪子宫冲洗液中有大量的蛋白质和葡萄糖，为胚泡发育附植提供了良好的子宫内环境。

③ 近亲繁殖。近亲繁殖也是引起死胎增加的原因，过度近交会使一些致死隐形基因获得纯合表现的机会，使胚胎死亡率增高，如表 4-2 所示。

表 4-2　近交对甘肃黑猪胚胎成活的影响

组别（近交系数%）	窝数	总产仔数（头）	产活仔数（头）	死胎率（%）
1（25）	3	8.5±0.707	7.5±2.121	11.76
2（15.6）	5	8.8±2.683	8.6±3.049	2.27
3（12.5）	6	9.17±2.562	9.8±2.280	2.08
4（6.25）	8	9.15±2.402	9.35±2.191	3.14
5（0.57）	16	10.08±2.0455	10.63±2.306	1.79

（2）营养因素。

① 微量营养成分。维生素 A、D、E、C、B2 叶酸和矿物质中的钙、磷、铁、锌、铜、锰、碘、硒都是妊娠母猪不可缺少的微量营养成分。资料表明，维生素 A 可提高窝产仔数；维生素 E 可提高胚胎成活率和初生仔猪抗应激能力，在妊娠前期 4~6 周龄和分娩前 4~6 周龄作用更明显。矿物质缺乏时死胎会增加。

② 能量水平。在妊娠早期，给母猪过高的水平的能量，胚胎成活率降低。这是因为能量过高，会使猪体过肥，子宫体周围、皮下和腹膜等处脂肪沉积过多，影响并导致子宫壁血液循环障碍，致使胎儿死亡。也有人认为，妊娠前期饲养水平过高，会引起血浆中的孕酮水平下降。孕酮参与控制子宫内环境，如果血浆孕酮水平下降较高，子宫内环境的变化就会与胚胎的发展阶段不相适应。在这种情况下，子宫内环境对胚胎会产生损伤作用。

（3）管理和环境因素。

① 温度。妊娠早期母猪对高温的忍耐力很差，当外界温度长时间超过 32 ℃ 时，妊娠母猪通过血液调节已维持不了自身的热平衡而产生热应激，胚胎的死亡率明显增加。从机理上

看，可能是由于在高温环境下，母猪体内促肾上腺皮质素和肾上腺皮质素的分泌急剧增加，从而控制了脑垂体前叶促性腺激素的分泌和释放，造成母猪卵巢功能的紊乱或减退。同时，高温还能使母猪的子宫内环境发生许多不良改变，使早期妊娠母猪的胚泡附植受阻，胚胎成活率明显降低，产仔数减少，死胎、畸形胎增多。公猪对高温更为敏感，可使睾丸组织中的精母细胞活力降低，精子数量明显减少，死精和畸形精子增加，活力下降，此时配种，母猪受胎率和胚胎成活率显著降低。

②　分娩时幼仔猪缺氧窒息。经研究表明，仔猪死胎中 70%～90% 是分娩时死亡的。主要是母猪临产消耗和分娩过程子宫内缺氧引起仔猪窒息所致。可能有以下几种情况：胎盘收缩，血液流通不畅，部分胎盘脱离子宫；在分娩末期位于子宫前段的胎儿由于移行距离过长，彼此间脐带可能因拉伸、挤压而过早断裂，这时若仔猪不能很快产出就会憋死。

（4）疾病因素。与胚胎死亡关系密切的疾病主要有猪瘟、细小病毒、日本乙型脑炎、伪狂犬病、繁殖与呼吸综合征、肠病毒病、布氏杆菌病、螺旋体病等。

（5）其他因素。母猪年龄、公猪精液质量、交配及时与否等因素也都会影响卵子受精和胚胎存亡。

尽管目前尚不能把那些自然发生的具备致死遗传基因的胚胎救活，但通过科学的饲养管理，可以把胚胎损失减少到最低限度。在夏季妊娠前三周保持母猪凉爽，保证良好的卫生条件，特别是对配种前的公、母猪的生殖器官进行消毒，减少子宫的感染；实行复配法，提高受胎率；凡经常出现少产或屡配不孕的母猪、系族或配偶应予以淘汰。采取这些措施，均能提高胚胎的存活率和产仔数。

（四）妊娠母猪的饲养

1. 妊娠母猪的营养需要特点和规律

（1）满足维持需要。

（2）供给胎儿生长发育的营养需要。

（3）妊娠后期脂肪组织激烈发育，为仔猪娩出预备舒适产道和生殖道增生肥厚的营养需要。

（4）青年母猪自身生长发育的营养需要。

妊娠母猪营养需要有一定的规律性。根据胎儿的生长发育规律、母猪体重增长规律等，一般妊娠母猪前期需要的营养较少，随着妊娠期的增加，营养需要量也随着增加，特别是后期需要大量的营养才能满足需要。

2. 妊娠母猪的营养需要

妊娠前期母猪对营养的需要主要用于自身的维持生命以及复膘，初产母猪还要用于自身的生长发育，而用于胚胎发育的所需极少。妊娠后期胎儿生长发育迅速，对营养要求增加。同时，根据前述妊娠母猪的营养利用特点和增重规律加以综合考虑，对妊娠母猪饲养水平的控制，应采取前低后高的饲养方式，即妊娠前期在一定限度内降低营养水平，到妊娠后期再适当提高营养水平。整个妊娠期内，经产母猪增重保持 30～35 kg 为宜，初产母猪增重保持 35～45 kg 为宜（均包括子宫内容物）。母猪在妊娠初期采食的能量水平过高，会导致胚胎死

亡率增高。实验表明，按不同体重，在消化能基础上，每提高 6.28 MJ 消化能，产仔数减少
0.5 头。前期能量水平过高，体内沉积脂肪过多，则导致母猪在哺乳期内食欲不振，采食量
减少，既影响泌乳能力发挥，又使母猪失重过多，还将推迟下次发情配种的时间，如表 4-3
所示。

表 4-3　妊娠期母猪的采食量、增重与哺乳期采食量、失重的关系

妊娠期采食量（kg）	0.9	1.4	1.9	2.4	3.0
妊娠期共增重（kg）	5.9	30.3	51.2	62.8	74.4
哺乳期日采食量（kg）	4.3	4.3	4.6	3.9	3.4
哺乳期体重变化（kg）	+ 6.1	+ 0.9	− 4.4	− 7.6	− 8.5

国外对妊娠母猪营养需要的研究认为，妊娠期营养水平过高，母猪体内脂贮存较多，是
一种很不经济的饲养方式。因为母猪将饲粮蛋白合成体蛋白，又利用饲料中的淀粉合成体脂
肪，需要消耗大量的能量，到了哺乳期再把体蛋白、体脂肪转化猪乳成分，又要消耗能量。
因此，主张降低或取消泌乳贮备，采取"低妊娠高哺乳"的饲养方式。

妊娠母猪的蛋白质需要量，也不像过去那样要求那么多，原因是母猪在一定范围内具有
较强的蛋白质缓冲调节能力。一般认为，妊娠期母猪日粮中的粗蛋白质最低可降至 12%。蛋
白质需要与能量的需要是平行发展的。钙、磷、锰、碘等矿物质和维生素 A、D、E 也都是
妊娠期不可缺少的。妊娠后期的矿物质需要量增大，不足时会导致分娩时间延长，死胎和骨
骼疾病发生率增加。缺乏维生素 A，胚胎可能被吸收、早死或早产，并多产畸形和弱仔。目
前一般的猪场多用优质草粉和各种青绿饲料来满足妊娠母猪对维生素的需要，在缺少草粉和
青绿饲料时，应在饲料中添加矿物质和维生素预混合饲料。

妊娠母猪的饲粮中应搭配适量的粗饲料，最好搭配品质优良的青绿饲料或粗饲料，使母
猪有饱腹感，防止异癖行为和便秘，还可降低饲养成本。许多动物营养学家认为，母猪饲料
可含 10% ~ 20% 的粗纤维。

3. 重视胚胎发育的两个关键性时期

第一个关键性的时期在母猪妊娠后 20 d 左右。这是受精卵附植在子宫角不同部位（附植
是从妊娠后 12 d 开始到 24 d 结束），并逐步形成胎盘的时期。在胎盘未形成前，胚胎容易受
环境条件的影响，如饲粮中营养物质不完善或饲料霉烂变质，就会影响胚胎的生长发育或发
生中毒死亡。如果饮了冰水或吃了冰冻的饲料，母猪会发生流产还不易被发现。如果遭到踢、
打、压、咬架等机械性的刺激或患高热性疾病，都会引起母猪流产。因此，妊娠初期的第 1
个月是养好怀孕母猪的第一个关键性时期。至于日粮的数量，因为这时胚胎和母猪体重的增
长较缓慢，不需要额外增加并做一定限量。

第二个关键时期是在妊娠期的 90 d 以后。这个时期胎儿的生长发育和增重特别迅速，母
猪体重增加很快，所需营养物质显著增加。因此，此时要注意加强营养并防止机械性刺激，
做好保胎工作，是养好怀孕母猪的第二个关键时期。

4. 选择适当的饲养方式

（1）"抓两头带中间"的饲养方式：断奶后膘情差的经产母猪，应从配种前 10 d 到配种

后 20 d 提高营养水平，日平均给料量增加 15%～20%，复繁殖体况后，妊娠中期一般饲粮；80 d 后再次提高营养水平，日平均给料量增加 25%～30%。

（2）"前粗后精"的饲养方式：断奶后膘情过好的经产母猪，应从配种前开始减少或不增加精料的饲喂量，多喂青粗饲料，增加运动，到妊娠后期增加营养供给。

（3）"步步登高"的饲养方式：适于初产和哺乳期间配种及繁殖力特高的母猪。即在整个妊娠期内，根据胎儿体重的增加，逐步提高日粮营养水平，到分娩前一个月达到最高峰。

5. 妊娠母猪的饲粮要求

（1）日粮必须有一定的体积，前期稍大一些，后期容积要小一些，使母猪既不感到饥饿，又不觉得体积过大压迫胎儿。在生产实践中，根据胎儿生长发育的不同阶段适时调整精粗饲料的比例，后期还可以增加饲喂次数来满足营养需要。

（2）日粮应有适当的倾泻作用，例如日粮中可以多添加部分麸皮，因麸皮内含有镁盐，或每天喂给一定量的青绿多汁饲料也可以，防止便秘引起流产。

（3）日粮由青、粗、精饲料组成，并注意饲料的适口性，从 3 个月开始控制青粗及多汁饲料的给予，以防体积过大压迫胎儿。

（4）饲料品质要优良，禁喂发霉、变质、有毒、冰冻、有刺激性的饲料，以防引起流产。饲料品种不宜经常更换，以免引起母猪的消化机能的紊乱。

（5）日粮调制以稠粥料、湿拌料、干粉料为好。

6. 妊娠母猪的限制饲养

妊娠母猪在体内雌激素的作用下，其代谢水平明显降低，而合成蛋白质能力又大幅提高。为了得到更多的产仔数，按照妊娠母猪的生理特点和胚胎生长发育的规律，一般采用限制饲养的方式。

（1）限制饲养的意义。第一，可以降低饲养成本；第二，可以提高胚胎存活率；第三，可以减轻母猪的分娩困难及减少压死仔猪；第四，减少母猪哺乳期体重损失和乳房炎发生率；第五，会延长母猪使用年限。

（2）限制饲养的方法。采用前期和后期区别对待的策略。一般以配种后 1～85 d 划为前期，86～114 d 为后期。前期采用妊娠母猪饲料，后期采用哺乳母猪料。按相对"前低后高"的原则安排限饲方法。

（五）妊娠母猪的管理

妊娠母猪管理工作的中心任务是做好保胎工作，防止机械性流产，这对妊娠后期母猪更重要。

（1）适当运动。妊娠后的 1 个月，恢复母猪的种用体况，让母猪吃好、睡好、少运动。1 个月后，应让母猪有足够的运动量，最好能放牧，妊娠后期让其自由运动，分娩前减少运动，雨雪天和严寒天气应停止运动，以防受冻和滑倒，造成流产。

（2）加强管理，防止机械性流产。对妊娠母猪不得追赶、鞭打、惊吓和洗冷浴，防止流产，猪圈要平坦、干燥、清洁，保持冬暖夏凉。群饲母猪注意大小一致，防止大欺小，咬架而引起流产。

（3）做好夏季防暑和冬季保暖工作，并注意提供给充足的饮水。适宜妊娠母猪的气温是15 ℃～18 ℃。因此，在夏季要首先做好妊娠母猪的防暑降温工作，防止热应激。其措施是猪舍门窗全部打开，使空气对流；给妊娠母猪搭建凉棚，常向妊娠母猪身上喷洒凉水，最好设浴池，让孕猪洗澡降温，以利于胎儿在母体内正常生长发育。冬季气温较低，最好将妊娠母猪养在暖在圈内，或使用加温设备，提高舍内温度。妊娠母猪的需水量较大，每天供给清洁充足的饮水不少于3次，夏季5～6次，最好采用自动饮水设备。

（4）搞好疫病防治工作。平时应加强卫生消毒及疾病防治工作，尤其是布氏杆菌病、细小病毒病、伪狂犬病、钩端螺旋体病、日本乙脑病、弓形虫病、繁殖与呼吸综合征和其他发热性疾病等对猪的繁殖危害一定要注意预防。平时要保持猪体的清洁卫生，及时扑灭体外寄生虫病，防止猪只因瘙痒造成流产。

（六）防止母猪流产的措施

（1）保证母猪饲粮的营养水平和全价性，以确保子宫乳的质与量，维持内分泌的正常水平。防止胎儿因营养不足或不全价而中途死亡，维持正常妊娠。应当指出，在妊娠前期能量不可过高，不然会增加胚胎死亡，影响产仔数。同时，严禁喂给发霉变质的饲料，不准饮"冰碴儿"水，以防胚胎中毒或受冰冷刺激引起流产。

（2）加强管理，避免一些机械性伤害。例如：妊娠母猪出入圈门拥挤，趴卧起堆压，跨沟越壕抻着，走冰道摔着，鞭打脚踢大声吆喝受惊吓，互相咬斗等，均易引起流产。因此，在妊娠母猪日常管理中，应避免激烈的活动，防止拥挤、咬斗等现象的发生，饲养人员绝不能粗暴的态度对待母猪，不允许惊吓、殴打母猪。

（3）保证饲料和水的品质。

（4）要搞好疾病防治工作，防止热应激出现。

平时应重视卫生消毒和疾病防治工作。尤其是一些热性病，如布氏杆菌病、细小病毒病、伪狂犬病、钩端螺旋体病、乙型脑炎、弓形体病、感冒发烧、生殖道炎症、中暑等极易引起流产。要密切注视妊娠母猪群，做到尽早预防及时诊治。在炎热的夏季，尤其是在高温天气，要特别注意给妊娠母猪防暑降温，防止热应激造成胚胎死亡或临产死胚。

需要指出的是，必须采取正确饲养，细致管理等综合设施，才能有效地防止妊娠母猪流产，确保胎儿正常生长发育。

自测训练

一、填空题

1. 后备母猪的初配年龄与体重：地方品种的_____月龄、体重_____kg；引入品种及培育品种_____月龄、体重_____kg。

2. 妊娠母猪平均妊娠期一般为_____d。

3. 妊娠母猪的饲养方式有三种（1）_____；（2）_____；（3）_____。

4. 母猪妊娠前期以_____体重增长为主，妊娠后期以_____体重增长为主，临产母猪的膘情要求_____。

二、问答题

1. 什么叫短期优势？
2. 胎儿的生长发育规律？
3. 防止母猪流产的措施？
4. 如何对母猪进行调整膘情？

任务三　产仔舍饲养管理

任务要求

1. 掌握母猪的接产技术。
2. 掌握母猪分娩前后的饲养管理技术。
3. 掌握母猪分娩后一周内仔猪的护理。

学习条件

1. 多媒体教室、产仔舍饲养管理教学课件、教材、参考图书。
2. 核心种猪场。

相关知识

一、猪的接产

略（详见项目三）

二、母猪分娩前后的饲养管理

1. 分娩前的护理

（1）合理饲养。视母猪体况投料，体况较好的母猪，产前 5～7 d 应减少精料的 10%～20%，以后逐渐减料，到产前 1～2 d 减至正常喂料的 50%，但对体况差的母猪不但不能减料，而且应增加一些营养丰富的饲料以利泌乳。在饲料的配合调制上，应停用干粗不易消化的饲料，而用一些易消化的饲料。在配合日粮的基础上，可应用一些青料，调制成稀食饲喂。产前可饲喂麸皮粥等轻泻性饲料，防止母猪便秘、乳房炎、仔猪下痢，要保证充足清洁饮用水。

（2）精心管理。产前一周应停止驱赶运动和大群放牧，以免由于母猪间互相挤撞造成死胎或流产。饲养员应有意接触母猪，并按摩母猪乳房，以利于母猪产后泌乳、接产和对仔猪的护理。对伤乳头或其他可能影响泌乳的疾病应及时治疗，不能利用的乳头或伤乳头应在接产前封好或治疗，以防母猪产后因疼痛而拒绝哺乳。产前一周左右，应随时观察母猪产前征兆，尤其是加强夜间看护工作，以便及时做好接产准备工作。

2. 母猪分娩后的护理

（1）饲养方面。母猪在产仔过程中，由于时间较长，一般不喂食只供给热的麸皮水（麸皮 250 g、食盐 25 g、水 2 kg），补充体力，解渴，防止母猪吃仔的恶习。母猪分娩后身体极度疲乏，常感口渴，不愿吃食，也不愿活动，不要急于饲喂平时的饲料，特别不能喂给浓厚的精饲料，以免引起消化不良，乳汁过浓引发乳房炎。母猪产后 2~3 天，根据母猪的膘情及食欲，逐渐增加精料量，产 1 周左右转入哺乳期的正常饲喂。

（2）管理方面。母猪分娩结束后，要及时清除污物，并喷洒 2% 的来苏尔液进行消毒。细心观察分娩后的母猪和仔猪的情况。母猪产后其子宫和产道都有不同程度的损伤，病原微生物容易入侵和繁殖，给机体带来危害。对常发病如子宫炎、产后热、乳房炎、仔猪下痢等病症应做到早发现、早治疗，以免全窝仔猪被传染。母猪在产后 3~4 d，由于产后体弱，最好在圈内自由活动为好，此时母猪最易受外界环境的影响而发病，所以应给予特殊照顾。

三、哺乳母猪的饲养管理

哺乳阶段的目的在于提高泌乳量，保证仔猪正常发育，同时使母猪保持一定的体况，达到断奶后及时发情配种的目的。

（一）哺乳母猪的泌乳

1. 哺乳母猪的泌乳特点和规律

（1）猪乳成分。猪乳中干物质含量，蛋白质和矿物质含量均比其他家畜高，如表 4-4 所示。

表 4-4　各种家畜乳成分

畜别	水分（%）	干物质（%）	干物质中			
			蛋白质（%）	脂肪（%）	乳糖（%）	矿物质（%）
乳牛	86.30	13.70	4.00	4.03	5.00	0.70
马	89.50	17.80	2.30	1.70	6.10	0.40
绵羊	83.44	16.56	5.15	6.14	4.17	1.10
猪	80.95	19.05	6.25	6.50	5.20	1.10

（2）母猪的乳房构造特殊，乳池退化，每个乳头间互不相连，每个乳房由 1~3 个乳腺组成，每个乳腺有一个乳头管，没有乳池贮存乳汁，猪乳汁的分泌除分娩后最初 2 天是连续分泌外，以后是通过刺激有控制地放乳，母猪每昼夜平均放乳 22~24 次，每次放乳时间很短，只有十几秒到几十秒的时间，后期间隔加大，日哺乳次数减少。生产中必须保证仔猪在这么

短的时间里吃到奶，不然过了放奶时间，不到下次放奶仔猪就不能吃到乳汁。

（2）不同位置的乳头泌乳的质与量有所不同。前数第一对乳头乳量最多，第二对至第四对乳头相差无几，第五队乳头次之，第六队往后的乳头泌乳量显著减少。因此，占有前、中部乳头的仔猪生长快、发育好。

（3）母猪产后 2～3 d 的奶叫初乳。初乳较常乳营养更为丰富，并含有大量的免疫球蛋白。由于猪胎盘构造特殊，母源抗体不能通过胎盘进入胎儿体内，因此，仔猪不具备先天免疫能力，必须通过吃初乳才能获得。初乳中的蛋白质和免疫球蛋白产后在不断下降，且速度较快，24 h 后即接近常乳水平，所以仔猪出生后要尽早吃到初乳，多吃乳。

（4）在整个泌乳期内，各个阶段泌乳量也不尽相同。泌乳高峰期出现在产后 20～30 d，30 d 后泌乳量缓慢下降。中国猪种下降的较为缓慢，引进猪种下降较快些。产后 40 d 内的泌乳量占全期的 70%～80%。所以想要提高母猪泌乳的质与量，关键是加强母猪产后前 40 d，尤其是前 30 d 的饲养管理。

2. 影响母猪泌乳的因素

（1）品种。不同品种或品系泌乳量不同。一般来说，大型肉用型或兼用型品种的猪泌乳量高，脂肪型品种猪泌乳量低。不同品种的母猪泌乳量比较试验表明，泌乳量最高的品种是长白猪，平均日泌乳量高达 10.31 kg，其次是大白猪，而我国地方猪种金华猪仅有 5.47 kg。

（2）年龄（胎次）。在正常情况下，第 1 胎的泌乳量较低，从第 2 胎开始泌乳量上升，第 3～6 胎维持在一定水平上，第 7 至第 8 胎开始下降。因此工厂化养猪主张母猪 7～8 胎淘汰。

（3）哺乳仔猪头数。哺乳仔猪一窝哺育仔猪头数的多少与其泌乳量有密切的关系。带仔头数多的泌乳量高。试验证明，母猪每多带一头仔猪，60 天的泌乳量可相应增加 26.72 kg。因此，调整母猪产后带仔头数，使其带满全部有效乳头的做法，可提高母猪的泌乳潜力。

（4）体重与体况。体重大、膘况适度的母猪泌乳量大于体重小的母猪，过于肥胖的猪泌乳量低。

（5）乳头位置。乳头位置不同，泌乳量不同，一般前 3 对乳头泌乳量高于中、后部乳头。

（6）饲养管理。哺乳母猪饲料的营养水平、饲喂量、环境条件和管理措施等均可以影响其泌乳量。所以，给予哺乳母猪良好而适度的饲养管理条件，才能充分发挥泌乳潜力。

（二）哺乳母猪的饲养

（1）充分满足营养需要。主要包括维持需要和泌乳的营养需要两大方面，正常情况下要比空怀营养需要高出 2～3 倍。初产母猪自身的生长发育还需要更多的营养。因此日粮应优质全价，一般哺乳母猪饲粮中粗蛋白含量应为 14% 左右，瘦肉型的哺乳母猪饲料要求粗蛋白 16% 以上即可。但要保证各种必需氨基酸需要，对哺乳母猪多喂富含维生素的饲料，通过乳汁保证仔猪维生素营养的供给。

（2）掌握饲料的投喂量。产后不宜喂料太多，经 3～5 d 逐渐增加投料量，至产后一周，母猪采食和消化正常，可开放饲喂。工厂化猪场 21～28 日龄断奶条件下，产后恢复正常后应尽量多吃料，很多核心场采用自由采食。夏天由于气温较高，应选择早晚气温降低后加料。

（4）保证充足的饮水。猪乳中含水分在 80% 左右。因此，充分的饮水对母猪泌乳十分重要。母猪哺乳期的需水量大，每天达 22 L。只有保证充足清洁的饮水，才能有正常的泌乳量。核心场一般采用自动饮水器供水。

（5）饲料结构要稳定，品质要优良。不要频繁变动饲料品种，以防引起应激反应；饲料的品质要优良，不要饲喂发霉、变质和有毒饲料，以免造成乳质改变，引起仔猪腹泻，泌乳母猪最好喂生湿料，核心场一般喂全价颗粒料。

（三）哺乳母猪的管理

（1）保持良好的猪舍环境。猪舍内要求保持温暖、干燥、卫生、空气清新。粪便要求随时清扫，冬季应注意防寒保温，核心场产房应有取暖设备，防止贼风侵袭；在夏季应注意防暑，增设防暑降温设施；应 2~3 d 对猪栏和走道进行消毒；保持猪舍的安静舒适。

（2）保护母猪的乳房和乳头。要保持母猪乳房乳头的清洁，母猪产后即可用 40 ℃ 左右的温水擦洗乳房，可连续进行数天；圈栏应平坦，特别是产床要去掉突出的尖物，防止剐伤、剐掉乳头。对乳房和乳头受伤时要及时处理，以防感染发病。

（3）勤观察。饲养人员和技术人员要勤观察母猪吃食、粪便、精神状态及仔猪的生长发育，以便判断母猪的健康状态，如有异常应及时处理。

（4）及时处理患有乳房炎、产褥热和产后奶少或无奶。母猪发生乳房炎时，其乳汁的成分变化很大，俗称"火奶"。仔猪吃了这种奶后会引起消化不良或下痢。一旦发现有乳房炎尽快治疗。

产褥热是由于产后感染造成，一般体温升高到 41 ℃，全身痉挛，泌乳停止。该病多发生在炎热季节，为预防此病的发生，母猪产前要减少饲料喂量，分娩前最初几天喂一些轻泻性饲料，减轻母猪消化道的负担。如患病母猪停止泌乳，应将仔猪全部寄养，对母猪及时治疗。

产后乳少或无乳的母猪应查明原因，采取相应措施。特别对消瘦和乳房干瘪的母猪，除加强营养外，可喂一些催乳饲料，如豆浆、麦麸汤、小米粥、小鱼汤等；对膘情较好而奶量不足或无奶的母猪，也可用中药催奶。对母猪过肥造成奶少或无奶的，应减料、加强运动，以降低膘情。

四、哺乳仔猪的饲养管理

（一）哺乳仔猪的生理特点

（1）消化道不发达、消化机能不完善。仔猪初生时，消化器官虽然已经形成，但其重量和容积都比较小。如仔猪出生时胃重仅有 4~8 g，能容纳乳汁 25~50 g，20 日龄时胃重达到 35 g，容积扩大 2~3 倍，当仔猪 60 日龄时胃重可达到 150 g。小肠也强烈的生长，4 周龄时重量为出生时的 10.17 倍。消化器官这种强烈的生长保持到 7~8 月龄，之后开始降低，一直到 13~15 月龄才接近成年水平。

仔猪出生时胃内仅有凝乳酶，胃蛋白酶很少，由于胃底腺不发达，缺乏游离盐酸、胃蛋白酶，没有活性，不能消化蛋白质，特别是植物性蛋白质。这时只有肠腺和胰腺发育比较完全，胰蛋白酶、肠淀粉酶和乳糖酶活性较高，食物主要是在小肠内消化。所以，初生小猪只能吃奶而不能利用植物性饲料。

在胃液分泌上，由于仔猪胃和神经系统之间的联系还没有完全建立，缺乏条件反射性的胃液分泌，只有当食物进入胃内直接刺激胃壁后，才分泌少量胃液。而成年猪由于条件反射作用，即使胃内没有食物，到时候同样能分泌大量胃液。

随着仔猪日龄的增长和食物对胃壁的刺激，盐酸的分泌不断增加，到 35 ~ 40 日龄，胃蛋白酶才表现出消化能力，仔猪才可利用多种饲料，直到 2.5 ~ 3 月龄盐酸浓度才接近成年猪的水平。

哺乳仔猪消化机能不完善的又一表现是食物通过消化道的速度较快，食物进入胃后完全排空的时间，15 日龄时约为 1.5 h，30 日龄为 3 ~ 5 h，60 日龄为 16 ~ 19 h。

（2）物质代谢旺盛、生长发育快。仔猪初生体重小，不到成年体重的 1%，但生后生长发育很快。一般初生体重为 1 kg 左右，10 日龄时体重达初生重的 2 倍以上，30 日龄达 5 ~ 6 倍，60 日龄达 10 ~ 13 倍。

仔猪生长快，是因为物质代谢旺盛，特别是蛋白质代谢和钙、磷代谢要比成年猪高得多。生后 20 日龄时，每千克体重沉积的蛋白质，相当于成年猪的 30 ~ 35 倍，每千克体重所需代谢净能为成年猪的 3 倍。所以，仔猪对营养物质的需要，无论在数量和质量上都高，对营养不全的饲料反应特别敏感。因此，对仔猪必须保证各种营养物质的供应。

猪体内水分、蛋白质和矿物质的含量是随年龄的增长而降低，而沉积脂肪的能力则随年龄的增长而提高。形成蛋白质所需要的能量比形成脂肪所需要的能量约少 40%（形成 1 kg 蛋白质只需要 23.63 MJ，而形成 1 kg 脂肪则需要 39.33 MJ）。所以，小猪要比大猪长得快，能更经济有效地利用饲料，这是其他家畜不可比拟的。

（3）调节体温的机能不完善。仔猪出生时大脑皮层发育不全，调节体温适应环境应激的能力差，特别是出生后的第一天，由于仔猪被毛稀疏、皮下脂肪少，脂肪还不到体重的 1%，保温隔热能力很差，在气温较低的环境下，仔猪不易维持正常体温。初生仔猪的体温较成年猪高 1 ℃ 左右，仔猪体内能源的贮存较少，遇到寒冷血糖很快降低，导致仔猪体弱、活力差、不能吃乳、出现低血糖昏迷甚至导致死亡。让新生仔猪尽可能早地吃到足够的初乳，并给以适宜的环境温度，是维持血糖生理水平的关键，也是减少仔猪死亡率的最重要措施。

（4）缺乏先天免疫力。初生仔猪体内没有免疫抗体，存在于母猪血清中的免疫球蛋白，在胚胎期由于母体血管与胎儿脐带血管之间被 6 ~ 7 层组织隔开，限制了母体抗体通过血液向胎儿转移。限制了母源抗体通过血液向胎儿转移，从而导致初生仔猪没有先天的免疫力。仔猪只有吃到初乳后，靠初乳把母体的免疫抗体传递给仔猪，并逐渐过渡到自体产生抗体而获得免疫力。

① 母猪分娩时初乳中免疫抗体含量最高，以后随时间的延长而逐渐降低，分娩开始时每 100 mL 初乳中含有免疫球蛋白 20 g，分娩后 4 h 下降到 10 g，以后还要逐渐减少。所以，分娩后立即使仔猪吃到初乳是提高成活率的关键。

② 初乳中的抗蛋白分解酶可以保护免疫球蛋白不被分解，这种酶存在的时间比较短，如果没有这种酶存在，仔猪就不能原样吸收免疫抗体。

③ 仔猪小肠有吸收大分子蛋白质的能力，仔猪出生后 24 ~ 36 h，小肠有吸收大分子蛋白质的能力。不论是免疫球蛋白还是细菌等大分子蛋白质，都能吸收（可以说是无保留地吸收）。

当小肠内通过一定的乳汁后,这种吸收能力就会减弱消失,母乳中的抗体就不会被原样吸收。

仔猪出生 10 日龄以后才开始自身产生抗体,直到 30～35 日龄前数量还很少。因此,3 周龄以内是免疫球蛋白青黄不接的阶段,此时胃液内又缺乏游离盐酸,对随饲料、饮水等进入胃内的病原微生物没有消灭和抑制作用,因而造成仔猪容易患消化道疾病。

(5)对周围反应的能力差。初生仔猪易受冻受压。据统计,3 日龄之内死亡的仔猪占断奶前死亡的 60% 左右,造成死亡的主要原因有挤压、饥饿、仔猪虚弱、寒冷、疾病等,其中因挤压死亡的占 25% 以上。

(二)哺乳仔猪的饲养管理

(1)及早吃初乳,固定乳头。刚出生的仔猪,四肢无力,行动不灵活,往往不能及时找到乳头。同时,有些强壮仔猪专抢乳汁多的乳头(前、中部乳头),使一些弱小仔猪只能占乳汁少的乳头,甚至吃不到乳汁。因此,必须进行人工辅助,让仔猪尽快吃到初乳,特别是让弱小仔猪尽快吃足初乳(固定于前、中部乳头),以便从初乳中获得能量和抗体,使其恢复体温,增强体质。人工固定乳头时,最简单的方法是抓两头,即把一窝中最强和最弱的仔猪控制好,强制强壮仔猪吃后部乳头的奶,而将弱小仔猪固定到前部乳头上吃奶,对一些不大不小、不强不弱的仔猪由其自行固定于中部乳头吃奶。对于核心育种场,可根据育种方向来固定奶头。

(2)采取保温防压措施。

① 保温。初生仔猪在 0～3 日龄需要温度为 29 ℃～34 ℃,4～7 日龄为 25 ℃～29 ℃,8～14 日龄为 22 ℃～25 ℃,15～21 日龄为 20 ℃～22 ℃。尤其是在冬春季节,天气寒冷、风大、变化无常,不利于仔猪的生长发育,因而保温工作就显得尤为重要。工厂化养猪场大多采用红外线灯保温箱或电热板取暖。红外线灯保温箱是将 250 W 的红外线灯悬挂在仔猪栏上方或特制的保温箱内,通过选择不同功率的红外线灯,调节灯的高度来调节仔猪床面的温度。如 250 W 的红外线灯,在舍温 6 ℃ 时,距地面 40～50 cm,可使床温保持在 30 ℃,此种设备简单,保温效果好,且有防治皮肤病之效;电热板取暖是供仔猪取暖的“电褥子”,是将电阻丝包在一块绝缘的橡皮内,一般用作初生仔猪的暂时保温,其特点是保温效果好,清洁卫生,使用方便。

② 防压。因母猪卧压而造成仔猪死亡大约占初生仔猪死亡数的 20%,绝大多数发生在仔猪生后 4 天内,特别是在第 1 天最易发生。防止措施是首先加强产后护理,母猪多在采食和排便后回圈躺卧时压死仔猪。因此在母猪躺下前不能离人,若听到仔猪异常叫声,应及时救护,一旦发现母猪压住仔猪,应立即拍打其耳根,令其站起,救出仔猪。其次设置护仔栏,在产圈的一角或一侧设置护仔栏(后期可用作补料栏),用红外线灯、电热板等训练仔猪养成吃乳后迅速回护仔栏内休息的习惯,或按照母猪正常泌乳的规律,采取定时吃乳,吃乳完毕后驱赶回护仔栏的方法。再次应保持环境安静。产房内防止突然的声响,防止闲杂人员进入。目前工厂化养猪场均采用的是标准的产床进行种猪生产,防压措施较好,只是要注意精细管理。

(3)仔猪补铁、补硒。初生仔猪体内铁的贮存量很少,每千克体重约为 35 mg,仔猪每天生长需要铁 7 mg,而母乳中提供的铁只是仔猪需要量的 1/10,若不给仔猪补铁,仔猪体内贮备的铁将很快消耗殆尽。仔猪缺铁时，血红蛋白不能正常生成，从而导致营养性贫血症。在第 3、4 日龄就需要补充。

补铁的方法很多，且前最有效的方法是给仔猪肌肉注射铁制剂如培亚铁针剂、右旋糖酐铁注射液、牲血素等。一般在仔猪 2 日龄注射 100 ~ 150 mg。

在严重缺硒地区，仔猪可能发生缺硒性下痢、肝坏死和白肌病，宜于生后 3 日内注射 0.1% 的亚硒酸钠维生素 E 合剂，每头 0.5 mL，10 日龄补第二针。

（4）仔猪并窝和过哺。生产中出现下列情况时需要并窝和过哺，便于合理利用母猪及分娩舍设施：母猪产仔数少于 5 头，母猪产仔数多余有效乳头数，母猪产后各种原因造成无乳或死亡。首先并窝和过哺的仔猪与原窝仔猪的日龄要尽量接近，最好不要超过 3 天。将生后 10 ~ 20 d 的"僵猪"寄养给分娩日龄较晚的母猪，尽管其与新仔猪体重有一定差异，但因其活力不强，不会影响新仔猪的生长发育，而"僵猪"因能获得足够的营养物质，生长发育能明显加快。并窝和过哺的仔猪，寄出前必须吃到足够的初乳，否则不易活。因此，生产中多将生后 3 日龄左右的仔猪调给刚产仔的母猪。方法采用干扰母猪嗅觉和饥饿仔猪法来解决。

（5）开食补料。仔猪出生后，随着日龄和体重的增加，所需营养物质也与日俱增，母猪泌乳高峰期是在产后 20 ~ 30 d，以后逐渐下降，且营养物质含量也逐渐减少，仔猪生长发育正值旺盛时期，会出现仔猪营养供求的矛盾，仔猪断奶后的营养需求只能从饲料中获得。可在母猪泌乳量下降之前，使仔猪进食以保证在母乳量下降前能够会吃饲料，从饲料中获取其所需要的营养物质，满足自身生长发育需要，采食饲料能促进消化器官的发育和消化机能的完善，促进胃蛋白酶分泌、胰液和肠液分泌，增加仔猪断奶体重，提高抗病能力。刚出生不久的仔猪要训练仔猪学会吃饲料，称为开食，仔猪开食始于 7 ~ 10 d，给仔猪饲喂开食料量要适宜，方法要得当，因为开食料饲喂过多，容易引起消化不良等胃肠疾病，而饲喂量不足又会使仔猪营养不良，仔猪开食补料的方法应注意以下几点。

① 开食时间。仔猪出生后 7 ~ 10 d 开始出牙，齿龈有发痒的感觉，喜欢啃吃东西来解痒，是训练仔猪吃料的时机。补料时间应选择在仔猪活动高峰时，一般为早上 7:00 ~ 9:00，下午 14:00 ~ 15:00，晚上 19:00 ~ 21:00，多次投入新鲜的开食饲料。

② 开食训练。仔猪从吃母乳过渡到吃饲料，称为开食、引食或诱饲。它是仔猪补料中的首要工作，其意义有两个方面：一是锻炼消化道，提高消化能力，为大量采食饲料做准备。二是减少白痢病的发生。由于饲料的刺激，胃壁提早分泌盐酸从而形成一种酸性环境，能有效地抑制各种微生物的生长繁殖，预防下痢。三是利用仔猪的模仿行为。核心育种场均采用代乳料进行开食。

开食前应先给仔猪充足清洁的饮水，由于仔猪生长迅速，代谢旺盛，母猪乳脂含量高，再加上补饲颗粒料，仔猪口渴，若不及时补水，仔猪便会喝脏水，容易引起下痢，并要注意勤检查自动饮水器，保证饮水畅通；饲料要有良好的适口性和气味（如甜味、香味等），开食要逐步增加料量，来提高仔猪的采食量避免引起仔猪的应激，造成下痢；要少喂勤添，以减少浪费；每天要对开食的场所进行清扫，除去剩余未吃完的或者被踩踏过不卫生的饲料，并及时更换上新的饲料，保证开食料的场所有新鲜、卫生和仔猪爱吃的饲料。

（6）适时去势。核心育种场在 7 ~ 14 d 时对不符合种用的公仔猪（按照育种手册要求进行选种）进行去势。方法是用手指将睾丸尽可能外挤，用 5% 碘酒对睾丸外部进行消毒；用经过碘酒消毒的刀片对睾丸内侧各开一个小口，挤出睾丸；对精索作钝性分离，伤口撒上抗生素；去势要彻底，切口不宜太大，并处理好创口。

（7）符合下列条件的仔猪应淘汰（针对于繁殖引进品种而言）

初生重低于 500 g 的弱仔猪，不打耳牌进行淘汰处理；畸形猪；断奶体重低于 3 千克/头的；僵猪；疝气猪。

（三）仔猪的断奶

（1）仔猪早期断乳。仔猪早期断奶是指在猪生后 3～5 周龄离开哺乳母猪，开始独立生活。我国大多核心育种场均采用早期断奶。多数国家推广 4～5 周龄断乳。仔猪早期断奶的优点包括以下几方面：

① 提高母猪年生产力。母猪生产力一般是指每头母猪一年所提供的断奶仔猪数。仔猪早期断奶可以缩短母猪的产仔间隔（繁殖周期），增加年产仔窝数。母猪年产仔窝数可通过下式计算：

$$母猪年产窝数 = 365 \div （妊娠期+哺乳期+空怀期）$$

在养猪生产中，某一生产环节（如配种）重复出现的时间间隔为一个生产周期。一个生产周期由 3 个阶段组成。配种到分娩这段时间叫妊娠期，平均为 114 d。分娩到断奶这段时间为哺乳期，这段时间具有伸缩性。生产中要充分利用母乳来哺育仔猪，哺乳期下限应选在母猪泌乳高峰（21 d）以后。从断乳到再发情配种这段时间叫空怀期。若饲养管理正常，则断乳后 5～7 d 即可发情再配种。哺乳期、空怀期越短，繁殖周期就越短。所以，缩短哺乳期和空怀期，可提高母猪产仔总数和断奶仔猪头数。

② 提高饲料利用率。仔猪越早断奶，母猪在哺乳期耗料就越少。从饲料利用率来看，仔猪断奶后直接摄取饲料的饲料利用率，要比断奶前饲料通过母猪摄取，然后转化为乳汁，再由仔猪吮取乳汁转化为本体组织的要高。家畜对饲料能量的利用每转化一次，就要损失 20%。

③ 有利于仔猪的生长发育。早期断奶的仔猪，虽然在刚断奶时由于断奶应激的影响，增重较慢，一旦适应后增重变快，可以得到生长补偿。根据试验表明，在仔猪生后分别于 28 日龄、35 日龄、45 日龄和 60 日龄断奶。早期断奶的仔猪能自由采食营养水平较高的全价饲料，得到符合本身生长发育所需各种营养物质。在人为控制环境中养育，可促进断奶仔猪的生长发育，防止落后猪只的出现，使仔猪体重大小均匀一致，减少患病和死亡情况的发生概率。

④ 提高分娩猪舍和设备的利用率。工厂化猪场实行仔猪早期断奶，可以缩短哺乳母猪占用产仔栏的时间，从而提高每个产仔栏的年产仔窝数和断奶仔猪头数，相应降低了生产 1 头断乳仔猪产栏设备的生产成本。

（2）断奶方法。

① 一次性断奶法。指到了既定断奶日期，一次性地将母猪与仔猪分开，不再对仔猪进行哺乳。此方法适于工厂化猪场和规模化猪场，便于工艺流程实现全进全出，省工省事。但个别体质差的仔猪应激反应较大，可能影响其生长发育和育成。

② 逐渐断奶法。在仔猪预期断奶前 4～6 d，逐日减少母猪和仔猪的接触与哺乳次数，并减少母猪饲粮的日喂量，到预定日期停止哺乳，仔猪由少哺乳到不哺乳有一个适应过程，减

轻断奶应激对仔猪影响，但较费工、费时，增加了劳动量。此法适应于规模小、劳动强度不大的厂家。

③ 分批断奶法。将一窝中体重较大的仔猪先断奶，使弱小仔猪通过寄养继续哺乳一段时间，以便提高其断奶体重。只有条件具备的猪场才适合采用。一经断奶，母子必须分开，不能再让仔猪听到母猪的声，见到母猪的面，闻到母猪的味。否则会影响断奶效果，很难顺利断奶。

（3）早期断奶应注意的事项。

① 要抓好仔猪早期开食、补料训练，使其尽早地适应以独立采食为主的生活方式。

② 仔猪饲粮一定要用全价配合饲料，适当控料，防止腹泻。

③ 母猪断奶前后减料，防止母猪得乳房炎。

④ 断奶仔猪应留在原圈养育一段时间，以免因换圈、混群、争斗等应激因素的刺激而影响仔猪的正常生长发育。

⑤ 注意保持圈舍干燥，搞好圈舍卫生和消毒工作以减少疾病的发生。

⑥ 避免综合应激。断奶是对仔猪较大的刺激，此时应避免其他刺激，如疫苗的注射、去势等。

（4）仔猪断奶应激控制。断奶对仔猪是一个极大的应激。一是营养的改变，饲料由吃温热的液体母乳为主改变成吃固体的饲料，会导致消化能力大幅度下降；二是生活环境的改变，由产房转移到仔猪培育舍，并伴随着重新组群；三是容易受病原微生物的感染而患病；四是由依附母猪的生活变成完全独立的生活，仔猪离开母猪，在精神上受到打击，影响整个神经系统的传导，给仔猪生理上带来一系列影响。以上因素的变化会引起仔猪的应激反应，加强断奶仔猪的饲养管理会减轻断奶应激带来的损失。目前主要通过营养调控手段来缓解断奶应激，断奶不腹泻、不掉膘对断奶饲料的选择在某些猪场已成为现实。

自测训练

一、填空题

1. 母猪分娩前_____d就应准备好产房。产房要求：一是_____，二是_____，三是_____。

2. 一般来说体况好的母猪，产前_____d开始应适当减少饲喂量，每日喂量应按妊娠后期日粮的10%左右的比例递减；对于体况较差的瘦弱母猪，在分娩前应增加优质饲料的饲喂量特别是增加富含_____的饲料。

3. 母猪临产前征兆一看_____；二看_____；三看_____。

4. 新生仔猪的适宜温度为_____，成年母猪的适宜温度为_____。

5. 仔猪刚出生时体重小，不到成年体重的____%，但出生后生长发育迅速。一般初生重为____kg左右，10日龄时体重达初生重的____倍以上，30日龄达____倍，60日龄达____倍。

6. 初生仔猪体内铁的储存量很少，约____mg，每天生长需要____mg的铁，母乳中含铁量很少，仔猪每天从母乳中最多可获得____mg的铁。因此仔猪体内储存的铁很快会耗尽，如果的不到补充，一般于＿＿＿＿日龄左右出现贫血。

　　7. 寄养或并窝仔猪的日龄要相近，最好不超过＿＿＿＿日龄。

二、问答题

　　1. 什么叫初乳，仔猪为什么要及时吃初乳？

　　2. 接产技术包括哪些？

　　3. 产后一周仔猪如何护理？

　　4. 影响母猪泌乳的因素有哪些？

　　5. 仔猪早期断奶有哪些优点？

　　6. 哺乳仔猪断奶要面临哪些应激因素？

　　7. 在生产中遇到假死的仔猪该如何处理？

任务四　保育舍饲养管理

📚 任务要求

1. 掌握保育仔猪的营养要求。

2. 熟悉保育猪的饲养管理方法。

📚 学习条件

1. 多媒体教室、保育舍仔猪饲养管理教学课件、教材、参考图书。

2. 核心种猪场。

📚 相关知识

一、保育仔猪合理饲养

　　保育猪是指从出生后 3~5 周龄断奶到 10 周龄阶段的仔猪。断奶使仔猪的生活条件发生重大改变，同时也是继剪牙、断尾及阉割后仔猪所经历的又一次重大应激。断奶对仔猪的影响主要表现在以下几个方面：一是营养的改变，由以吃液体母乳为主改成吃固体饲料；二是生活方式的改变，由依附母猪的生活改为完全独立的生活；三是生活环境的改变，由产房转到保育舍并伴随着重新混群；四是抗病力降低，由受母源抗体保护到母源抗体逐渐消退，易受到病原微生物的攻击。这些因素的改变给保育猪的饲养带来了若干问题，表现为食欲不振、增重缓慢甚至负增。正确的日粮组成、日粮形式和饲喂方式显得尤为重要。

1. 饲料与营养

为了达到早期断奶仔猪断奶后较高的采食量和较好的利用率同时不导致下痢，选择的消化性、适口性好的原料和调制全价平衡的早期断奶仔猪料是关键。

（1）能量饲料：主要包括油脂、糖和淀粉。在乳猪饲料中使用最多的是乳糖和葡萄糖。高水平的乳糖有利于刺激采食和加快增重速度。但要注意，高水平的乳糖（或其他乳制品）饲料制粒比较困难。在大多数猪饲料中，淀粉是主要的碳水化合物。但仔猪饲喂以淀粉为主要能量的日粮，其生长速度低于饲喂以乳糖、葡萄糖为主要能量的日粮。这种生长的迟缓归结于胰腺的淀粉酶和肠内的双糖酶不足。当仔猪长大后，消化酶系统能比较容易地消化谷物的淀粉，因此在早期断奶猪料中，用了很多的乳糖、葡萄糖、植物油和脂肪来提供能量，同时对谷物进行热处理以裂解淀粉，帮助酶的水解，主要有热制粒和膨化。

（2）蛋白饲料：主要有动物蛋白如鱼粉、奶制品、血浆蛋白、喷雾干燥血粉和豆粕。奶制品和动物血浆应在早期断奶猪日粮中有较高的比例，以帮助仔猪从吃母乳向固体饲料的顺利转化。特别对断奶体重低于 5.5 kg 的仔猪，效果更加明显。血浆蛋白既能刺激采食量，而且消化率很高，同时它又能促进小肠绒毛的增长，从而改善小肠的健康和吸收能力，因此使用最广泛。另外，鱼粉的应用也较普遍，但质量差异较大，所以要挑选质量好的。出于生物安全的考虑，这些原料都需进行调查，确保没有被污染。考虑到仔猪的消化和吸收能力有限，早期断奶猪料中的豆粕含量较少。仔猪采食超过其消化能力的含有高水平豆粕的日粮，会出现大量的下痢和生长不良。这种不利影响主要来自于豆粕中的胰蛋白酶抑制因子。

（3）氨基酸：保育猪日粮中添加氨基酸在营养学上相当经济有效。赖氨酸、蛋氨酸、苏氨酸和色氨酸在实际的保育猪日粮中都有不同程度的应用。它们帮助提供正确的氨基酸平衡，以降低植物蛋白用量和粗蛋白水平。因为较高的、不平衡的蛋白水平会降低采食量。

（4）非营养性添加剂：保育猪饲料有时也用些非营养性添加剂。如调味剂、酸化剂、抗菌素和治疗用的微量元素。

① 调味剂。常见的有香味剂和甜味剂，如风味剂、香料和甜味剂经常添加于饲料中用以改善饲料的气味和适口性，通过诱食，促进食欲以提高采食量。

② 酸化剂。在哺乳期，乳酸菌产生的乳酸和胃壁分泌的盐酸使胃维持在较低的 pH 值，因此降低了有害细菌在胃和小肠中的增殖。当断奶时，乳酸菌数量大幅度下降，而盐酸分泌量的增加需要一定的时间，所以仔猪很难维持胃内的较低 pH 值。因此在断奶后 7～14 d 的日粮中添加有机酸特别有效。

③ 治疗性的微量元素。日粮中添加一定量的铜（200～235 mg/kg 的铜，如硫酸铜或氯化铜）能促进生长效益，特别是在断奶后和早期生长阶段（23 kg 前）。铜真正的促生长的机理现在还不清楚。高水平的铜能刺激脂肪酶和磷脂酶的活性，从而改善脂肪的消化。在早期断奶料中短时期加入 1 500～2 600 mg/kg 的锌能减少下痢和增加生长速度。

④ 抗生素。抗生素能抑制病原微生物的增殖。它们是预防、治疗疾病，提高生产性能和健康水平的良药。抗菌保健效果因抗生素的种类不同而异。

2. 营养的摄入

营养的摄入与日粮的营养浓度和每天的摄入量有关。刚断奶仔猪每天饲料的摄入量较少，所以日粮的营养浓度相对要求较高以满足需要。因此，提高采食量的要点是：

（1）仔猪容易得到新的日粮；

（2）采用颗粒料以促进采食；

（3）最初使用浓度较高的日粮；

（4）随着采食量的增加，迅速降低日粮浓度。

设定日粮规格首先应设定最低的能量浓度。10 kg 以下的仔猪没有能力通过调整采食量来获取足够的能量，因此日粮的能量浓度不能低于 14.57 MJ/kg（代谢能）。随着仔猪体重的增加，能量浓度可以往下调，但建议不要低于 13.61 MJ/kg（代谢能）。在保育猪早期阶段的正确饲喂和管理，会加快仔猪的生长速度，以发挥肌肉生长的最大遗传潜力。这能降低达到上市体重的日龄，从而减少饲料消耗。并且早期生长速度越快，商品猪的瘦肉率就越高。

3. 饲喂方式

保育猪习惯于群体采食，我们可以利用这一点使新断奶仔猪顺利地从母乳向固体日粮过渡。在断奶后，当仔猪尝试采食日粮时，应当有足够的采食位。断奶后 24 h 内，可以一天 3 次在木板上采食。仔猪越小，这种方法的效果越好。注意，应保证每日几次的喂料不会限制采食量。料槽内的饲料不能断。限制饲料或饮水会增加猪只的争斗和不正常行为（吸吮肚脐、咬耳和咬腰）。只要饲料能适合猪的消化能力，就没必要限食。

4. 饲料形状

日粮的形状会影响仔猪采食量和生长。仔猪不喜采食大颗粒饲料，用直径为 2.4 mm 的颗粒料优于大颗粒或破碎料。断奶日龄越小，这点越重要。可以使用粉料，但浪费会增加 10%～15%。颗粒料能减少浪费，同时因为制作过程中对饲料进行加热与加压，能增加消化率。另外，早期断奶猪料中添加高水平的乳制品会使粉料在料槽中流动困难。颗粒料不会产生这种情况，而且能降低营养的分离和粉尘。

5. 水

刚转入保育舍的仔猪前 3 d 每头仔猪可饮水 1 kg，4 d 后饮水量会快速上升，体重至 10 kg 时日饮水量可增加到 1.5～2.0 kg。饮水不足会导致仔猪的采食量降低，直接影响到饲粮的营养价值，生长速度可降低 20%。高温季节，保证猪的充足饮水尤为重要。每个栏内至少安装 2 个饮水器，按 50 cm 距离分开装，特别应考虑饮水器的安装高度，两个饮水器安装高度相差 5～10 cm 为宜，以利仔猪随时饮水和减少水的浪费。为了缓解仔猪断乳后的各种应激因素，通常在饮水中添加葡萄糖、钾盐、钠盐等电解质或维生素、抗生素等药物，以提高仔猪的抵抗力。

二、保育仔猪的科学管理

1. 饲养环境控制

饲养环境控制方面，要遵循的原则主要是"三度一通风"，即要注意猪舍的温度和湿度，猪只的密度、猪舍的通风四个方面。

（1）温湿度控制。保育舍环境温度对仔猪影响很大，刚转入保育舍的猪只要注意保温，尤其要做好断乳 10 d 内的仔猪的保温工作。在寒冷气候情况下，仔猪免疫力下降，生长滞缓，而且下痢、胃肠炎、肺炎等疾病的发生率也随之增加。生产中，当保育舍温度低于 20 ℃ 时，应给予适当升温。要使保育猪正常生长发育，必须创造良好、舒适的生活环境。保育猪最适宜的环境温度为：21 ～ 30 日龄 28 ℃ ～ 30 ℃，31 ～ 40 日龄 27 ℃ ～ 28 ℃，41 ～ 60 日龄 26 ℃，以后温度为 24 ℃ ～ 26 ℃。最适宜的相对湿度为 65% ～ 75%。保育舍内要安装温度计和湿度计，随时了解室内的温度和湿度。

（2）密度控制。在一定圈舍面积条件下，密度越高，群体越大，越容易引起拥挤和饲料利用率降低。但在冬春寒冷季节，若饲养密度和群体过小，会造成小环境温度偏低，影响仔猪生长。密度高，则有害气体氨气、硫化氢等的浓度过大，空气质量相对较差，猪就容易发生呼吸道疾病。规模化猪场的栏舍一般采用漏缝或半漏缝地板，每栏饲养仔猪 12 ～ 16 头，每头仔猪占栏舍面积为 0.3 ～ 0.5 m^2。

（3）通风控制。氨气、硫化氢等污浊气体含量过高会使猪的呼吸道疾病发生率提高，通风是消除保育舍内有害气体含量和增加新鲜空气含量的有效措施，但过量的通风会使保育舍内的温度急骤下降。生产中，保温和换气应采用较为灵活的调节方式，两者兼顾。高温时可多换气，低温则先保温再换气。总之应根据舍内的温、湿度及环境的状况，及时开启或关闭门窗及卷帘。

2. 疾病预防控制

疾病预防控制的关键是要做好日常的环境卫生管理、消毒管理、猪群保健、疫苗免疫和及时准确的疫病诊断。

（1）环境卫生管理。及时清理仔猪的粪便，保持保育栏的干燥清洁。禁止用水直接冲洗保育栏，湿冷的保育栏极易引起仔猪下痢。走道也尽量少用水冲洗，保持整个环境的干燥和卫生。

（2）消毒管理。猪舍定期消毒是切断传染病传播途径的有效措施。消毒时间要固定，一般一周消毒 2 次，发现疫情时每天 1 次，要严格执行消毒制度。每次消毒前应将圈舍彻底清扫干净，包括猪舍门口、猪舍内外走道等，为了防止保育舍潮湿一般不提倡用水直接冲洗。消毒包括环境消毒和带猪消毒，环境消毒可用 3% 的烧碱水进行喷洒消毒；带猪消毒可以用消特灵、过氧乙酸等交替使用，在猪舍内进行喷雾消毒。平时猪舍门口的消毒池或消毒桶中要放入 3% 的烧碱水，每天更换 1 次。

（3）猪群保健。保育猪饲养阶段最常见的就是胃肠道和呼吸道疾病。通常在刚转入保育阶段容易出现腹泻，转入保育舍 20 ～ 30 天左右容易出现咳嗽。因此，作为预防性用药，可选择在从教槽料过渡到保育料的阶段每吨饲料（饮水加药剂量减半）添加氟哌酸 300 g 或硫酸新霉素 400 g，可有效预防换料应激引起的腹泻；也可从饲料营养方面着手控制保育猪的腹泻问题，研究表明，在断奶仔猪饲料中添加 3 000 mg/kg 的锌（以氧化锌形式提供）具有良好的控制腹泻和促进生长效果。在转入保育舍 20 ～ 25 d 阶段每吨饲料（饮水加药剂量减半）中添加泰妙菌素 120 g，电解多维 1 000 g，葡萄糖 2 000 g；或加入氟苯尼考 400 g，电解多维 1 000 g，葡萄糖 2 000 g，可有效地预防呼吸道疾病的发生。冬季可在猪舍内采用醋酸熏蒸降低猪舍内 pH 值，以防止不耐酸致病微生物的入侵。保育将要结束时，体重大约在 15 kg 左右，要统一进行一次驱虫。常用的驱虫药品有阿维菌素、伊维菌素、左旋咪唑，具体用药量可根据猪的体重来进行。体内寄生虫用阿维菌素按每公斤体重 0.2 mg 或左旋咪唑按每公斤体重 10 mg 计算量拌料，分两次隔日喂服。体外寄生虫用 12.5% 的双甲脒乳剂兑水喷洒猪体。驱虫后要将排出的粪便彻底清除并作妥当处理，防止粪便中的虫体或虫卵造成二次污染。

（4）疫苗免疫。疫苗免疫是预防重大传染性疾病发生的关键性措施。作为规模场的免疫方案，保育猪阶段一般进行链球菌病的疫苗接种，总的原则是在保育阶段不要接种过多的疫苗。注射疫苗时，一定要先固定好仔猪，然后在准确的部位注射，不同类的疫苗同时注射时要分左右注射。对出现过敏反应的猪将其放在空圈内，防止其他仔猪挤压和踩踏，等过一段时间就可慢慢恢复过来。若出现严重过敏反应，则肌肉注射肾上腺皮质激素进行紧急抢救。每栏仔猪要挂上免疫卡，记录转栏日期、注射疫苗情况，免疫卡随猪群移动而移动。

（5）及时淘汰残次猪和病重猪。对经诊断无治疗价值的仔猪应及时淘汰，因病猪要占用饲养员和兽医大量的时间来进行治疗和护理，而且病猪对于健康猪群也是危险的传染源，严重的病猪治愈希望不大，治愈代价高，经济上不合算。有条件的猪场可找一栋相对独立的猪舍，将各舍的病、残猪集中一起，由专人来饲养，对提高全场仔猪成活率有很大作用。

3. 调教管理

仔猪在组群后，应立即调教"三点定位"。"三点定位"是指猪只在固定地点排便、采食、睡觉，关键是调教其定点排便。让仔猪学会使用自动饲槽和自动饮水器。断奶转群的仔猪吃食、卧位、饮水、排泄区尚未形成固定位置。所以，要加强调教训练，使其形成理想的睡卧和排泄区。仔猪培育栏最好是长方形，在中间走道一端设有自动食槽，另一端安装自动饮水器，靠近食槽一侧为睡卧区，另一侧为排泄区。训练的方法是排泄区的粪便暂不清扫，其他区的粪便及时清除干净，让仔猪顺着粪尿气味来确认排便区，诱导仔猪来排泄，很快养成定点排粪尿的习惯。当仔猪活动时对不到指定地点排泄的仔猪用小棍哄赶并加以训斥，经过一周的训练，可建立起定点睡卧和排泄的条件反射。

4. 合群分群管理

按品种、种用、商品肉用、公母、强弱、大小分群、分圈饲养，按每头占用 0.4 m² 安排栏位。在条件许可情况下，每个单元应预留 1~2 个栏位，用于在猪只饲养过程中对弱、病猪的剔出、分群隔离饲养。

分群、合群时，为了减少相互咬架而产生应激，应遵守"留弱不留强""拆多不拆少""夜并昼不并"的原则，可对并圈的猪只喷洒有味药液（如酒精），以清除气味差异。猪群转入头 3 天饲养人员应加强猪群的调教和定位，值班看护。

📚 自测训练

一、填空题

1. 规模化养猪场生产中，通常把断奶至 10 周龄的仔猪称为_____仔猪。

2. 保育仔猪采用_____饲喂方式，减少营养性腹泻。

3. 从保育期开始，仔猪的环境温度要每周降_____℃，直到 8~10 周龄是降至_____℃，温度骤然变化，对仔猪十分不利。

二、问答题

1. 仔猪断奶后生活有哪些条件发生了改变？

2. 对保育舍猪的饲养环境如何控制？

3. 对保育舍仔猪如何进行合群和分群？

任务五　生长培育舍饲养管理

📚任务要求

1. 掌握培育猪的饲养管理。

2. 熟悉种猪的选择。

📚学习条件

1. 多媒体教室、生长培育舍饲养管理教学课件、教材、参考图书。

2. 核心种猪场。

📚相关知识

生长培育猪是指从出生 10 周龄被初选后留作种用到体重 60 kg（18 周龄），此阶段虽然已经过了保育阶段，培育仔猪身体各组织器官还未发育完全，为了让更多的生长培育猪达到育种的标准体型和外貌，注意培育猪的饲养管理也显得非常重要。

一、培育猪的生长发育规律

（一）体重的生长速度

生长培育猪处于快速生长阶段。根据经典的育种理论可知，猪的绝对生长速度在一定的日龄内随日龄的增长而增加，达到高峰后才开始下降，这一转折点在不同的猪品种中，表现的不一致，一般在 150~180 日龄、体重在 90 kg 左右。作为培育阶段的猪，体重呈绝对的增长。

由于猪的生长速度受到品种、饲料、营养、管理等多方面因素的制约，所以，目前还没有资料对猪的生长进行详细的描述。在一般工厂化猪场饲养条件下，几个引入品种和培育品种猪在培育阶段的平均日增重，25~60 kg 阶段在（630.9±50.5）g 左右，而达到 60 kg 体重的日龄 102.0~108.0 d。

（二）组织的生长速度

几个与生长发育有关的组织，如骨骼、肌肉、皮肤、脂肪等，在猪一生的各个生理阶段的生长强度和速度是各不相同的，而且表现出一定规律性。以达到生长速度高峰为评价指标，在不同的生理阶段，达到生长高峰的先后顺序依次为骨骼、肌肉、皮肤、脂肪。如图 4-2 所示揭示了不同组织在不同月龄的相对增重（以某组织的增重除以体重）

从图 4-5-1 中可以发现，各组织的相对增重，骨骼的下降幅度最大，肌肉下降的幅度较缓，只有脂肪，随着体重的增加，相对增重仍然在增加，大量的研究表明，骨骼的增长高峰是在出生后的 4 月龄，肌肉是在 4 ~ 6 月龄，此时的体重为 30 ~ 70 kg，脂肪的增长速度一直保持到成年。

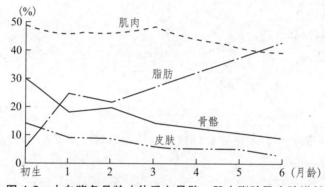

图 4-2　大白猪各月龄（体重）骨骼、肌肉脂肪及皮肤增长

由于各种组织所含化学成分和生长速度等都不同，例如，脂肪的生长速度在后期明显，肌肉在中期较为明显，骨骼在生长的早期发育迅速，导致在生长肥育过程中，猪体内蛋白质、脂肪、灰分的变化也呈一定的规律性，作为培育阶段主要是骨骼和肌肉生长阶段。

二、培育猪的饲养管理

（一）合理饲养

在日粮组成上，应该根据不同生长阶段对营养需要的不同要求配置。饲料中所含的营养物质应该全面而平衡，各种营养物质要满足猪的需要量。

在现代养猪生产中，瘦肉型猪在 20 ~ 60 kg 体重阶段，蛋白质的生长量可以从 84 g/d 上升到 119 g/d；当体重超过 60 kg 以后，蛋白质的日沉积量基本在 125 g。而一般认为体重在 20 ~ 60 kg 阶段时脂肪沉积量为 30 ~ 120 g/d。根据培育猪的组织发育规律，在体重 60 kg 前，可以采取自由采食的方法，以高能量、高蛋白质水平的日粮，满足其肌肉组织快速生长的需要，让其充分达到所需品种的标准体型。

（二）科学管理

（1）环境控制。生长培育猪舍适宜的环境温度为 15 ℃ ~ 18 ℃。过高过低均会影响生长发育速度。

（2）合群分群。按品种、种用、商品肉用、公母、强弱、大小分群、分圈饲养，按每头占用 0.6~1 m² 安排栏位。在条件许可情况下，每个单元应预留 1~2 个栏位，用于在猪只饲养过程中对弱、病猪的剔出、分群隔离饲养。

分群、合群时，为了减少相互咬架而产生应激，应遵守"留弱不留强""拆多不拆少""夜并昼不并"的原则，可对并圈的猪只喷洒有味药液（如酒精），以清除气味差异。猪群转入头 3 天饲养人员应加强猪群的调教和定位，值班看护。

（3）调教猪群。虽然在保育舍进行了调教，但转到培育舍后，由于部分群体发生变化，环境发生了变化，因此就会重新进行调教，调教猪只主要是养成三点（吃喝、睡觉、排泄）定位的习惯。

（4）环境卫生。培育舍环境卫生相当关键，在工厂化养猪中，往往由于猪只密度一般较大，若环境卫生跟不上，在这种环境温度下各种细菌很快生长，对猪只会造成很大损失。如关键肿大、咳嗽、体型消瘦等，都会直接影响种猪合格率，造成种猪无卖相。一定要按要求进行卫生清扫和定期消毒。防治该类病变的发生。

（三）合格种猪的销售

1. 合格种猪的选择标准

（1）种猪外貌特征（国家标准）。

长白猪：全身白色、垂耳，头小颈轻，鼻嘴狭长，背腰平直，后躯发达，腿臀丰满，外观清秀美观，肢蹄结实，体质强健。

大白猪：全身白色，立耳，头大小适中，鼻面直或微凹，背腰平直，肢蹄健壮，前胛宽，背阔，后躯丰满，呈长方形体型。

杜洛克：棕红色，半立耳，允许体侧或腹下有少量小暗黑斑，头中等大小，嘴短直，背线微弓，腹线平直，体躯较宽，肌肉丰满，后躯发达，四肢粗壮结实。

二元杂交猪：全身白色，鼻面平直，头大小适中，背腰平直，肢蹄健壮。

（2）个体生长发育评定标准（见表 4-5）。

表 4-5 种猪生长发育分级

评定等级	公、母猪	9 周龄体重（kg）	4 月龄体重（kg）	5 月龄体重（kg）
合　格	公　猪	20 以上	50 以上	80 以上
	母　猪	17 以上	40 以上	70 以上
不合格	公　猪	20 以下	50 以下	80 以下
	母　猪	17 以下	40 以下	70 以下

（3）体型外貌与肢蹄结实度评定标准（见表 4-6）。

表 4-6   后备猪体型外貌与肢蹄结实度分级

等　级	体　型　外　貌	肢　蹄　结　实　度
合　格	结构基本匀称，较结实紧凑，头较轻，鼻较直，腿臀丰满，体质较健壮。公猪背腰平直或微凹，肚腹稍大，中躯较短；母猪背腰偏凹，肚腹较大	肢蹄较结实，行走正常，不影响配种
不合格	结构欠匀称，较疏松，头较重，鼻面向上弯曲，公、母猪明显凹腰或弓背，肚腹大，中躯短，腿臀欠丰满，体质较差，影响配种。花猪、外伤、注射鼓包，四肢弯曲不良、睾丸不对称、泪斑	前后腿弯曲不自然，脚趾参差不齐，站立不稳，跛行，行走困难，副蹄着地

（4）外生殖器官发育与乳头质量评定标准（见表 4-7）。

表 4-7   后备猪外生殖器官发育与乳头质量分级

等　级	外生殖器官发育	乳头质量
合　格	公猪：睾丸发育较好，左右对称；包皮稍大，轻度积尿。母猪：外阴发育较好，大小基本适中	母猪：除开瞎乳头和内陷乳头以外，乳头数 10 个以上，但必须保证总乳头数 12 个
不合格	公猪：睾丸发育不良，两睾丸大小相差 30% 以上；包皮较大，有明显积尿。母猪：外阴发育不良，阴户较小	母猪：除开瞎乳头和内陷乳头以外，乳头数 9 个以下或总乳头数低于 12 个

2. 选择时间

一选：仔猪产后进行登记是进行初选，将所有不符合种用的公母猪转移至商品猪群；

二选：种猪断奶时进行复选，将生长发育不好的，体型较差的转移至商品猪群；在培育阶段对不符合种用的公母猪应随时选择并淘汰，转移至商品群。

三选：种猪对外销售时逐头进行精选（一般在 50～60 kg 出售）。

3. 种猪出场资料要求

（1）系谱档案。由猪场在客户最后批次种猪离场时提供。

（2）种猪合格证。由猪场在客户种猪运输离场时提供。

（3）《动物检疫合格证明》由公司协调当地兽医卫生部门到场出具。

（4）免疫资料。由销售部门在客户最后批次种猪离场时交付。

（5）《种畜禽生产经营许可证》《动物防疫卫生合格证》复印件由销售部门最后批次种猪离场时交付。

（6）引种证明。由销售部门向引种单位提示。

自测训练

问答题

1. 种猪的选择标准有哪些？

2. 培育仔猪的饲养管理特点？

任务六　后备舍饲养管理

任务要求

1.掌握后备母猪的饲养管理技术。
2. 熟悉后备公猪的调教技术。

学习条件

1. 多媒体教室、后备猪饲养管理教学课件、教材、参考图书。
2. 核心种猪场。

相关知识

集约化养猪生产中，母猪的繁殖力是影响猪场效益的重要因素，后备母猪的饲养管理是生产流程的重要环节，对其以后的生产性能具有决定性的作用，一般认为，一个猪场 1 ~ 8 胎次母猪的理想分布为 17%、16%、15%、14%、13%、12%、11% 和低于 4%。随着母猪生产性能的降低，更新母猪群，优化母猪胎次结构必不可少，正常情况下，种猪核心场年更新率都在 30% 以上。目前在生产上，后备母猪的补充和饲养管理问题给猪场带来相当大的损失，做得好的猪场后备猪的利用率高达 95% 以上，差的有 70%，这种差距明显增加了猪场成本，因此后备猪的选择和饲养管理显得非常重要。

一、后备种猪的选择

1. 在优秀母猪的后代中选择

在记录中，选择 2 窝或 2 窝以上均表现高繁殖性能，母性好的母猪后代，育种方案是动态的，每 6 个月要分析一次生产记录，以确定哪些母猪产仔多、断奶仔猪多、质量好等，一般选留 2 ~ 5 胎，产仔数在 10 头以上的母猪后代为宜。

2. 根据自身性状进行选留

猪的选种时间通常分为 5 个阶段，即断奶时选留、4 月龄选留、6 月龄选留、配种时期的选留和初产母猪（14 ~ 16 月龄）的选留。

（1）断奶时选留。根据同窝仔猪的整齐度、自身断奶重和体质外形进行选择，被选个体要有不少于 6 对乳头且 3 对在脐部之前，排列整齐、均匀，无瞎乳头和副乳头，乳头间距行距适中，自身和同胞都无疝气、单睾等遗传疾病。由于断奶时难以准确筛选，一般此时期选留比例至少应达 5∶1 ~ 10∶1。

（2）4 月龄选留。在后备猪限饲前，利用自身和同胞成绩，选择外形符合品种特征、面目清秀、背线平直、体格健壮，外阴发育正常、大小适中、无上翘等异常个体。若后备母猪生殖器发育不良，转为生产母猪后发生难产的概率较高。淘汰体重或日增重达不到选种标准，结构不符合要求的个体，以减少后备母猪的饲养量。

（3）6月龄选留。选择性情温顺、采食速度快、食量大、不挑食、身体各部分协调、结构匀称、骨骼、肢蹄、乳房发育良好、腿臀部平整丰满的个体，臀部稍尖或站立艰难的小母猪充当种猪的使用寿命较短，4~6月龄阶段的选留数量可比最终留种数量多10%~20%。

（4）配种时期的选留。后备母猪一般在8~10月龄配种，主要淘汰发育缓慢，久配不孕而达不到育种指标的以及繁殖疾患而不能作为种用的个体。

（5）初产母猪的选留。经多次筛选后仍留下来的后备母猪已有繁殖成绩，此时，要以自身繁殖成绩为主要依据。仔猪达到断奶时，淘汰生产畸形、隐睾、毛色和耳型等不符合育种要求的仔猪的母猪，把产仔猪多、母性好、泌乳能力强的母猪留作种用，其余转入生产群或出售。在日本，母猪初产后规定留种率为40%，而在我国淘汰率很低。

3. 外购后备母猪

引进种猪一般要求体重达60 kg左右，体重过小，各组织器官未发育成熟，还未完全定型，不利于挑选，体重过大的可能是挑剩的猪，并且影响引种后免疫计划；运输过程中应激过大，瘫痪、跛腿、脱肛等现象更为严重，新建猪场不要按生产规模购入全部的后备母猪，引种数量为本场的1/5~1/4较适宜。种猪场要选择有适度规模、信誉度高、有种猪生产经营许可证，技术水平高的种猪场购买后备母猪，并且要把种猪健康放在第一位，健康状况至少要和本场相当。为避免本场病原更加复杂，要了解该场是否为疾病爆发区、是否有某些特定疾病，种猪的系谱要清楚，必须获取系谱卡；在运输途中，夏季要防暑降温，冬季要防寒保暖。到达猪场后连猪带车都要严格消毒，引进的后备母猪进入隔离舍饲养，饮水中加入抗应激的药物，日喂量逐渐恢复，隔离观察40 d以上，确认无病后才可与原有猪群合群饲养。不要平繁从多个猪场引种，以免造成交叉感染。

二、后备种猪的生长发育规律

1. 体重的增长

体重是身体各部位及组织生长的综合度当改指标，并能体现品种特性。在正常的饲养管理条件下，后备猪体重的绝对值随月龄的增加而增大，其相对生长强度则随月龄的增长而降低，到成年时，稳定在一定的水平。

体重是衡量后备猪各组织器官综合生长状况的指标，随月龄呈现一定的变化规律。地方猪种4月龄以前相对生长强度最高，8月龄以前生长速度最快；瘦肉型猪在2月龄以前生长强度最大，6月龄以前增重速度最快。猪的体重变化和生长发育还受饲养方式、饲料营养、环境条件等多种因素的影响。后备猪培育期的饲养水平，要根据后备猪的种用目的来确定，把目前利益与长远目标结合起来。日增重的快慢只能间接地作为种猪发育的依据，生长发育过快，使销售体重提前到生理上的早期阶段，会导致初产母猪的配种困难。因为在整个培育期过度消耗遗传生长潜力，则对以后繁殖力有不利影响。所以，后备猪培育期的生长速要适度加以控制。

2. 体组织的生长

猪的骨骼、肌肉、脂肪生长顺序和强度是不平衡的，在不同的时期和不同的阶段各有侧重，呈现一定的规律性，即按骨骼—皮肤—肌肉—脂肪的顺序生长。在正常的生产条件下，瘦肉型猪在生长发育过程中，骨骼从生后到 4 月龄生长最快，4 月龄后开始下降；肌肉 4 ~ 6 月龄，体重 30 ~ 70 kg 时增长最快，6 月龄体重到 90 ~ 100 kg 时生长强度达到高峰；脂肪生长一直在上升，6 ~ 7 月龄体重 90 ~ 100 kg 达到高峰，以后下降；但绝对增重直线上升直到成年。

3. 各部位的生长规律

仔猪出生后，骨骼的发育强烈尤其是后备猪阶段，中轴骨发育比外周骨强烈。即体躯先向长的方向发展，然后再向粗的方向发展。所以，如果在 6 月龄以前，提高营养水平，可以得到长腰条的猪；反之，得到较粗、短的猪。

4. 化学成分的变化规律

随着月龄的增长，猪体的水分、蛋白质、矿物质比例下降，而脂肪的含量迅速增加。猪在生长过程中，增重所含成分随着年龄和体重增加而变化。幼猪增重中水分所占比例高达 50%，90 kg 以上的猪增重以脂肪为主，可在 65% 以上，蛋白质的增长幼龄时占的比例较高，90 kg 以后下降到 10% 以下。体内矿物质（灰分）的增长从幼年到成年变化不大。

三、后备种猪的饲养管理

1. 把握好营养水平

后备猪不同于生长肉猪其生长速度越快越好，生长速度过快会使将来体质不结实，种用效果不理想，特别是后备母猪会影响终生的繁殖和泌乳，其主要后果是后备母猪发情配种困难。应通过限量饲喂的方法来培育后备母猪，控制其生长速度。瘦肉型后备猪饲养标准要求，每千克饲粮中含有可消化能 12.55 ~ 12.13 MJ，粗蛋白质水平 14% ~ 16%。美国 NRC（1998）要求饲粮中赖氨酸水平为 0.76% ~ 0.88%，钙 0.95%，总磷 0.80%。如果蛋白质或氨基酸不足会导致后备猪肌肉生长受阻，脂肪沉积速度加快而导致身体偏肥，体质下降，影响将来繁殖生产。矿物质不足不仅影响骨骼生长发育，而且也影响公母猪的性成熟及配种妊娠和产仔。后备公猪的蛋白质水平应比后备母猪高 1 ~ 2 个百分单位。后备猪育成阶段日粮占其体重的 4% 左右，70 ~ 80 kg 以后占体重 3% ~ 3.5%，全期日增重控制在 300 ~ 500 g。后备母猪在 8 月龄左右，体重控制在 110 kg；后备公猪 9 ~ 10 月龄，体重控制在 110 ~ 120 kg。

在培育后备猪过程中，为了锻炼胃肠消化功能，增强适应性，可以使用一定数量的优质青绿饲料和粗饲料，特别是使用苜蓿饲喂后备母猪，在以后的繁殖和泌乳等方面均会出现优越性。要特别注意后备猪的矿物质，维生素的供应，保证后备猪整个身体得到充分的发育。后备猪饲粮中的钙、磷含量均应高于不做种用的生长猪，有利于将来繁殖。

2. 科学管理

（1）合理分群。后备猪育成阶段每栏 8～10 头，60 kg 以后每栏 4～6 头。饲槽要充足，防止个别胆小抢不上槽，影响生长，降低全栏后备猪的整齐度。每栏的密度不要过大，防止出现咬尾、咬耳、咬架等现象。后备猪达到性成熟后，开始爬跨其他公猪，造成栏内其他公猪也跟着骚动，影响采食和生长，适宜单圈饲养。

（2）加强运动。可以促进后备猪骨骼的良好发育和健康的体质，使猪发育匀称，四肢更为灵活和坚实。特别是放牧运动可呼吸新鲜空气和接受光浴、拱食鲜土和青绿饲料，对促进生长发育和抗病力有良好的作用。因此，有放牧条件的最好进行放牧运动，一般养猪场可以设立运动场，让猪自由运动或驱赶运动。在运动期间可将试情公猪引入，有诱情效果。

（3）定期称重、量体长及膘厚。每一个品种的猪都有一定的生长发育规律，通过称量后备猪各月龄体重，可比较个体间生长发育的差异，有利于选育，并可据此适时调整饲料的饲养水平和饲喂量，达到应有的体质和体况。后备猪应在 6 月龄以后，测量活体背膘厚度，按月龄测量体长。根据标准，对发育不良的后备猪要及时淘汰，避免造成人力、物力浪费。

（4）加强日常管理。第一，做好卫生消毒工作，防止疾病发生。及时清除粪便，保持猪舍清洁，注意通风；猪舍、地面、用具和食槽定期消毒；消灭蚊蝇、老鼠，禁止狗、猫进入；定期驱虫和预防接种。第二，注意防寒保暖和防暑降温工作。

3. 后备公猪的调教

（1）爬跨母猪台法。调教用的母猪台高度要适中，以 45～50 cm 为宜，可因猪只不同而调节，最好使用活动式母猪台。调教前，先将其他公猪的精液或其胶体或发情母猪的尿液涂在母猪台上面，然后将后备公猪赶到调教栏，公猪一般闻到气味后，大都愿意啃、拱母猪台，此时，若调教人员再发出像类似发情母猪叫声的声音，更能刺激公猪性欲的提高，一旦有较高的性欲，公猪慢慢就会爬母猪台了。如果有爬跨的欲望，但没有爬跨，最好第二天再调教。一般 1～2 周可调教成功。

（2）爬跨发情母猪法。调教前，将一头发情旺期且与待调教公猪体格相近的母猪用麻袋或其他不透明物盖起来，不露肢蹄，只露母猪阴户，赶至母猪台旁边，然后将公猪赶来，让其嗅、拱母猪，刺激其性欲的提高。当公猪性欲高涨时，迅速赶走母猪，而将涂有其他公猪精液或母猪尿液的母猪台移过来，让公猪爬跨。一旦爬跨成功，第二、三天就可以用母猪台进行强化了，这种方法比较麻烦，但效果较好。

后备公猪调教的注意事项。准备留作采精用的公猪，从 7～8 月龄开始调教，效果比从 6 月龄就开始调教要好得多，不仅易于受精，而且可以缩短调教时间并延长使用时间，后备公猪在配种妊娠舍适应饲养的 45 d 内，人要经常进栏，使后备公猪熟悉环境，训练后备公猪进出猪圈及在道路上行走，在训练过程中可抓住公猪的尾巴；进行后备公猪调教时，要有足够的耐心，不能粗暴的对待公猪，调教人员应态度温和，方法得当，调教时发出一种类似母猪叫声的声音或经常抚摸公猪，使调教人员的一举一动或声音渐渐成为公猪行动的指令；调教时，应先调教性欲旺盛的公猪。公猪性欲的好坏，一般可通过咀嚼唾液的多少来判断，唾液越多性欲越旺盛，对于那些对假母猪台或母猪不感兴趣的公猪，可以让他们在旁边观望或在其他公猪配种时观望，以刺激其性欲的提高；对于后备公猪，每次调教的时间 15～20 min，每天训练 1 次，一周最好不要少于 3 次，直至爬跨成功，调教时间太长，容易引起公猪厌烦，起不到调教效果。调教成功后，一周内隔日要采精 1 次，以加强其记忆。以后每周可采精 1 次，至 12 月龄后每周采 2 次，一般不超过 3 次。

4. 后备母猪的诱情

初情期是指后备母猪达到性成熟时，即出现第一次发情。在发育正常的情况下，后备母猪的开配时间，最好是在第三次发情时配种。

（1）后备种母猪确定。作为引进品种的后备种母猪通常指体重 110 kg 至配种阶段的种母猪。该阶段种母猪的饲养目标是使后备母猪在 240 日龄以上时体重达到 135 kg，背膘厚介于 14 ~ 20 mm，各项育种指标高于同类群数量三分之一以上。

（2）挑选诱情、查情公猪。从公猪舍挑选诱情、查情公猪到后备舍对 160 日龄以上的母猪实施诱情、查情工作。

（3）诱情、查情方法。首先用栏猪板将诱情、查情公猪赶至后备母猪栏舍与后备母猪有鼻对鼻或直接的接触机会；其次是诱情、查情必须有公猪在场；第三，查情人员在母猪后部逐头检查，观察母猪性行为表现。

（4）公猪诱情。后备母猪从 160 ~ 170 日龄开始与公猪身体接触，每天 2 次，每次 10 ~ 15 min；低于 140 日龄，效果不明显。

（5）查情。

一查母猪静立反射情况。发情母猪对公猪敏感，公猪路过接近、公猪叫声、气味都会引起母猪如下反应：眼发呆，尾翘起、颤抖，头向前倾，颈伸直，耳竖起（直耳品种），推之不动，喜欢接近公猪；性欲高时会主动爬跨其他母猪或公猪，引起其他猪惊叫；此时查情人员对母猪背部、耳根、腹侧和乳房等敏感部位进行触摸、按压就会出现呆立不动的静立反射，甚至查情人员骑在母猪背部也会不动。

二查母猪阴门变化。发情母猪阴门肿胀，其颜色变化为白粉变粉红，到深红，到紫红色；其状态由肿胀到微缩到皱缩。

三查母猪阴门内液体。发情后，母猪阴门内常流出一些黏性液体，初期似尿，清亮；盛期颜色加深为乳样浅白色，有一定黏度，后期为黏稠略带黄色，似小孩鼻涕样。

四查外观。活动频繁，特别是其他猪睡觉时该猪仍站立或走动，不安定，喜欢接近人。

（6）标记。通过查情，对发现已发情的后备母猪一是要用彩色蜡笔或彩色喷漆在猪背上做发情标记符号，以利下次查情观察；二是要进行登记记录在案。

注意事项。凡与公猪、母猪接近的人员态度应温和，严禁恶声恶气地打骂，粗暴对待猪只；日常饲养管理中可进行口令和触摸等亲和训练，训练使之性情温顺，便于以后人与猪、猪与猪、公猪与母猪的接触；训练猪只良好的吃、喝、拉、睡生活规律；注意人员安全。

自测训练

问答题

1. 后备猪的生长发育规律？
2. 后备猪的科学管理？
3. 后备公猪如何调教？

任务七　生长育肥舍饲养管理

任务要求

1. 了解育肥猪的生长发育规律。
2. 理解影响肉猪生长肥育的因素。
3. 掌握提高肉猪肥育效率的主要措施。

学习条件

1. 生长育肥舍、称猪栏、秤。
2. 多媒体教室、教学课件、教材、参考图书。
3. 生长育肥猪饲养记录，包括精神状态观察、药品消耗、日增重与饲料消耗记录表格。

相关知识

　　生长育肥猪是一般商品猪场的终端产品，作为种猪核心场，每次选种被淘汰的不能作为种猪的，均被转入生长育肥舍，进行培育和育肥，60 kg 以前选种不能作为种用的进入培育舍，60 kg 以后不能作为种用的直接进入育肥舍。育肥猪生产中所涉及的饲料营养、生长发育规律、生长速度、管理技术，都有别于种猪和仔猪生产，再加之选种被淘汰下来的不能作为种猪的量比较大，因此生长育肥猪生产成绩的好与坏，很大程度上决定种猪场经济效益的好坏。

一、生长育肥猪的生长发育规律

（一）体重的生长速度

　　生长育肥猪是指 70～180 日龄、处于快速生长阶段的商品猪。根据经典的育种理论可知，猪的绝对生长速度在一定的日龄内随日龄的增长而增加，达到高峰后才开始下降，这一转折点在不同的猪品种中，表现的不一致，一般在 150～180 日龄、体重在 90 kg 左右。

　　从育肥猪的生长可以发现，各组织的相对增重，骨骼的下降幅度最大，肌肉下降的幅度较缓，只有脂肪，随着体重的增加，相对增重仍然在增加，大量的研究表明，骨骼的增长高峰是在出生后的 4 月龄，肌肉是在 4～6 月龄，此时的体重为 30～70 kg，脂肪的增长速度一直保持到成年。

　　由于各种组织所含化学成分和生长速度等都不同，例如，脂肪的生长速度在后期明显，肌肉在中期较为明显，骨骼在生长的早期发育迅速，导致在生长肥育过程中，猪体内蛋白质、脂肪、灰分的变化也呈一定的规律性，这为确定合适的屠宰体重提供了科学依据。

（二）组织的生长速度

几个与生长发育有关的组织，如骨骼、肌肉、皮肤、脂肪等，在猪一生的各个生理阶段的生长强度和速度是各不相同的，而且表现出一定规律性，以达到生长速度高峰为评价指标。在不同的生理阶段，达到生长高峰的先后顺序依次为骨骼、肌肉、皮肤、脂肪。如图 4-1 所示揭示了不同组织在不同月龄的相对增重（以某组织的增重除以体重）。

（三）饲料报酬的变化

饲料报酬是指单位体重的增长所消耗的饲料量。生长育肥猪在不同生理阶段的饲料报酬是不相同的，一般的规律是在生长的前期，饲料报酬较高，为 0.16～2.5，而到生长肥育的后期，饲料报酬则显著降低，通常达到 3.5～5.0。

饲料利用率的高低还受到环境条件（主要是温度和湿度）、遗传基础、采食量、生产管理等因素的影响。

二、生长育肥猪的饲养管理

（一）影响生长性能的因素

1. 遗传因素

在影响畜牧生产效率的诸多因素中，畜禽品种或品系的遗传基础起主导作用。在现代养猪生产中，品种对提高猪生产性能的贡献率为 30%～40%。因此，选种好猪的品种是十分重要的。造成不同品种种猪在生长产性能方面出现较大差异的遗传原因主要是不同品种猪各组织在各生理阶段生长发育性能有差异，不同组织在不同生理阶段的沉积强度和速度不同；在单位重量的瘦肉增重中，瘦肉型猪所需要的时间较短，脂肪型猪需要的时间较长。

2. 性　别

生长育肥猪所涉及的性别有未去势公猪、去势公猪和去势母猪、未去势母猪两种四类。大量资料都认为：现代大型晚熟品种小母猪在 6 月龄前，去势与未去势对生长性能影响的差异很小，常作为一种性别类型考虑。在考虑不同性别猪在生长肥育性能方面是否存在差异时，应该考虑到不同的遗传基础，例如，不同品种或杂交方式。由于性激素的作用，去势公猪的采食量教未去势公猪和小母猪大，增重也较快。但是在瘦肉生长速度方面，未去势公猪的瘦肉生长速度较快，可能缘由体内较高水平的雄性激素，去势公猪和小母猪的瘦肉生长速度很相似。

3. 断奶体重

由于断奶体重与育肥期日增重之间的相关系数高达 0.82～0.92，因此，较高的断奶体重能获得较快的育成育肥期日增重。在生产中，常有农谚说："出生差一两，断奶差一斤，长大差十斤。"

4. 环境因素

猪在生长育肥中，适宜的环境条件能很大程度上提高猪的生产性能。育肥舍的温度一般要求 15 ℃ ~ 23 ℃，介于最高临界温度和最低临界温度之间的为适宜温度（18 ℃）。当温度升高时，应采取避暑降温措施，以免影响猪的采食量；当温度低于临界温度时，则应考虑低温对维持需要的影响，提高室温以节省饲料消耗。

另外，育肥舍的相对湿度、空气新鲜程度、光照和安静的环境对生长育肥猪的生产性能都能产生一定的影响，也是重要的环境因素。

在育肥环境中，适宜的饲养密度可以提高猪的日增重、饲料报酬，也有利于猪健康水平的提高；安静的环境和偏暗的光照，更有利于育肥猪的生长和减少维持消耗。

5. 疫 病

一般认为疫病对生长的影响主要有两个方面：一方面是影响猪采食量和饲料的消化吸收，另一方面则是将体内的营养物质转移到满足机体的免疫活动的需要。当生长猪处于临床或亚临床状态时，经常表现为食欲缺乏、精神萎靡、消化系统的功能降低等，影响饲料摄入和饲料养分的消化吸收。而不同免疫水平的猪，对相同的饲料供应也会表现出不同的生长速度。

6. 饲料营养

饲料是猪生长的物质基础，良好的饲料品质、充足的平衡日粮供应，是猪快速生长的必须条件之一。

在日粮组成上，应该根据不同生长阶段对营养需要的不同要求配置。饲料中所含的营养物质应该全面而平衡，各种营养物质要满足猪的需要量。对于生长育肥猪来讲，能量的需要更应该重视，是第一营养要素。能量水平不但影响日增重，而且也制约蛋白质的利用率，从而影响猪瘦肉的生长沉积。从经济角度看，如果饲料中的能蛋比不合理，将会降低饲料的利用率，增加饲养成本。饲料原料的品种和质量还会影响猪酮体品质。

7. 饲喂方式

在现代养猪生产中，饲喂模式是指限量饲喂还是自由采食。限量饲喂是根据猪的各组织生长沉积而采取的一种饲喂方式，其科学依据是：瘦肉型猪在 20 ~ 60 kg 体重阶段，蛋白质的生长量可以从 84 g/d 上升到 119 g/d；当体重超过 60 kg 以后，蛋白质的日沉积量基本在 125 g。而一般认为体重在 20 ~ 60 kg 阶段时脂肪沉积量为 30 ~ 120 g/d。当体重超过 60 kg 后则可增加 378 g/d。

根据生长猪的这种组织发育规律，在体重 60 kg 前，可以采取自由采食的方法，以高能量、高蛋白质水平的日粮满足其肌肉组织快速生长的需要；而体重超过 60 kg 后，可以采取限质或限量的方式，限制其能量的摄取，以控制脂肪在体内的沉积量，这样可以满足猪的饱腹感需要；限量则是在饲料能量浓度不变的情况下，减少采食量，只给予喂量的七八成。自由采食则是为了满足猪的生理需要而供给充足养分的饲喂模式。自由采食对生长猪有利，而对酮体品质不利。限量饲喂则可导致日增重和饲料转化率降低，但酮体瘦肉率有一定的提高。

（二）肉猪生产前准备

1. 圈舍准备

在对圈舍、圈栏彻底清洁和必要的维修后，用 3%烧碱水喷洒消毒，墙内外用 20%石灰乳粉刷；有关用具等应清洁消毒。

育肥舍适宜温度为 15 ~ 18 ℃，低于 15 ℃ 时需关好门窗，作好保暖升温工作；猪舍内温度较高（达 30 ℃ 以上），对猪只进行冲洗降温；栏舍要通风，空气要流通，减少空气中有害气体的浓度。

2. 苗猪准备

（1）去势：将核心场内不能做种用的公猪在 10 ~ 14 d 去势，母猪一般不做去势。不去势对生长、饲料报酬和肉质无不良影响，但瘦肉率略有提高。

（2）免疫：在核心场内对所有淘汰下来作为商品育肥的仔猪同样应与核心场的种猪一样，按免疫程序做好哺乳、保育期间的免疫工作。

（3）驱虫：在保育后期做好内外寄生虫的驱虫工作。

（三）肉猪生产的饲养管理

1. 饲养管理的过渡

尽管经过保育期的仔猪抗应激能力有所增强，但还需在用料、饲喂方式等方面做好过渡工作。

2. 合理组群

按品种或杂交组合，体重大小、体质强弱等情况分群。根据圈栏结构和体重大小，一般 10 ~ 20 头一圈，饲养密度为 3 ~ 4 月龄 0.6 m/头，4 ~ 6 月龄 0.8 m/头，以后 1 m/头。

3. 三定位调教

苗猪刚入栏就要对其吃、睡、便进行三点定位调教，防止咬耳咬尾，经过调教的猪，可以减少工人的劳动强度，也有利于猪的生长。

4. 分段饲喂

根据生长发育规律，日粮组成一般以 60 kg 体重为标准，分前后两个营养水平，按对应的饲养标准供应饲粮，一般全过程可以干粉料或颗粒料计量不限量的畅饲为宜，也可出栏前 2 ~ 3 周开始适当限质或限量，限质是降低日粮营养浓度而不限量，限量是以畅饲量的 80% ~ 90% 为供粮标准，以提高酮体瘦肉率。

5. 饮　水

水是猪体的重要组成部分，是新陈代谢的载体，尤其是刚转入育肥舍的保育猪，如果缺水，常会引起仔猪的双眼深陷，神情蔫郁，嗜睡等，严重者可能会因饮尿或脏水而引起腹泻等疾病。因此，必须保证清洁水的供应，水质应符合标准。

三、上市体重

根据试验报道，育肥猪在 60 ~ 120 kg 体重阶段，每增重 10 kg，瘦肉率就降低 0.5 个百分点，同时，肌肉脂肪也有一定量的沉积。

基于育肥猪在后期饲料转化率下降，酮体脂肪率升高等既增加成本，又不利于生产，不符合消费者需求的情况，确定合理的育肥猪上市体重，具有十分重要的意义。

（一）影响上市体重的因素

1. 消费者对酮体的需求

随着人们生活水平的提高，对猪肉的消费已经从"量"的满足转到"质"的追求，消费者对猪肉的需求主要集中在酮体的肥瘦度和肉脂品质方面，这导致大量的脂肪型猪品种退出了历史的舞台，而瘦肉型猪品种因为酮体瘦肉率高受到了消费者的追捧。

消费者对猪肉的要求受经济发展水平的影响，一般在经济较发达的国家和地区追求较高的瘦肉率；而在经济欠发达地区往往喜欢脂肪较多的酮体，以满足能量的需求；消费者的饮食口味及文化背景对猪肉要求影响也较大。总的趋势是上市体重应考虑酮体瘦肉率。

2. 生产者的最佳经济效益

根据猪的生长规律可知，当猪生长到一定阶段后，肌肉的沉积速度减慢而脂肪的沉积速度加快，导致饲料转化率下降，饲料成本增加，进而降低生产者的经济效益。

3. 市场的供求情况

经济发展水平，节假日、季节变化和疫情疫病等因素都可能影响猪肉市场的供求关系，从而影响养猪生产者选择适宜的上市体重，以平衡市场供求关系和获得最佳经济效益。当猪肉供不应求时，上市体重就会偏高，以提高存栏猪的单产；相反，当猪肉供大于求是，上市体重偏低，以提高瘦肉率，满足消费者需求。

（二）适宜的上市体重

商品猪适宜的上市体重受诸多因素的影响：生产者主要考虑的是日增重、料肉比、单位成本和上市猪价格，消费者主要考虑的是瘦肉率、肉品质和价格；经营者主要考虑的是屠宰率、瘦肉率、买卖价格和销售率等因素。综合上述因素的商品猪上市体重，一般以地方猪 75 kg，洋土杂种猪 90 kg，洋种及其杂种猪 100 ~ 110 kg 为宜。

（三）猪肉品质

当人们致力于提高酮体瘦肉率的时候，由于忽略了猪的体质、外形与内在机能之间的协调，伴随而来的是猪肉质量的变异。

1. 猪肉品质的评价指标

常用的猪肉品质评价指标包括：肉色、pH、系水力、大理石花纹、嫩度和香味等。

在评价肉色时，目前存在两种体系，欧美、我国的 5 分制和日本的 6 分制。一般要求肉色评分在 3 ~ 4 分。pH 是反映猪屠宰后肌糖原酵解的指标，一般要求在 6.0 ~ 6.7；这一指标也是判断劣质肉的主要依据。除此之外，大理石花纹能反映出肌肉间沉积脂肪的程度。有资料认为，肌肉脂肪含量与肉的风味密切相关。

2. 影响猪肉品质的因素

影响猪肉品质的因素主要有遗传、营养、气候、饲养环境、运输时间、屠宰时间、屠宰方式、屠宰体重、屠宰后处理、储存时间、烹饪方法等。

（1）遗传。具有快速生长肌肉基因的猪，往往较易出现劣质肉，已知与劣质肉有关的基因是氟烷基因和酸肉基因。例如，皮特兰猪是目前已知的瘦肉率最高的品种，但其氟烷基因的阳性检出率高达88%；中国地方品种被认为具有产生优质猪肉的基因，例如梅山猪除了其高繁殖性能被利用外，还被用来改良欧美猪的肉质。在国外，杜洛克也常用来改善其他品种猪的肉质。

（2）营养。氧化作用是引起猪肉品质变差的主要因素。猪肉氧化引起脂肪酸败、蛋白质分解，产生难闻气味；肉的颜色由粉红色变成深棕色；系水力降低，久置有水分渗出等。因此，在饲料添加具有抗氧化作用的养分可提高猪肉品质，以延长猪肉的货架寿命，具有这类功能的营养物质主要有维生素 E、维生素 D_3、硒等；其中，饲粮中高水平的维生素 E 可以增加猪肉中维生素 E 的水平，在贮存过程中，可减少脂肪的氧化；同时，对系水力和肉的颜色又有积极影响。

饲粮中的脂肪酸可以改变猪酮体中脂肪的组成，从而影响酮体脂肪含量，减少酮体排酸量和时间，还可以减少胃穿孔的发生率。在屠宰前，将猪放入待宰圈中停留一段时间，进行淋浴，甚至播放音乐，以缓解猪的应激，减轻体内乳糖酵解；在屠宰时，尽量减少对猪的应激，以点击的方式将猪麻醉后放血；去除内脏的酮体应在 4 ℃ 条件下排酸，经上述处理可减少对酮体的不良影响。

自测训练

一、填空题

1. 生长育肥猪舍的温度一般要求在＿＿＿＿＿℃，介于最高临界温度和最低临界温度的较适宜的温度则为＿＿＿＿＿℃。

2. 单位体重增长所消耗的饲料量指的是＿＿＿＿＿＿＿＿＿＿＿＿＿＿＿＿＿。

3. 地方猪种育肥猪的合理上市体重为＿＿＿＿＿＿＿kg；洋种及其杂种猪合理上市体重为＿＿＿＿＿＿kg。

二、问答题

1. 影响育肥猪生长性能的因素是什么？

2. 影响上市体重的因素有哪些？

顶岗综合实训

种猪场种猪生产

一、实训目的

使学生掌握饲养流程管理技术的操作要点。

二、实训工具与材料

1. 教学录像带，多媒体教室。

2. 种猪场各流程猪只若干，饲喂各流程猪只饲料、工具，相关疫苗和器械。

三、实训方法与步骤

（一）观看种猪生产各流程教学录像

在进场前反复观看教学录像，教师指出关键动作，学生归纳操作要领。

（二）进场顶岗实训

1. 进场：学生到场后，严格按照生物安全要求，人、物分别分道，换衣服、鞋进入外勤区，然后再工作人员的指导下洗澡、换衣服、鞋，进入隔离区进行隔离，至少 48 h。48 h 后，经洗澡、换衣服、鞋，进入内勤区，第四天按照公司要求进入生产区。

2. 全面介绍：种猪场场长对学生进行整个场基本情况介绍，以及注意事项和要求。

3. 分 6 组到各车间进行顶岗实训，由各车间组长对学生进行辅导、管理。

（1）公猪舍顶岗实训一周。

按照《公猪舍操作规程》进行操作实训。

（2）配种妊娠舍顶岗实训一周。

按照《配种妊娠舍操作规程》进行操作实训。

（3）产仔舍顶岗实训一周。

按照《产仔舍操作规程》进行操作实训。

（4）保育舍顶岗实训一周。

按照《保育舍操作规程》进行操作实训。

（5）生长培育舍后备舍顶岗实训一周。

按照《生长培育舍操作规程》进行操作实训。

按照《后备舍操作规程》进行操作实训。

（6）生长育肥舍顶岗实训一周。

按照《生长育肥舍操作规程》进行操作实训。

4. 各车间组长用每周最后一天对学生进行技能考核。

四、实训作业

学生到种猪场顶岗实训，严格按照操作规程的操作要求。逐步进行反复训练，最终达到熟练操作的程度，写出各生产车间技术要点和顶岗实训总结报告。

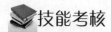技能考核

技能考核方法见表 4-8 ~ 表 4-11。

表 4-8　种公猪舍的饲养管理

序号	考核项目	考核内容	考核标准	参考分值
1	考核过程	操作态度	精力集中，积极主动，服从安排	10
2		协作精神	有合作精神，积极与小组成员配合，共同完成任务	10
3		种公猪的饲养管理	饲喂正确，操作熟练，浪费较少，清洁卫生	10
4		调教、采精、验精	动作熟练，操作正确	20
5		育种选配	熟悉育种软件，能进行育种选配	10
6	结果考核	检验结果综合判断	准确	10
7		工作记录和日报表	有完成全部工作任务的工作记录，字迹工整；报表结果正确，上交及时	20
8		进场制度	进场程序正确，遵守生物安全和企业规章制度	10
合　计				100

表 4-9　配种妊娠舍的饲养管理

序号	考核项目	考核内容	考核标准	参考分值
1	考核过程	操作态度	精力集中，积极主动，服从安排	10
2		协作精神	有合作精神，积极与小组成员配合，共同完成任务	10
3		种母猪的饲养管理	饲喂正确，操作熟练，技术到位，清洁卫生	10
4		背膘测定	动作熟练，操作正确	10
5		发情鉴定	动作熟练，操作正确	10
6		输精	动作熟练，操作正确	10
7		妊娠鉴定	使用仪器正确，动作熟练，操作正确	10
8	结果考核	检验结果综合判断	准确	10
9		工作记录和日报表	有完成全部工作任务的工作记录，字迹工整；报表结果正确，上交及时	10
10		进场制度	进场程序正确，遵守生物安全和企业规章制度	10
合　计				100

表 4-10　产仔舍的饲养管理

序号	考核项目	考核内容	考核标准	参考分值
1	考核过程	操作态度	精力集中，积极主动，服从安排	10
2		协作精神	有合作精神，积极与小组成员配合，共同完成任务	10
3		种母猪的饲养管理	饲喂正确，操作熟练，技术到位，清洁卫生	10
4		接产	动作熟练，操作正确，技术到位	10
5		仔猪护理	动作熟练，操作正确，技术到位	10
6		免疫	能制定免疫程序，疫苗注射操作熟练，技术到位	10
7		仔猪断奶	使用方法正确，动作熟练，操作正确	10
8	结果考核	结果综合判断	准确、生长发育正常，死亡率未超过标准	10
9		工作记录和日报表	有完成全部工作任务的工作记录，字迹工整；报表结果正确，上交及时	10
10		进场制度	进场程序正确，遵守生物安全和企业规章制度	10
合　计				100

表 4-11　保育舍、后备舍、培育舍和育肥舍的饲养管理

序号	考核项目	考核内容	考核标准	参考分值
1	考核过程	操作态度	精力集中，积极主动，服从安排	10
2		协作精神	有合作精神，积极与小组成员配合，共同完成任务	10
3		保育猪的饲养管理	饲喂正确，操作熟练，技术到位，清洁卫生	10
4		免疫	疫苗注射操作熟练，技术到位	10
5		合理组群	组群原则正确组群后群体秩序良好	10
6		调教	正确应用防治强夺弱食的方法、三点定位的处理措施	10
7		选种	标准熟悉，操作熟练	10
8	结果考核	结果综合判断	准确、生长发育正常，死亡率未超过标准	10
9		工作记录和日报表	有完成全部工作任务的工作记录，字迹工整；报表结果正确，上交及时	10
10		进场制度	进场程序正确，遵守生物安全和企业规章制度	10
合　计				100

项目五　种猪疫病防治

【知识目标】

1. 掌握目前猪病发生与流行的主要特点和规律。
2. 掌握猪场目前主要的传染病特征、临床表现和防治措施。
3. 了解猪常见的寄生虫病和普通病的诊断与治疗。
4. 能自学猪病新知识和了解国内外猪病的流行情况与特点。

【技能目标】

1. 能正确制定家畜的保健、免疫、投药和驱虫计划，能正确进行消毒、杀虫、灭鼠和进行粪污及动物尸体无害化处理。
2. 能对种猪场重点防疫的疫病进行抗体水平检测与监控。
3. 能识别病健猪，能进行解剖和描述综述病理变化。
4. 能按要求和标准规范采取病料，能进行临床和实验室的初步的诊断。
5. 能拟订猪病的治疗方案，并能进行合理地治疗。
6. 能应用猪病防治新技术和推广新成果。

任务一　种猪应激预防

📚 任务要求

1. 实地参观，调查养猪场、查阅、收集相关资料。
2. 掌握种猪的应激预防措施。
3. 正确认识猪的应激反应在生产中的危害。

📚 学习条件

1. 种猪场及引种猪只若干。
2. 多媒体教室、教学课件、教材、参考图书。

📚**相关知识**

一、应激的概念

应激是动物体受到体内外非特异的有害因子（应激原）的刺激所表现的机能障碍和防御反应，是指机体对外界或内部的各种异常刺激所产生的非特异性应答反映的总和，或者说应激是机体对向它提出任何要求所做的非特异性应答。

二、应激的发病机理

猪受到应激原的作用后，下丘脑兴奋，分泌促肾上腺皮质释放激素，通过垂体门脉系统进入垂体前叶，使垂体前叶分泌肾上腺皮质激素（ACTH）增多，ACTH 通过血液循环到达肾上腺，促使糖皮质激素的释放。

三、应激对猪的影响

在养猪过程中常见的应激性疾病主要有猝死综合征：主要症状是早期肌肉震颤、尾抖，继而呼吸困难，心悸，皮肤出现红斑或紫斑，可视黏膜发绀，最后衰竭死亡。尸僵快，尸体酸度高，肉质发生变化，如水猪肉、暗猪肉、背最长肌坏死等。猪应激性溃疡：以胃、十二指肠黏膜等发生溃疡为主，消化道菌群失调。

四、应激效应的预防措施

1. 挑选抗应激猪种

不同的猪对应激的敏感性不同。因此，在购买、引进猪苗时，应注意挑选抗应激性能强的品种。

2. 加强管理

加强管理，改善环境条件，是减少猪应激的重要措施之一。

物理应激：过冷、过热、强辐射、低气压贼风、强噪声等。

对策：保温防暑，远离工厂及污染区，防止贼风，保持环境相对安静。

化学应激：空气中的 CO_2、NH_3、H_2S 等有毒有害气体浓度过高、各种化学毒物和药剂等。对策：通风换气，净化空气，保持环境卫生，勤换垫料。

饲养过程中的应激：饥饿或过饱、日粮不平衡、急剧变更日粮和饲养水平、饮水不足和水质不洁等。对策：平衡日粮，供给清洁饮水。可在每 1 000 kg 饲料中添加肝为肽 1 000 g。

生产工艺应激：饲养规程变更，饲养员更换、断奶、称重、转群、抓捕、驱赶、缺乏运动、饲养密度过大、饲槽宽度不足、组群过大等。对策：合理饲养密度，断奶前尽量少抓猪，少注射给药。可用强圣注射液作 3 针保健，免除土霉素和抗毒增免注射液分别注射对猪只造成人为刺激。

生物学应激：许多致病因素除引起特异性疾病外，还引起猪的严重应激反应。对策：脱出饲料中和猪体内的毒素，保肝、脱毒、补能增免（可在饲料中定期添加肝为肽）；定期驱虫（可选用孕畜能用的金伊素或通杀），预防因圆环病毒、蓝耳病毒、伪狂犬病毒导致的免疫抑制性疾病及呼吸综合病征（增免抗毒、控制继发感染和呼吸病征，可定期在饲料中添加疫毒健预防）。

心理应激：争斗、社群等级地位、惊吓、人的粗暴对待以及其他引起心理紧张的因素。对策：合理分群，和谐对待猪只，保持环境安静。

运输应激：在装卸和运输过程中，许多超阈值的刺激同时作用于猪，会降低生猪的防御机制导致猪发烧，如果猪的呼吸频率超过 80 次/min，体温超过 39.7 ℃，就表明出现了严重的运输应激。对策：装车后要合理隔离，及时清除粪尿及腐败物，注意通风和保温，尽量不要颠簸。上车前注射强圣注射液，饲料和饮水中添加肝为肽。

其他的应激因素：常见的有母猪发情、配种、怀孕、产子、哺乳等特殊的生理活动，本身就是应激原，必然会对牧畜造成强烈的刺激而引发应激。对策：注意母猪配种前后及哺乳期的管理，特别应注意预防子宫炎、乳房炎及产前产后不吃食的现象发生。

3. 药物防治应激

为了提高机体的抗应激能力，防治应激，可通过饲料和饮水或其他途径给予抗应激药物。

实训操作

对猪只进行应激预防

一、实训目的

1. 实地考察，了解种猪场应激预防措施。
2. 掌握应激预防措施。

二、实训材料与用具

某种猪场、应激药品、记录资料等。

三、实训方法与步骤

1. 查阅该种猪场应激预防记录；
2. 由老师讲解对两类猪只应激预防的措施与步骤；
3. 组织学生分制到各车间，对产生应激的因素进行调查，并在技术员的指导下进行预防。

四、实训作业

对该种猪场进行实地剖析找出产生应激反应的因素和采取的对策。

技能考核

技能考核方法见表 5-1。

表 5-1　种猪的应激预防

序号	考核项目	考核内容	考核标准	参考分值
1	考核过程	操作态度	精力集中，积极主动，服从安排	10
2		协作意识	有合作精神，积极与小组成员配合，共同完成任务	10
3		查阅资料	能积极查阅、收集资料，认真思考	10
4		统计分析	方法得当，结果准确，并对任务完成过程中的问题进行分析和解决	10
5		措施制订	思路正确，条理清晰，系统完善	20
6	结果考核	结果正确	操作、预防结果正确	20
7		总结报告	工作记录完善全面，字迹工整；总结报告结果正确，体会深刻，上交及时。	20
			合　计	100

自测训练

一、填空题

1. 应激是动物体受到体内外＿＿＿＿＿＿＿＿＿＿＿（应激原）的刺激所表现的机能障碍和防御反应，是指机体对外界或内部的各种异常刺激所产生的＿＿＿＿＿＿＿＿＿＿＿的总和。

2. 猪应激综合征是＿＿＿＿＿＿。

二、简答题

1. 哪些品种猪容易出现应激综合症？　如何预防？

2. 猪的应激反应在生产中有哪些危害？

任务二　种猪保健

任务要求

1. 能根据种猪场的实际情况制订免疫程序。

2. 掌握提高种猪免疫效果的有效措施。

3. 掌握药物预防应注意的问题。

学习条件

1. 种猪场及免疫接种猪只若干。
2. 多媒体教室、教学课件、教材、参考图书。

相关知识

一、免疫接种

免疫接种是一种主动保护措施，通过激活免疫系统，建立免疫应答，使机体产生足够抵抗力，从而保证动物有机体不受伤害。免疫程序是根据猪群的免疫状态和传染病流行的季节，结合当地的具体疫情而制定的预防接种计划。集约化猪场，应该有自己猪群的免疫接种计划，包括接种的疫病种类，接种时间，次数及间隔时间等内容。

1. 注意事项

为了确保免疫效果，必须了解以下问题：

（1）选择科学合理的免疫程序，有条件的猪场一定要进行母源抗体水平和免疫抗体水平的检测，作为免疫接种的科学依据。

（2）为了做到合理使用疫苗，事前应对当地和本地进行疫情调查，并按照适合当地和本场疫情的免疫程序，制定防疫注射方案。

（3）疫苗使用前，应做好疫苗名称，质量，剂量，有效期，包装，封口的检查。冻干苗应按规定的头份，剂量进行稀释。常用的稀释液有生理盐水，磷酸盐缓冲液，蒸馏水，氢氧化铝溶液等，严禁用含氯的酸性自来水和热水稀释疫苗。冻干苗稀释后应该6小时内用完，否则应废弃。再次冻结后也不能再用，疫苗启用后也应当日用完。

（4）各种生物制品储运温度均应符合说明书要求，严防日晒和高温特别是冻干苗要求低温保存。氢氧化铝，生理盐水等稀释液及油乳剂苗不能冻结。否则，会降低或失去效力。

（5）预防注射过程中应严格消毒，注射器应洗净，煮沸，应一头猪一个针头，更不能在同一个注射器滥用不同的疫苗，吸苗时决不能用已给动物注射过的针头吸，可用一个灭菌针头固定在疫苗口上不拔出来，吸苗时，应先消毒除去胶腊在注射。

（6）液体疫苗使用前应充分摇匀，每次吸苗前要充分摇匀，冻干苗假稀释液，必须全部溶解，方可使用以免影响效力。

（7）有的疫苗接种后，能引起过敏反应，故应详细观察1~2 d，发生严重过敏反应，应立即直射肾上腺素，以免导致死亡。

（8）弱毒苗一般均具有残余毒力，能引起一定的反应，尤以纯种猪为甚，可能引起严重反应。正在潜伏期的猪使用后，可能激发病情甚至引起死亡。为此，在全面开展预防之前，应对每批苗进行若干头猪的安全实验，观察15 d，确认安全方可全面开展预防注射。

（9）未断奶猪，免疫机制尚不健全，且有母源抗体的作用，此时免疫影响效力、若必须免疫时，应在断奶前后，如出生20 d左右进行第一次（此时奶汁稀薄，吮吸量越来越少，也可以说母源抗体以乳汁传播也应减少），60 d 左右进行二免，临床称加强免疫（如猪瘟）。

（10）若需同时注射两种以上疫苗时，可用生物药厂生产的二联苗或三联苗，如无联合苗可以分点肌肉注射单一苗。但不能把两种以上的单一苗自行混合注射。

（11）使用时请登记疫苗批号，注射地点、日期和注射头数，并保存同批样品 2 个月之久，如有不良反应和异样情况以及对产品的意见要及时向疫苗厂家反映。

（12）注射疫苗如遇高温天气，应选择早晚注射，饲喂应在半饱，这样对减轻疫苗反应有好处。

（13）注意两种疫苗注射的间隔时间要适宜。

2. 免疫方法

不同的疫苗要求不同的免疫方法不可随意改变。如灭活疫苗不能经消化道接种，一般采用皮下或肌肉注射，其特点是剂量准确，效果确实。

（1）针头大小、长短的选择，应根据猪的个体，选择大小长短合适的针头。

（2）注射器、针头的消毒：首先将注射器、针头清洗干净，注射器拆散，然后放入放满纱布的不锈钢饭盒中，经高压或煮沸 15 min 后方可使用。

（3）注射器部位的选择。皮下注射，猪应选择耳根基部 5～7 cm 处，肌肉注射在耳的后颈部、臀部，肌肉注射时，进针方向要垂直插入皮肤。

（4）皮下、肌肉注射时，疫苗稀释和注射量应适当。

（5）胸腔内注射时，将疫苗（如猪喘气病疫苗）按一定比例稀释溶解后（冬天或从冰箱中取出时，应预先升温至 25～28 ℃），从猪右侧胸腔倒数第 6 肋至肩胛骨后缘 3～6 cm 处进针，穿过胸腔将疫苗注入胸腔内。

3. 具体免疫程序

免疫程序应根据当地的疫情、疾病的种类和性质、猪体内抗体和母源抗体的高低、猪的日龄和用途，以及疫苗的性质等方面的情况而确定。没有一个能适应我国不同地区、不同规模、不同饲养方式的统一的免疫程序，因此，以下介绍某猪场免疫程序，供参考（见表 5-2）。

表 5-2　猪推荐免疫程序（仅供参考）

	日龄	免疫疫苗		
产子舍	1 日龄	伪狂犬基因缺失苗 1 ml		
		铁制剂 200 mg/头猪	阿莫西林 50 mg/头	
	7 日龄	蓝耳弱毒疫苗 1 ml		
	断奶时	圆环疫苗 1 ml	支原体疫苗 2 ml	口蹄疫合成肽疫苗 2 ml
保育舍	5 周	猪瘟脾淋苗 2 ml	乙脑疫苗 2 ml	
	7 周	口蹄疫合成肽疫苗 2 ml	乙脑疫苗 2 ml	
培育舍	8 周	猪瘟脾淋苗 2 ml	伪狂犬基因缺失苗 2 ml	

续表

	日龄	免疫疫苗		
后备舍	24 周	伪狂犬基因缺失苗 2 ml	细小 2 ml	
	25 周	口蹄疫合成肽疫苗 4 ml	乙脑疫苗 2 ml	
	26 周	细小病毒 2 ml	蓝耳弱毒疫苗 2 ml	
	27 周	副猪 2 ml		
	28 周	猪瘟脾淋苗 4 ml		
	29 周	圆环 1 ml		
	33 周	配种回肠炎 1/2 头份		
产前	产前 4~5 周	初产母猪传胃—腹泻二联苗 2 ml		
	产前 2~3 周	初产母猪传胃—腹泻二联苗 2 ml	经产母猪传胃—腹泻二联苗 2 ml	
种猪	2 月	乙脑疫苗 2 ml	伪狂犬基因缺失苗 2 ml	
	3 月	乙脑疫苗 2 ml	口蹄疫合成肽疫苗 4 ml	
	4 月	猪瘟 4 ml	蓝耳 2 ml	
	6 月	伪狂犬基因缺失苗 2 ml	细小 2 ml	
	7 月	口蹄疫合成肽疫苗 4 ml	伊维菌素 10 ml	
	8 月	圆环 1 ml	副猪 2 ml	
	9 月	蓝耳 2 ml		
	10 月	猪瘟 4 ml	伪狂犬基因缺失苗 2 ml	
	11 月	口蹄疫合成肽疫苗 4 ml		
	12 月	细小 2 ml		

注意事项：

（1）疫苗使用前应检查其名称、厂家、批号、有效期、物理性状、贮存条件等是否与说明书相符，并做好疫苗管理，按照疫苗保存条件进行贮存和运输。

（2）免疫接种时应按照疫苗产品说明书要求规范操作，并对废弃物进行无害化处理。

（3）使用前要对猪群的健康状况进行认真检查，对于不健康、亚健康或者处于观察期的猪不能注射。

（4）初次使用疫苗应进行小群实验，免疫过程中要做好各项消毒，同时要做到"一猪一针头"，防止交叉感染。

（5）经免疫感染，免疫抗体合格率达不到规定要求时，尽快实施一次加强免疫。

（6）当发生动物疫情时，应对受威胁的猪进行紧急免疫。

（7）疫苗自稀释后 15 ℃下 4 h、15~25 ℃ 2 h、25 ℃以上 1 h 内用完，最好早上注射。

（8）个别猪只因个体差异，在注射油佐剂疫苗时会出现过敏反应（表现为呼吸急促、全身潮红或苍白等），所以每次接种疫苗时要带上肾上腺素、地塞米松等抗过敏药备用。

4. 预防接种失败的原因

免疫接种是指经过某病疫苗接种猪群后，在该疫苗的有效免疫期内，仍发生该传染病；

或在预定时间内经检测免疫力达不到预期水平，即预示着有发生该传染病的可能。造成疫苗接种失败的原因可能是：

（1）幼猪体内有高度的被动免疫力（母源抗体），可能中和了疫苗。

（2）环境条件恶劣、寄生虫侵袭、营养不良等应激，影响了猪的免疫应答。

（3）饲料中添加的抗生素影响了机体的免疫应答。

（4）猪群的某些疾病，例如蓝耳病、圆环病毒病，此类疾病的病原能损害猪体的某些免疫器官，从而降低机体的免疫应答能力。

（5）猪群中已潜伏着传染病。

（6）活苗因采购、保存、运输或处理不当而死亡；或使用超过有效期的疫苗。

（7）可能疫苗不含激发该病保护性免疫所需的相应抗原，即疫苗的毒（菌）株或血清型不对。

（8）加强免疫的间隔时间过短。

（9）免疫程序不合理，猪场未根据当地猪病流行情况和本场疾病发生的实际情况制定出合理的免疫程序，最佳的免疫次数和免疫间隔，从而导致免疫的失败。

（10）在接种过程中操作不规范，如接种时消毒不严，注射时针头过粗过短、口服苗在拌料饲喂时饲料过多不能一次采食完、饮水法或气雾接种时疫苗分布不匀使部分猪未接触到因剂量不足而仍然易感。

5. 提高生猪免疫效果的有效措施

（1）科学合理地选择和使用疫苗。

（2）针对性制备自家疫苗。

（3）选用质量合格的稀释液。

（4）避免多种疫苗混合使用。

（5）制定科学合理的免疫程序，严格按照规程执行。

（6）合理适时地使用各种药物。

（7）采用正确的免疫操作方法。

（8）建立健全各项规章并严格执行。

二、药物保健程序

1. 后备母猪

后备母猪引入本场第一周及配种前一周时，于饲料中适当添加一些抗应激药物如电解多维矿物质添加剂等，有条件时在饮水中添加服而舒（多西环素。包被的干扰素，转移因子，每瓶 100 mg 兑水 1 200 mg）、黄芪多糖粉（400 g 兑水 1 000 kg）、电解质多维（200 g 兑水 1 000 L）、葡萄糖粉（200 g 兑水 1 000 kg），混合饮用 5 天；或者西尔康（多西环素。干扰素、转移因子，100 g 兑水 200 L）、口服排疫肽（100 g 兑水 300 L）、黄芪多糖粉、电解质多维和葡萄糖粉等，连续混饮 5 天。

推荐方案：

方案 1：氟康王（10% 氟苯尼考，干扰素、转移因子）600 g，抗菌肽 300 g，清开灵粉 1 500 g，拌入 1 000 kg 料中连续饲喂 7 ~ 12 d。

方案 2：西尔康（多西环素、干扰素、转移因子）1 000 g，抗菌肽 300 g、清开灵粉 1 500 g，拌入 1 000 kg 料中连续饲喂 7 ~ 12 d。

方案 3：1 000 kg 水中加双黄连膏粉（金银花、黄芩、连翘等）400 g，西尔康（多西环素、干扰素）100 g 兑水 200 L，口服排疫肽 100 g 兑水 300 L，连续饮水 7 ~ 12 d。

2. 怀孕母猪

母猪妊娠后 1 个月禁止注射疫苗或使用药物，否则不利于受精卵着胎，对胎儿初期发育不利。妊娠母猪在妊娠中期与产仔前后各 7 天进行药物保健。

保健方案推荐如下：

方案 1：喘速治加溶菌酶加黄芪多糖粉加板蓝根粉，方案参照文本前面所述实施，连续保健 10 ~ 14 d。

方案 2：清开灵粉 1 500 g，抗菌肽 300 g，口服排疫肽 400 g，西尔康（多西环素、干扰素）1 000 g，拌入 1 000 kg 料中连续饲喂 10 ~ 14 d。

3. 哺乳母猪

防止母猪在产仔、哺乳过程中把过多的病原菌传染给仔猪，必须在母猪产前至产后 10 d 的饲料中添加一定量的抗生素。预防母猪产前、产后无名高热及仔猪 10 d 内腹泻；减少母猪无乳或少乳现象；减少母猪乳房炎与产道炎症的发生；提高母猪体质，减少应激；改善断奶母猪发情。

推荐方案：

方案 1：阿莫西林 300 g+土霉素 500 g/t。

方案 2：支原净 125 g+强力霉素 200 g/t。

4. 哺乳仔猪

仔猪 3 日龄每头肌注牲血素 1 mL，0.1% 亚希酸钠-VE 注射液 0.5 mL 补铁、补硒，防止发生缺铁性贫血和缺硒性拉稀。仔猪出生后，1 日龄与 4 日龄各肌注 1 次排疫肽（5 种高免球蛋白），每次每头 0.25 mL；同时 1 日龄、2 日龄、3 日龄各口服一次"杆诺肽口服液"（芽孢杆菌活菌），每次口服 0.5 mL；或者肌注倍健（免疫核糖核酸），每次每头 0.25 mL，同时 1 日龄、2 日龄分别口服止痢宝（嗜酸乳杆菌口服液）第一天每头口服 1 mL，第二天 2 mL。可有效地预防红、黄、白痢和病毒性腹泻，增强免疫力，提高抗病力。仔猪 25 ~ 28 日龄断奶，这时可在饮水中加药进行保健，添加电解质多维（200 g 兑水 1 000 L）、葡萄糖粉（200 g 兑水 1 000 kg）、黄芪多糖粉（400 g 兑水 1 000 kg）、转移肽（500 g 兑水 1 000 kg）与干扰肽（1 000 g 兑水 1 500 kg）混合饮水 5 d。或者添加电解质多维加葡萄糖粉加黄芪多糖粉加西尔康（多西环素、干扰素、转移因子，100 g 兑水 200 L）混合饮水 5 d。可有效地防止仔猪因断奶应激、营养应激、饲料应激、温度应激与环境应激等诱发多种疾病的发生。

5. 保育猪

减少断奶时的各种应激，增强体质提高免疫力，提高成活率；预防断奶后腹泻及呼吸系统疾病是这个阶段的主要任务。

推荐方案：

方案 1：喘速治（泰乐菌素、多西环素、微囊包被的干扰素与排疫肽）400 g，溶菌酶 400 g、黄芪多糖粉 800 g，板蓝根粉 800 g，拌入 1 000 kg 料中，连续饲喂 7～10 d。

方案 2：保育仔猪 60 日龄转入育肥舍之前 7 天驱虫 1 次，丙硫苯咪唑，每千克体重 10～20 mg，口服 1 次。也可使用伊维菌素或帝诺玢驱虫（按说明书规定量投药）。

6. 育肥猪

育肥初期与中期各保健 1 次，每次 7～12 d，可有效地预防高热综合征与呼吸道病综合征等病的发生。

保健方案推荐如下：

方案 1：氟康王（10% 氟苯尼考，干扰素、转移因子）600 g，抗菌肽 300 g 清开灵粉 1 000 g，拌入 1 000 kg 料中连续饲喂 7～12 d。

方案 2：西尔康（多西环素、干扰素、转移因子）1 000 g，抗菌肽 300 g、清开灵粉 1 500 g，拌入 1 000 kg 料中连续饲喂 7～12 d。

方案 3：1 000 kg 水中加双黄连膏粉（金银花、黄芩、连翘等）400 g，西尔康（多西环素、干扰素）100 g 兑水 200 L，口服排疫肽 100 g 兑水 300 L，连续饮水 12 d。

育肥中期保健 1 次之后，要驱虫 1 次。可选用：伊维菌素每千克体重 0.3 mg，肌注；或于 1 000 kg 饲料中加 2 d 阿维菌素或伊维菌素粉，连续饲喂 1 周，间隔 10 d 后再喂 1 周。此时育肥猪直至出栏上市不再使用任何药物，特别是出栏上市前 40 d 要停止使用抗生素，以免产生药物残留。但可以在饲料中添加微生态制剂。

三、药物预防的注意事项

1. 保健用药原则

（1）选用药物保健方案时，要根据当地和本场猪病发生的规律、特点，有正对性的选用高效的、安全的药物，并注意转换用药，避免长期适应某种药物而造成耐药性，从而提高药物的保健效果。

（2）用药时候不能一味地考虑药物的价格，还应考虑实际效果，有些药物虽然价格高，但效果好，但也并不是说价格低的药物就不好，有些价格低的药物实际效果也是不错的，还特别应注意假冒伪劣产品。

（3）提倡采用重点阶段及脉冲式给药的预防保健方案。要注意应用科学的用药方法，能饮水用药或饲料用药的就不选用注射用药。

（4）转换用药，尽量避免同一猪群重复使用一种药物，以提高疗效、减少耐药性。

（5）保健药物一定要遵守《兽药管理条例》，选用的药物要具体有药物作用强、安全性高、使用方便等特点，合理利用药物间协同作用以达到最佳保健效果。注意配伍禁忌，如支原净（泰妙菌素）不能与盐霉素、莫能菌素、竹桃霉素一起使用。

（6）针对不同的猪场选用不同的药：如硬件设施完善、免疫工作到位、卫生好、消毒彻底、未收疫情威胁的猪场，只考虑用一些普通的常用的药物。常用的药物有：土霉素、金霉素、金西林、环丙沙星、磺胺二甲氧嘧啶等；如果有的猪场设施、免疫、卫生、消毒做得不够好，又受到疫情的威胁或正在得病的猪场考虑用一些比较新的药：普乐健、泰勒-40、除病杀、阿莫西林、利高霉素、支原净等。

2. 预防性用药的注意要点

（1）树立尽可能减少各种药物使用的观念。

（2）要注意药物与饲料要充分混合均匀。

（3）采取相应的综合性防治措施。规模化养猪场对生猪疫病的防治，必须采取综合性防治措施，注意改善养猪场的环境条件，提升养猪场的生物安全措施。同时还要加强猪群的饲养管理建立养猪场完善、合理的监测方案。坚持严格的隔离封锁和定期有效的消毒制度，实行自繁自养、全进全出制度。

（4）有计划的合理使用药物。

规模化养猪场一定要根据其使用药物的药理特性和药理试验，有策略性地合理使用药物。

（5）树立猪肉食品的安全观念。

（6）规范使用影响生猪机体免疫应答的药物。

（7）在实施药物保健时，因注意避开疫苗的接种，两者最好前后相隔 10 天，即在疫苗接种前 10 d 和疫苗接种后 10 d，避免影响疫苗的接种效果。

（8）尽可能有针对性地使用一些中草药添加剂。

实训操作

种猪场免疫程序的制订

一、实训目的

1. 了解制订免疫程序前的基本条件。

2. 掌握制订免疫程序的方法。

3. 掌握免疫程序实施效果的检查。

二、实训材料与用具

某种猪场的猪群结构资料，某猪场疫病发生情况记录，当地市场上所售疫苗种类。

三、实训方法与步骤

1. 老师讲解该种猪场所处地理位置、基本情况和该地区常年爆发的疫病情况。

2. 查阅该种猪场生产记录及猪场生产计划。

3. 根据场内时间生产情况制订种猪各阶段的免疫程序。

4. 通过小组讨论免疫程序使用后效果。

四、实训作业

制订该种猪场种猪各阶段的免疫计划。

技能考核

技能考核方法见表 5-3。

表 5-3　种猪场免疫程序的制订

序号	考核项目	考核内容	考核标准	参考分值
1	考核过程	操作态度	精力集中，积极主动，服从安排	10
2		协作意识	有合作精神，积极与小组成员配合，共同完成任务	10
3		查阅资料	能积极查阅、收集资料，认真思考	10
4		统计分析	方法得当，结果准确，并对任务完成过程中的问题进行分析和解决	10
5		计划制订	思路正确，条理清晰，系统完善	20
6	结果考核	综合评价	依据准确，全面完善、效果好	20
7		工作记录和实训报告	工作记录完善全面，字迹工整；总结报告结果正确，体会深刻，上交及时	20
合　计				100

自测训练

一、填空题

1. 免疫接种是一种主动保护措施，通过激活_____，建立_____，使机体产生足够_____，从而保证动物有机体不受伤害。免疫程序是根据猪群的_____和_____的季节，结合当地的具体疫情而制定的预防接种计划。

2. 冻干苗应按规定的_____，_____进行稀释。常用的稀释液有生理盐水，_____缓冲液，蒸馏水，_____溶液等，严禁用含_____自来水和热水稀释疫苗。冻干苗稀释后应该 6 小时内用完，否则应废弃。

二、简答题

1. 免疫接种应注意哪些问题？
2. 保健用药的原则是什么？

任务三　种猪常见疫病防治

任务要求

1. 掌握种猪常见病毒性疾病的预防和治疗措施。
2. 掌握种猪常见细菌性疾病及其他疫病的预防和治疗措施。

3. 掌握种猪常见普通病及寄生虫病的预防和治疗。

学习条件

1. 种猪场及各种疫病猪只若干。
2. 多媒体教室、教学课件、教材、参考图书。

相关知识

一、目前猪病流行的特点

1. 我国养猪场以传染性疾病为主的发病率与死亡率呈上升趋势

尤其是规模化猪场养殖密度大，一旦病原侵入易感猪群和快速涉及全群，会造成明显的经济损失。当前猪病以猪口蹄疫、猪瘟、猪伪狂犬病、蓝耳病等传染病为主体。

2. 非典型性、隐性感染性疾病增多

病原在疫病流行进程中发生了变异，使得某些疾病在猪群中流行呈非典型性或隐性感染，这往往给诊断和防治工作带来很大的难度。

3. 老疾病仍然有，并出现新的流行特点

某些细菌产生耐药性、抗药性、变异性，以及毒性积累作用，有的细菌和病毒发生抗原结构变异和血清型复杂多变，使用疫病预防控制变得越来越困难，疫病流行加重，如大肠杆菌病、链球菌病、口蹄疫、猪瘟、流行性感冒等。

4. 病原多重感染与继发感染十分普遍

5. 新发生的疾病种类增多

如从国外传染来的伪狂犬病、细小病毒病、萎缩性鼻炎、猪痢疾、猪繁殖与呼吸综合症、猪传染性胃肠炎、猪流行性腹泻、猪增生性坏死肺炎、猪圆环病毒感染、猪增生性肠炎等病。

6. 繁殖障碍综合征普遍存在

与繁殖障碍综合征有关的疫病有 30 多种，危害较大的有猪伪狂犬病、蓝耳病、细小病毒病、日本乙型脑炎、弓形体病等。猪呼吸道疾病是养猪生产中最为突出的问题

猪呼吸道疾病发病率通常在 30% ~ 60%，死亡率 5% ~ 30%，造成的经济损失重大，预防和控制都十分棘手。从母猪、哺乳仔猪、保育猪到育肥猪的各个阶段都存在呼吸道疾病。

8. 中毒性疾病与免疫抑制疫病危害性加大

饲料配合不当或储存时间过长；维生素、微量元素缺乏；霉菌、中毒性疾病。例如治疗使用硫胺类药物、痢菌净、土霉素、环丙沙星等药过量，均能发生中毒。免疫抑制性疫病除对机体直接危害外，还造成机体免疫抑制，使免疫失败。

9. 环境污染、饲粮营养与饲养管理不当所知的疾病增多

如关节肿、蹄病、繁殖生殖疾病、中毒性疾病（霉菌、喹乙醇、铜、砷及药物等）以及应激综合症和遗传性疾病。

二、种猪临床常见疾病的预防和治疗

（一）种猪常见病毒性疾病的预防和治疗

1. 猪瘟（Hog Cholera 0r Classical Swine Fever，HC 0r CSF）

【病原】

猪瘟病毒（简 HCV）为单股 RNA，呈球状直径 38～44 nm，有囊膜。本病毒性质稳定，全世界抗原性都一致，仅仅致病力有差异，分两个血清型（群）。

－25 ℃保存一年以上，在腐败尸体内存活 2～3 天，外界环境中存活 2 周左右，Dunue 试验认为夏天在猪圈存活 1 d，冬天存活 2 d，常用消毒药为 5% 漂白粉、1～2% NaOH、3～5% 石灰乳。

【流行病学】

本病在世界绝大多数国家和地区都存在，目前知道只有 14 个国家消灭了猪瘟。我国是普遍存在。

（1）易感动物：任何年龄、性别、品种的猪都可引起感染。只有吃过初乳一个月以内的猪有点抗力。另外，兔、绵羊、猴子、猫对猪瘟病毒也有轻度的感受性，但一般不表现症状。

（2）传染源：为病猪和带毒猪、康复猪可带毒 3 个月左右。另外怀孕母猪在怀孕期可感染上病毒，由于怀孕母猪处于不完全免疫状态，所以不表现症状，但能形成毒血症，而传给胎儿，使胎儿出生后表现出颤抖、精神不好等症状，这些小猪就可以排毒作为传染源。

（3）传播媒介：为饲料、饮水、工作人员、吸血昆虫、鼠类等。

（4）传播途径：主要为上消化道，即通过口腔黏膜，咽喉黏膜、扁桃体感染。

（5）流行特点：易感猪群受到本病传染之后，先是一头或几头猪发病，呈最急性经过而死。以后发病猪不断增加，至 1～3 周达到流行高峰，病猪主要呈急性经过。继而流行趋向低潮，发病头数逐渐减少，病猪一般呈亚急性型。最后留下少数慢性型病猪，经一个月以上死亡或恢复，流行终止。

本病的发生无季节性，有高度的传染性。在新疫区，发病率和致死率均很高，在 60% 以上。在常发地区，猪群有一定的免疫性，其发病率和致死率均很低。本病不论猪的品种、年龄、性别均可感染发病，但免疫母猪所产的仔猪在一月龄以内很少发病，一月龄以后，易感性逐渐增高。病程较长的猪常继发猪副伤寒，猪肺疫或猪气喘病。

【症状】

潜伏期一般为 5～7 d，短的 1 d，长的可达 21 d。据病程可分为最急性型（5～10 d）、急性型（10～20 d）、亚急性型（20～30 d）和慢性型（30 d 以上）。下面我们介绍一些主要症状。

1. 病猪行走迟缓、少食，个别猪有异食癖。

2. 高热稽留，40.5 ℃ 左右，少数达 41~42 ℃，一直到死前。这期间表现怕冷，喜站草垫，昏睡。

3. 白细胞数减少。

4. 眼结膜发炎，上下眼睑浮肿，有大量的黏液性脓性分泌物。

5. 公猪包皮内积有发臭的浑浊液体，用手挤压即可流出。

6. 大便先干后湿，初为球状，上有血液和黏液，以后继发细菌感染，特别是沙门氏菌感染，引起拉稀。

7. 皮肤粘膜出血，特别是胸、腹下、四肢内侧，母猪见阴户粘膜，口腔黏膜如齿龈、唇内侧，指压不退色。

8. 慢性猪瘟食欲、体温、大便都不定。

9. 神经症状：主要见于小猪，磨牙，抽搐，步态僵直，全身痉挛等。

10. 非典型猪瘟，也称温和型猪瘟，近年来国内外报道很多，为低毒力的猪瘟病毒所引起症状轻，病情缓和，病变不典型，皮肤无出血，发病率和致死率均较低的一种猪瘟。死亡的多是幼猪，大猪一般能耐过。这种病毒连续通过易感猪之后，毒力增强，可使易感猪发生典型症状而死亡。

一般来说以上 1~7 条大都能看到。

【病理变化】

（1）皮肤黏膜出血。

（2）淋巴结肿胀，切面出血，见周围出血，中心为条纹状出血，外观像大理石样。

（3）脾体积和色泽都正常，边缘有出血性楔状梗死。

（4）肾贫血、出血，大小正常，但色淡，为土灰或土黄色，表面点状出血，为麻雀卵肾；切开皮质、髓质、肾盂都出血；膀胱黏膜出血。

（5）呼吸系统见咽喉，会厌软骨的黏膜出血，肺也有出血变性，但不很明显。

（6）消化系统见胆囊黏膜出血坏死，进一步形成溃疡，大肠黏膜特别是回盲瓣的淋巴滤泡，初发炎，肿胀，后坏死，加上脱落的上皮和肠内容物形成一种纽扣状溃疡。这种现象见于病程较长的病猪。

（7）中枢神经系统主要见脑发生非化脓性脑炎，脑膜及脑实质出血水肿，切片检查可以看到脑血管周围出现袖套状，即淋巴细胞、浆细胞、少数单核细胞在血管周围浸润。同时小胶质细胞增生。

（8）断奶不久的仔猪，发生本病后，5~9 肋骨的骺线增宽，即 Ca、P 的代谢紊乱引起病变的疏松。

【诊断】

目前在实际生产中仍以综合性诊断为主，即临床症状、流行病学、病理变化等，此外有条件也可做下面一些实验室诊断。

（1）细菌学检查：即是否有并发症，如副伤寒、丹毒等。

（2）血液学检查：主要对活体进行检查，即对白细胞的检查，看是否减少，但为了排除继发感染，检查血小板最好，因为血小板一直是减少的。

（3）病理组织学检查：检查脑部的病变。

【防制】

（1）平时的预防：我国在七五规划中要控制本病，1990—2000 年要消灭本病。

① 防疫接种：猪瘟兔化弱毒苗，20 日龄可以进行第一次注苗（小猪体内母源抗体消失是在 30~43 天），在 60 天可进行第二次注苗，能产生终生免疫。

② 坚持自繁自养，不要随便在市场上买小猪。

③ 加强检疫：要抓住四个环节，出售生猪以前要检疫，运输检疫，宰前、宰后检疫，农贸市场的检疫。

（2）发病后的扑灭措施：

① 确诊，并及时上报疫情。

② 对周围环境、用具等进行彻底消毒。

③ 紧急接种：对没有发病的猪和周围地区的猪进行紧急预防接种，形成免疫带，防止本病扩散，在疫点内的猪要逐头测温，无体温反应者注苗，注射针头要求一头猪一个，防止针头传播。

2. 口蹄疫（Foot and Mouth Disease，FMD）

【病原】

口蹄疫病毒属于微核糖核酸病毒科口蹄疫病毒属。口蹄疫病毒具有多样性和易变性，目前已知世界有 7 个主型和 65 个亚型。各主型间不能交叉免疫，同一主型的亚型间有部分交叉免疫性。由于各主型间无免疫交叉性，因此，当动物耐过某一型病毒所值口蹄疫后，对其他型的病毒仍有感受性。

口蹄疫病毒在病畜水泡皮、水疱液和发热期血液中含量最高。在内脏、骨髓、淋巴结、肌肉以及奶、粪、尿、唾液、眼泪等都有病毒存在，并随之散布。该病毒对外界环境的抵抗力很强，在冰冻情况下，血液及粪便中的病毒可存活 120~170 d。阳光直射下 60 min 即可杀死；加温 85 ℃ 15 min、煮沸 3 min 即可死亡。该病毒对酸和碱十分敏感，1%~2% 氢氧化钠、30% 热草木灰、1%~2% 甲醛等都是良好的消毒液。

【流行病学】

本病主要侵害牛、羊、猪及野生偶蹄兽，以牛最为易感，猪次之，再次为绵羊、山羊和骆驼。幼畜比老年畜易感。病畜和潜伏期的动物是最危险的传染源。病畜的水疱液、乳汁、尿液、口涎、泪液和粪便中均含有病毒。该病侵入途径主要是消化道，也可经呼吸道传播。本病传播虽无明显的季节性，但春秋两季较多，尤其是春季。风和鸟类也是远距离传播的因素之一。本病传播迅速，流行猛烈，常呈流行性发生。发病率很高，病死率一般不超过 5%。

【临床症状】

潜伏期 1~2 d，病猪以蹄部水泡为主要特征，病初体温升高至 40 ℃~41 ℃，精神不振，食欲减退或不食，蹄冠、趾间、蹄踵出现发红、微热、敏感等症状，不久形成黄豆、蚕豆大的水泡，水泡破裂后形成出血性烂斑。本病一般呈良性经过，经一周左右即可自愈。若有细菌感染，则局部化脓坏死，可引起蹄壳脱落，四肢不能着地，常卧地不起。部分病猪的口腔黏膜（包括舌、唇、齿龈、咽、腭）鼻盘和哺乳母猪的乳头，也可见到水泡和烂斑。吃奶仔猪患口蹄疫时，通常很少见到水泡和烂斑。

【病理变化】

本病多呈良性经过，且症状较典型，一般多不进行病理解剖。除口腔和蹄部病变外，剖检见于咽喉、食道、气管以及胃有水泡和烂斑，有的被黄色黏液或棕黑色痂块覆盖。小肠黏膜有出血性炎症，肺呈浆液性浸润，心包内有大量混浊而黏稠的液体，心肌病变具有特征性，可在心肌切面上见到灰白色或淡黄色条纹与正常心肌相伴而行，如同虎皮状斑纹，俗称"虎斑心"，心外膜有弥漫性或点状出血。

【诊断】

口蹄疫病变典型易辨认，根据本病流行病学特点和临床症状及病理变化特征，可作出诊断。

【防治】

根据国家检疫法规定，口蹄疫病畜应一律急宰，不准治疗，以防散播传染。有疑似口蹄疫发生时，应本着"早、快、严、小"的原则及时报告疫情，迅速采取封锁、隔离、消毒和病畜治疗的综合措施，并做好威胁区的联防，严防扩大蔓延。及时采取病料送检确诊、定型。用同型病毒所制的疫苗，对疫区和受威胁区健康易感动物进行紧急预防接种，建立坚强的防疫带。

3. 猪繁殖和呼吸综合征（Porcine Reproductive and Respiratory Syndrome，PRRS）

【病原】

为猪繁殖和呼吸综合征病毒（PRRSV）。属于 RNA 病毒，其粒子直径为 45 ~ 80 nm。为球形，二十面体对称，具有囊膜。目前知道有 2 种完全不同类型的病毒，即分布于欧洲的 A 亚群和分布于美洲的 B 亚群。它们的核苷酸序列已确定。

PRRSV 可在猪肺泡巨噬细胞上增殖并引起细胞病变，也可在其他细胞上增殖，如 MARC145、CL2621 等。

该病毒对热敏感，37 ℃、48 h，56 ℃、45 min 即活性丧失，37 ℃、12 h 后病毒感染力降低 50%，对酸碱敏感，pH 低于 5 或高于 7 的环境，很快被灭活。有机溶剂如氯仿可使其失活，– 70 ℃ ~ – 20 ℃ 下可以长期保存。

【流行病学】

各种年龄、品种、性别的猪都易感，但以孕猪（特别是怀孕 3 个月以后）和初生仔猪最易感。野鸭在实验条件下对 PRRSV 有易感性，在感染后 4 ~ 24 天可以从粪便排毒，但自身不发病，可能为本病的贮存宿主。目前尚未发现其他动物对本病有易感性。

病毒和带毒猪为本病的传染源。它们可通过粪尿等排泄物、唾液、喷嚏等污染饮水、饲料、土壤、空气、猪舍及饲养管理用具而散播病毒。工作人员可通过车辆、衣服、鞋、帽、医疗器械等机械性传播本病。常见传播途径为呼吸道、消化道和生殖道。高湿、低温、低风速有利于病毒远距离传播。因此，本病常因空气流动而引起传播。

本病以寒冷季节多见。即晚秋、冬季常发生流行，春天缓和，夏天少见。猪群发病后，会产生部分抵抗力，疫情随之缓和，再次感染时，发病会降到最低限度。从 1987 年美国发病至今，该病已席卷全球。

【症状】

潜伏期与病毒毒力有关，SPF 猪 2 d 即可发病，怀孕母猪需 4 ~ 7 d，自然感染约 2 周发病。临床症状随日龄表现有所不同。

（1）种母猪：主要表现高热、精神沉郁、食欲减退或废绝、咳嗽、不同程度的呼吸困难。间情期延长或不孕。妊娠母猪感染后，食欲废绝，高热 40 ℃ 以上，表现早产、后期流产、产死胎、弱胎、木乃伊胎或预产期后延。流产后，精神状况好转，有食欲，但无乳。有的乳头变红，有的皮肤发红，耳朵发蓝，故有蓝耳病之称。

（2）新生仔猪：部分新生仔猪呼吸困难，运动失调，轻瘫。随后因母猪无乳或初乳质量差，又继发其他感染时，可见到腹泻，粪便黄色黏稠，后变为拉稀、脱水、消瘦、大量死亡。产后一周内死亡率可达 80%，甚至 100%，耐过仔猪生长发育缓慢。

（3）仔猪：以 1 月龄以内仔猪最易感，并具有典型症状。体温 40 ℃ 以上，呼吸困难，有时呈腹式呼吸。食欲减退或废绝、腹泻、离群独处或挤成一团。被毛粗乱，肌肉震颤，共济失调，甚至后躯麻痹，渐进性消瘦，眼睑水肿，死亡率高达 100%。耐过猪只生长缓慢，易继发其他疾病。

（4）育肥猪：易感性较差，症状轻微，有的可见一过性厌食和轻度呼吸困难，多数呈亚临床感染。

（5）种公猪：发病率低（2%～10%）、厌食、精神差、消瘦、呼吸加快、但无发热现象。精子数量减少，活力下降。

【病理变化】

生殖系统无肉眼可见的病理变化。病死仔猪肺部有肺炎病变。肺脏出现重度多灶性及至弥漫性黄褐色或褐色肝变，对本病诊断有一定意义。此外，还可见到脾肿大，淋巴结肿胀，心脏肿大变圆，胸腺萎缩，心包、腹腔积液，眼睑及阴囊水肿等变化。

病理组织学检查，新生仔猪和哺乳仔猪纵隔内出现明显的单核细胞浸润及细胞的灶状坏死，肺泡间质增生而呈现特征性间质性肺炎的表现。有时可在肺泡腔内观察到合胞体细胞和多核巨细胞。

【诊断】

本病根据流行病学、临床症状、病毒分离鉴定及血清抗体检测进行综合诊断。

（1）病原分离和鉴定：用猪肺泡巨细胞或 CL2612 细胞，可用急性期病猪的血清、胸水、腹水或病死猪的肺、扁桃体、脾脏、淋巴结等病料分离病毒。首次接种常常不引起细胞病变，经 2～3 次继代后方可产生细胞病变。接种病料的细胞培养物可通过标记抗体染色的方法检测。

（2）血清学试验，用免疫过氧化物（IPMA）、间接荧光抗体法（IFA）、ELISA、中和试验（SNT）等方法来检测 PRRSV 抗体。另外，核酸探针及 PCR 法也可用于该病诊断。

（3）鉴别诊断：猪细小病毒病、猪传染性脑心肌炎、猪伪狂犬病、钩端螺旋体病、猪流感、猪日本乙型脑炎、猪瘟等。

注：荷兰提出 3 项临床诊断指标，只要有两项符合，就可确诊。① 怀孕母猪临床表现明显，每胎有 20% 以上死胎。② 8% 以上的母猪发生流产。③ 哺乳仔猪死亡率在 26% 以上。

【防制】

由于本病传染性强，传播快等，要采取综合防制措施。

（1）加强检疫。

（2）加强饲养管理和环境卫生消毒。

（3）进行预防接种。

（4）平时对猪群进行检疫。

（5）用药物防止继发感染。

4. 猪伪狂犬病（Swine Pseudorabies）

【病原】

伪狂犬病毒属于甲型疱疹病毒，病毒粒子的直径为150～182 nm。病毒囊膜有9种结构蛋白，其中8种为糖蛋白，对神经节有亲和性。目前使用的基因工程苗病毒不能编码其中的某一种糖蛋白，因此可以通过ELISA来区别猪体内的伪狂犬病毒免疫抗体和野毒感染产生的抗体。伪狂犬病毒对外界环境中的不良因素有很强的抵抗力，8 ℃条件下可存活46 d，24 ℃可存活30 d。在潮湿阴冷的中性（pH 6～8）环境条件下较稳定。曝晒酸性条件（pH < 4.3）或碱性条件（pH > 9.7）1～7天即灭活。猪为伪狂犬病毒的自然宿主，还可感染牛、羊、猫、犬、兔子、老鼠等，应严禁这些动物进入生产区。

【流行病学】

猪为伪狂犬病毒的自然宿主。病猪、带毒猪以及带毒鼠类为本病的重要传染源。本病自然发生于猪、牛、绵羊、猫、犬野生动物，鼠可自然发病。实验动物中兔最敏感，小鼠、大鼠、豚鼠等均可感染发病。

本病可以通过直接接触、呼吸道、消化道、生殖道、损伤皮肤黏膜感染，亦可通过胎盘发生垂直传播。

本病在种猪场的感染曲线呈"S"形。育肥猪场被感染后，伪狂犬病毒可持续存在于猪场内，反复感染。

【症状】

猪感染伪狂犬病毒后的临床表现与毒株的毒力、感染的剂量和易感猪的年龄有关。潜伏期一般为3～6 d。哺乳仔猪和断奶仔猪感染后，主要表现为神经症状；而肥育猪和成年猪主要表现为呼吸困难。新疫区症状严重、明显，老疫区常呈隐性感染。猪群感染伪狂犬病后典型临床表现为：初期妊娠母猪流产；肥育猪咳嗽，精神沉郁，厌食；哺乳仔猪被毛粗乱无光，精神沉郁，厌食，24 h内共济失调、痉挛。

【病理变化】

可见上呼吸道炎症明显，为浆液性至坏死性纤维素性鼻炎，以及咽喉炎、气管炎、坏死性扁桃体炎、口腔和上呼吸道淋巴结肿大、出血。有时还可见到下呼吸道病变，如肺水肿，有弥散小坏死点、出血或肺炎。还可见到角膜结膜炎，角膜结膜被覆一层炎性渗出物，显得污秽不洁、泪液过多。在肝、脾浆膜下散在典型的疱疹性黄白色坏死灶，大小2～3 mm。新近流产的母猪可见轻度的子宫内膜炎，子宫壁水肿增厚。仔细检查胎盘可见坏死性胎盘炎。流产胎儿日龄不一致，有的刚死，有的已浸软，有的已成木乃伊，有的正常，还有的为弱仔。已感染的肥猪或新生仔猪可见肝、脾有散在坏死灶，肺、扁桃体有出血性坏死灶。流产病史结合肝、脾、肺、扁桃体散在坏死灶即可怀疑伪狂犬病毒感染。仔猪感染后可见空肠后段和回肠坏死性肠炎。中枢神经症状明显时，脑膜充血明显，脑脊髓液过多。

【诊断】

流行病学，临床症状、病理变化可作为初步诊断，确诊需要以下方法。

（1）病毒分离：脑、脾、肺及鼻拭子可作为病毒分离材料。

（2）荧光抗体染色：该法可快速检出病理组织切片中的病毒粒子。常用病料为扁桃体、脑、喉。

（3）血清学诊断：病毒中和试验、ELISA、乳胶凝集试验、间接荧光抗体技术、补体结合反应、琼扩试验和免疫对流电泳。

（4）生物学试验：取可疑病猪的脑组织，用生理盐水制成 10% 的组织悬液，取 1~2 ml 给家兔后腿皮下注射，注射后 48~96 h 出现神经症状，不断添咬或啃咬注射部位，出现症状后 24~36 h 内死亡。也可用 1~4 周龄小鼠作辅助诊断。用 10% 脑组织悬液离心，取上清液 1.0 mL 作皮下注射，2~10 d 内小鼠死亡，但多数在 3~5 d 死亡。注射后的小鼠临床症状表现为用前爪在嘴上做擦拭动作或保持相对的安静，偶尔被出现的阵发性抽搐所中断。

【防制】

本病治疗无效，有疫苗可以使用。目前市场上有弱毒疫苗和灭活苗可供使用。种猪每年用灭活疫苗免疫 2 次（孕猪最好产前 1 个月免疫），仔猪断奶前用弱毒冻干苗免疫一次，用基因工程苗可有助于全场清除本病。发病后的处理方案：全群普查，找出血清阳性猪，并隔离；全场彻底消毒，紧急用苗，控制疫情，平时应严格执行疫病综合防治措施，定期检查，防治发生疫情。

5. 猪传染性胃肠炎（Transmissible Gastroenteritis of Pigs；TGE）

【病原】

TGE 病毒属于日冕病毒科的日冕病毒属，是单股 RNA 型。呈多形性，完整粒子直径 60~160 nm。本病毒主要存在于病猪小肠黏膜、肠系膜淋巴结以及内容物中。本病毒只有一个血清型。

本病毒对乙醚、氯仿敏感，对胰蛋白酶有抵抗力，在猪胆汁中相当稳定，pH 在 3 以上稳定，冰冻保存稳定。细胞培养毒置放 -20 ℃、-40 ℃ 或 -80 ℃ 保存一年，其滴度无明显下降。肠组织毒在 -20 ℃ 可保存 6 个月。对日光和热敏感，日光照射 6 h 被灭活，在 37 ℃ 保存 4 d 则失去全部感染力。0.03% 福尔马林、1% 来苏儿容易使其灭活。

【流行病学】

易感动物为各种年龄的猪，但以二周龄以内的小猪最易感，大猪为带毒或症状较轻；传播途径主要是消化道和呼吸道。本病在老疫区呈地方流行，在新疫区呈流行性发生。多发生于 12~4 月，夏季发病少，这可能与病毒在寒冷的季节存活时间长有关。病猪若恢复后可以在肺中带毒 3 个月以上。

【症状】

潜伏期随感染猪的年龄不同而异，仔猪 12~24 h，大猪 2~4 d。仔猪先突然发生呕吐，接着发生剧烈的水样腹泻，粪便为黄绿色或灰色，有时呈白色，并含乳凝块。部分病猪体温先短期升高，发生腹泻后体温下降。病猪迅速脱水，很快消瘦，严重口渴，食欲减退或废绝。一般经 2~7 天死亡，10 日龄以内的仔猪有 90% 的致亡率，随着日龄的增长而致死率降低。病愈仔猪生长发育较缓慢。

架子猪、肥猪和成年猪的症状较轻，发生一至数日的减食，腹泻，体重迅速减轻，有时出现呕吐。带奶母猪泌乳减少或停止。一般经 3~7 d 恢复，极少发生死亡。

【病理变化】

主要病变在胃和小肠，胃内充满凝乳块，胃底部黏膜轻度充血，有时在黏膜下有出血斑。小肠内充满黄绿色或灰白色液状物，含有泡沫和未消化的小凝乳块，小肠壁变薄，弹性降低，以致肠管扩张，呈半透明状。肠系膜血管扩张，淋巴结肿胀，肠系膜淋巴结内见不到乳糜。

将空肠纵向剪开，用生理盐水将肠内容物冲掉，在玻璃平皿内铺平，加入小量生理盐水，在低倍显微镜下观察，可见空肠绒毛膜缩短。组织学检查，黏膜上皮细胞变性、脱落。

【诊断】

可据流行病学、症状及病理变化做出初步诊断，可用血清学方法进行确诊，如荧光抗体试验，中和试验等。

本病的诊断主要进行与仔猪黄痢、仔猪白痢等的区别。

仔猪黄痢：发生在 2～5 日龄的猪，拉淡黄色或灰色粪便，其他年龄的猪不发病，病原为致病性大肠杆菌，在血液琼脂上 80% 溶血。

仔猪白痢：发生在 15～30 日龄的猪，本病的发生与饲养管理及气候有很大的关系，不用治疗，而改善环境可以自愈，死亡率低，病原为致病性大肠杆菌。

【防制】

加强平时特别是冬季的防疫工作，防止本病传入。不从疫区引猪，防止狗、猫、鸟类进入猪圈，运饲料的马车、汽车和饲料人员的鞋、靴、衣服等要注意消毒。

本病体液免疫没有抗感染能力，起抗感染作用的只有局部免疫和全身的细胞免疫。1978—1984 年 9 月哈兽研研制出传代 165 代苗，这是一种口服苗，它可引起局部肠道免疫，分泌 I_gA，有一定的免疫效果。

在治疗方面，目前无特效方法，唯一的方法是对症治疗，减少仔猪死亡，促进早日恢复，每日给予足量的含电解质和某些营养成分的清洁饮水。保持猪舍的温度和干燥。对 2～5 日龄病猪用适当抗菌素治疗，防止继发感染。

6. 猪流行性腹泻（Porcine epidemic diarrhea，PED）

【病原】

猪流行性腹泻病毒属于冠状病毒科（Coronaviridae）冠状病毒属。病毒粒子呈圆形，平均直径为 130 m，范围在 95～190 nm 之间，中央有一个电子不透明的区域。病毒粒子的棒状突起长为 18～23 nm，从核心伸出并呈放射状排列。PEDV 对乙醚和氯仿敏感。

从患病仔猪的肠腔灌注液中浓缩和纯化的病毒不能凝集家兔、大鼠、小鼠、鸡和猪等 12 种不同动物的红细胞。目前尚不能证明本病毒具有不同的血清型。另外，本病毒与 TGEV 及其他冠状病毒属成员无任何抗原关系。

【流行病学】

病猪是主要传染来源。各种年龄的猪都感染发病，哺乳仔猪发病率可达 100%，母猪为 15%～100%，本病有明显季节性。主要发生于冬季，也可能在夏季发生。

【症状】

病猪呕吐、腹泻和脱水，粪稀如水，灰黄色或灰色；在吃食或吮乳后发生呕吐，体温稍高或正常，精神、食欲变差。不同的年龄病猪症状有差异，年龄越小，症状越重；1 周以内仔猪发生腹泻 4～7 天脱水死亡，死亡率平均为 50%；断奶仔猪、育肥猪及母猪常呈厌食、腹泻，4～7天恢复正常；成年猪仅发生厌食或呕吐。

【病理变化】

与猪传染病性胃肠炎相似。

【诊断】

根据临床症状做出初步诊断，确诊则有赖于实验室进行病毒分离和查明抗体。尤其应注意与猪传染性胃肠炎相区别。常用实验室诊断的方法有：免疫荧光染色检查、免疫电镜、酶联免疫吸附试验，人工感染试验等。

【防治方法】

坚持自繁自养，并做好饲养管理和卫生消毒工作。做好免疫预防工作，采用猪传染性胃肠炎，流行性腹泻二连苗。免疫程序与猪传染性胃肠炎相同。

治疗方法参看"猪传染性胃肠炎"。

7. 猪流行性感冒（Influenza suis）

【病原】

猪流感病毒是猪群中的一种可引起地方性流行性感冒的正黏液病毒。世界卫生组织将其称为 H1N1 甲型流感。与感染人类的流感病毒同属，此病毒具人畜共同感染的特性。对热比较敏感，56 ℃30 min、60 ℃10 min、65 ℃～70 ℃ 数分钟即可灭活。病毒对低温抵抗力较强，在 –70 ℃稳定，冻干冷冻可保存数年。病料中的病毒在 50% 甘油生理盐水中可存活 40 d；福尔马林、酚类、乙醚、氨离子、卤素化合物（如漂白粉和碘溶液等）、重金属离子等一般消毒剂和灭活剂对本病毒均有灭活作用。尤其对碘蒸气和碘溶液敏感。目前主流抗病药物对这种病毒都有效。

【流行病学】

不同年龄、性别和品种的猪都可感染发病，病猪带毒猪和隐形感染猪是本病的主要传染源。病毒主要在呼吸道黏膜上皮细胞内增值，随着喷嚏和咳嗽排出体外，经呼吸道感染；主要传播途径可能是猪与猪通过鼻咽途径直接传播。接触传播也很容易发生，在猪群密集、通风不良等环境，空气传播可引起大范围的爆发流行。在常发生本病的地区，也可以散发。本病的流行有一定的季节性，多发生于气候骤变的晚秋和早春及寒冷的冬季，其他季节也可以发生。本病的流行特点是发病急，病程短。当存在与胸膜肺炎放线杆菌、多杀性巴氏杆菌、猪 2 型链球菌等混合或继发感染，则病程延长，病死率高。

【症状】

典型猪流感的症状是：发病急骤，1～2 d 内大批猪发病。患猪精神萎顿，食欲减退或废绝，体温升高到 40 ℃～41 ℃，高的可达 42 ℃，呼吸急促，张口呼吸，呈腹式呼吸，有阵发性剧烈咳嗽，口流白沫，眼、鼻有浆液甚至黏液性分泌物，鼻镜干燥；粪干硬，不活动，蜷缩，肌肉和关节疼痛，常卧地不起。体重明显下降和衰弱。病程短，若无并发症，多数病猪在 7～10 d 后恢复。临诊典型的急性爆发通常发生于完全易感的血清学呈阴性猪群。在非典型发病时传播慢，病猪数量少。患猪食欲减少，持续咳嗽，消化不良，瘦弱，病程较长。若感染肺炎或继发肺疫则常常引起死亡。妊娠母猪感染时，可出现流产。严重者引起死亡。康复母猪往往造成木乃伊死仔和仔猪出生后发育不良和死亡率增高。

【病理变化】

本病病变主要在上呼吸道。鼻腔、喉头、气管和支气管黏膜充血、肿胀，表面有大量带泡沫的黏液，有时混有血液。小支气管和细支气管内充满泡沫样渗出液。胸腔、心包腔蓄积大量混有纤维素的浆液，心冠脂肪、心外膜、心内膜明显出血。肺的病变不一，轻者仅在肺的边缘等部位出现炎症，严重者整个肺均有病变，呈紫红色，触之似皮革，切面实质出血，湿润，脾脏肿大，颈、纵膈和支气管淋巴结明显肿大，充血出血；胃、肠黏膜呈卡他炎症变化，以淤血为主，出血不明显。

【诊断】

根据流行病学的特点，结合临诊症状及病理变化综合分析，可以做出初步诊断。确诊需进行实验室检验。实验室检验通常采用病毒分离鉴定和血清学试验。此外，中和试验，琼脂扩散试验，免疫荧光试验，聚合酶链式反应（PCR）、核酸探针等试验也可用与本病的诊断。

【防治】

平时严格执行兽医卫生防疫制度，加强饲养管理，保持栏舍干燥，清洁、卫生、通风。注意防寒保暖，定期消毒，防止易感动物与非易感动物接触，猪场不养鸡或远离禽场。患流感的饲养员应调离工作。以免与猪接触。以防治本病的传入、蔓延和扩散。

本病无特效药物治疗，一般采用对症疗法可以减轻症状，使用抗生素或磺胺类药物可以预防和控制细菌继发感染。

受威胁地区应选用猪流感疫苗进行免疫接种，预防免疫接种的免疫程序为：后备母猪在配种前进行 2 次免疫接种，2 次免疫接种，2 次免疫接种间隔时间为 3 ~ 4 周；生产种猪每年进行 2 次免疫接种。

8. 猪断奶后多系统衰弱综合征（PMWS）

【病原】

本病由猪圆环病毒（PCV）引起，该病毒为已知的最小的动物病毒之一。本病毒无囊膜，二十面体，大小为 4 ~ 26 nm，平均直径为 17 nm。不具备凝血活性，可抵抗 pH 为 3 的酸性环境。PCV 存在两种血清型，即 PCV-1 和 PCV-2。PCV-1 无致病性，PCV-2 是 PMWS 的主要病原。

【流行病学】

PMWS 流行广泛，猪群中血清阳性率高达 20% ~ 80%。有人发现仔猪出生后，母源抗体中的 PCV-2 抗体在 8 ~ 9 周龄时消失，但在 13 ~ 15 周龄时又重新出现，表明这些小猪崽 11 ~ 13 周龄时又感染了 PCV-2。病毒随粪便、鼻腔分泌物排出体外，通过消化道而感染，也可能垂直感染。

【症状】

本病可见于 6 ~ 16 周龄仔猪，而 8 ~ 13 周龄的仔猪最常见。表现为被毛粗乱，喜堆在一起，精神沉郁，食欲减退，呼吸急促或咳嗽，衰竭无力，皮肤苍白，有时可见黄疸；患猪腹泻，进行性消瘦，体表淋巴结肿大。开始时部分猪有发热的症状。有些猪有比较特殊的结膜炎，眼睑水肿，眼睛分泌物增多，面部、下颌和颈部水肿。如果有继发感染，则病猪可表现为被毛长而粗乱，关节炎（链球菌、副猪嗜血杆菌、支原体继发感染）。甚至有些仔猪表现为皮肤继发感染，如渗出性皮肤的增多。本病发病率和死亡率相差很大。在急性暴发时，死亡率可高达 20% ~ 40%。本病常与 PRRS、猪伪狂犬、猪细小病毒等疫病混合感染。

【病变】

患猪消瘦、苍白，有时黄疸，脾脏有时肿胀，颜色变浅，皮质变薄，有时有出血点或灰白色病灶。肺脏呈弥漫性间质性肺炎，呈棕黄色或棕红色斑驳状，手触之有橡皮样弹性。腹股沟浅淋巴结，肠系膜淋巴结呈紫红色外观。胃肠道有不同程度的损伤，有胃溃疡，盲肠壁增厚，小肠黏膜充血出血。心脏变形，质地柔软，心冠脂肪萎缩。胸膜炎、腹膜炎。肝脏纤维萎缩或肿胀、呈土黄色（黄疸），如果继发了细菌（如猪嗜血杆菌）感染，则心包炎、胸膜肺炎和肝周炎等相当明显，并有显著地纤维素性渗出物导致粘连甚至化脓。不同的猪场病理变化的严重程度不同，这与混合感染或继发感染的类型有关，也与猪场的饲养管理有关。

【诊断】

本病没有典型的临床症状，且易与 PRRS、伪狂犬病等疾病混淆，如要确诊，应剖检多头病例。确诊需进行实验室实验。由于大部分猪群都有 PCV 病毒的抗体，血清学实验对这种病的诊断没有多大的帮助。

【防治】

由于患猪大量排毒，且病毒对外界环境有很强的抵抗力，猪场一旦被感染，消灭本病是困难的。目前还没有疫苗可供使用，也没有有效的药物治疗。

本病的防治最根本的是控制生产流程，应该采用全进全出生产流程。早期鉴别发病猪只，加以隔离。如果存在其他疾病，需要对症治疗。不同栏位间采用实心墙隔离。接种细小病毒（PPV）疫苗，控制繁殖呼吸综合征（PRRS）。审查猪群生物安全措施，包括新进猪只的隔离、人员进场的规程，以及一般的卫生措施。注意粪便造成的传播，尤其是卡车上沾染的粪便。加强灭鼠和隔离鸟类等措施。

9. 猪圆环病毒感染（Porcine circovirus infection，PCI）

猪圆环病毒感染是由猪圆环病毒引起猪的一种多系统功能障碍性疾病，临床上以新生仔猪先天震颤和断奶仔猪多系统衰弱综合征为其主要表现形式。

【病原】

该病原是 1982 年由 Tischer 等发现并鉴定的，为猪圆环病毒（Porcine circovirus，PCV），属于圆环病毒科圆环病毒属的成员。病毒粒子直径 14 ~ 25 nm，呈 20 面体立体对称，无囊膜，含有单链环状 DNA。

该病原可抵抗 pH3 的酸性环境和 56 °C ~ 70 °C 的高温环境，经氯仿处理也不失活。

【流行病学】

目前认为，该病的易感动物是各种日龄的猪，但成年猪通常呈亚临床状态，可以作为本病的重要传染源。PCV II 主要感染哺乳后期的仔猪和育肥猪，在感染猪群中仔猪的发病率差异很大，发病的严重程度也有明显的差别。发病率通常为 8 ~ 10%，也有报道可达 20% 左右。本病的传播途径有待进一步研究。

【症状】

PCV 感染引起猪的疾病包括仔猪先天性震颤和断奶猪多系统衰弱综合征。

（1）传染性仔猪先天性震颤。该型在临床上的表现可变性很大，震颤从中度到严重程度不等。同窝仔猪的发病数量也不等。通常表现为双侧型震颤，可影响到骨骼肌，当仔猪休息或睡眠时震颤可得到缓和。但突然的噪音或寒冷等外界刺激时，震颤可重新激发或加重。出生后第一周内出现严重震颤的仔猪由于不能得到哺乳而引起死亡，1 周龄以上的仔猪常常能耐过。有时仔猪的震颤症状始终不消失，直到生长期或育肥期还不时表现出来。

（2）断奶仔猪多系统衰弱综合征。主要发生于 5～13 周龄的猪，很少影响哺乳仔猪。主要的临床症状包括体重下降，呼吸急促，呼吸困难，黄疸。有时出现腹泻、咳嗽和中枢神经系统紊乱。一般来说该型的发病率低，但死亡率高。

【病理变化】

先天性震颤尚未见剖检病变，组织学变化主要是脊索神经的髓鞘形成不全。

发生断奶仔猪多系统衰弱综合征时，可见病猪营养不良，有不同程度的肌肉萎缩和严重消瘦，皮肤中度苍白，部分病猪出现黄疸。所有淋巴结均增大 3～4 倍，淋巴结切面呈均质白色。肺呈弥漫型间质性肺炎病变，质地硬如橡皮，肺表面一般呈灰色到褐色的斑驳样外观，有些病例肺小叶出血，在肺的上部和中部常见灰红色的膨胀不全或实变区。病猪肾脏肿大、苍白，体积可增大到正常体积的 5 倍。肝脏出现不同程度的萎缩。胃肠道也出现不同程度的充血和出血性变化。

【诊断】

一般性诊断要根据观察和了解该病的流行病学、临床症状、病理变化等特点。实验室诊断包括对 PCV 病毒的分离和鉴定、PCV 抗体的检测等。该病的确诊需要一般性诊断和实验室诊断的结合。目前，可用的病原学检测方法包括间接免疫荧光法、免疫组化法、PCR 等。检测抗体的方法主要是 ELISA。

鉴别诊断应注意与猪蓝耳病、猪脑心肌炎等的区别。

【防治】

到目前为止，尚没有疫苗用于该病的治疗，无论对于仔猪先天性震颤还是对猪断奶多系统衰弱综合征均没有有效的预防措施，一般建议实行全进全出的饲养管理制度，保持良好的卫生和通风状况，确保饲料品质和使用抗生素控制继发感染，以及对发病猪只及时淘汰、扑杀处理等。

（二）种猪常见细菌性疾病及其他疫病的预防和治疗

1. 猪接触传染性胸膜肺炎（Porcine Contagious pleuropneumonia）

【病原】

本病的病原为胸膜肺炎放线杆菌，为小到中等大小的球杆状，具有显著的多形性。菌体有荚膜，不运动，革兰氏阴性。为兼性厌氧菌。本菌对外界的抵抗力不强，干燥的情况下易灭活，对常用的消毒剂敏感，一般 60 ℃5～20 min 内死亡，4 ℃下通常存活 7～10 d。

【流行特点】

不同年龄的猪有易感性，以 4～5 月龄猪发病率死亡较多，病猪和带病猪是本病的传染源，胸膜肺炎放线菌主要存在于呼吸道黏膜，通过空气飞沫传播，在大群集约化饲养的条件下最易接触感染。猪群之间的传播主要是因引入带菌猪或慢性病猪。初次发生死亡发病率均较高，经过一段时间，逐渐趋向缓和，发病率和死亡率显著下降，但隔一段时间后又可能暴发流行。因此，本病的发病率和死亡率有很大差异，发病率在 0.4%～100%，猪群受到应激，可促本病的发生。

【症状】

最急性突然发病，个别病猪未出现任何临床症状突然死亡。猪病体温达到 41.5 ℃，倦怠厌食，并可能出现短期腹泻和呕吐，早期无明显的呼吸症状，只是脉搏增加，后期则出现心衰和循环障碍，鼻耳眼及后躯皮肤发钳。晚期出现严重的呼吸困难和体温下降，临死前血性泡沫从嘴鼻孔流出。该猪病于临床症状出现后 24～36 h 内死亡。急性：病猪体温可上升到 40.5 ℃～41 ℃，皮肤发红，精神沉郁，不愿站立，厌食，不爱饮水。严重的呼吸困难，咳嗽，有是张口呼吸，呈犬坐姿势，极度痛苦，上述症状在发病初的 24 h 内表现明显。如果不及时治疗，1～2 d 内因窒息死亡。亚急性和慢性：亚急性和慢性多在急性期后出现。病程长 15～20 d，病猪轻度发热或不发热，有不同程度的自发性或间歇性咳嗽，食欲减退，肉料比降低。病猪不爱活动，驱赶猪群时常常掉队，仅在喂食时勉强爬起。慢性期的猪群症状表现不明显，若无其他疾病并发，一般能自行恢复。统一猪群内可能出现不同程度的病猪。

【病变】

该变化主要病变为肺炎和胸膜炎。大多数病例胸膜表面有广泛性纤维素沉积，胸腔液呈血色，肺广泛性充血出血水肿和肝变。气管和支气管内有大量的血色液体和纤维素凝块。病程较长的病例，肺部有坏死灶或脓肿，胸膜黏结。

【诊断】

根据本病的流行病学、临床症状及病理变化特点，可做出初诊。确诊要对可疑的病例进行细菌检查。在发病的最急性期，应与猪瘟、猪丹毒、猪肺疫及猪链球菌做鉴别诊断。猪肺疫常见咽喉部肿胀，皮肤、皮下组织、浆膜以及淋巴结有出血点；而传染性胸膜肺炎的病变常局限于肺和胸腔。猪肺疫的病原体为极染色的巴氏杆菌，而猪传染性胸膜炎的病原体为小球杆状的放线杆菌。猪气喘病患猪的体温不升高病程长，肺部病变对称，呈胰样或肉样病变，病灶周围无结缔组织包裹。

【预防】

首先应加强饲养管理，严格卫生消毒措施，注意通风换气，保持舍内空气清新。减少各种因素的影响，保持猪群足够均衡的营养水平。

应加强猪场的生物安全措施。从无病猪场引进公猪或后备母猪，防止引进带菌猪；采用"全进全出"饲养方式，出猪后栏舍彻底清洁消毒，空栏 1 周才重新使用。

对已污染本病的猪场应定期进行血清学检查，清除血清学阳性带菌猪，并制定药物防治计划，逐步建立健康猪群。疫苗免疫接种：目前国内外均已有商品化的灭活疫苗用于本病的免疫接种。一般在 5～8 周龄时首免，2～3 周后二免。母猪在产前 4 周进行免疫接种，可应用包括国内主要流行菌株和本场分离株制成的灭活疫苗预防本病，效果更好。

【治疗】

虽然报道许多抗生素有效，但由于细菌的赖药性，本病临床治疗效果不明显。早期治疗是提高药效的重要条件，有效的药物有青霉素、乙基环丙沙星、卡那霉素、土霉素、四环素、链霉素及磺胺类药物。

2. 大肠杆菌病（Colibacillosis）

指由致病性大肠杆菌引起畜禽特别是幼畜禽疾病的总称，临床上表现为腹泻，败血症和毒血症。

引起疾病如下：

（1）仔猪黄痢。

是初生一周龄内的小猪的急性胃肠炎，最后以脱水、败血症而死。

【流行病学】

常发生于新建的猪场，常是头胎母猪生的小猪，最早为出生后 12 h 发生，2 d 后整窝都发病，死亡率 100%，病程 1 ~ 2 d。

传染源：为带菌猪，如母猪。

传播途径：主要为消化道传染，少数可经产道感染。

易感动物：出生后数小时至七天，不引起大猪发病。

【症状】

拉稀，为黄色带黏液的粪便，几次/h，急剧衰竭最后脱水而死，本病一般无慢性经过，经过治疗免于死亡的也不能完全恢复，多成为僵猪。

【病理变化】

胃内有凝乳块，肠管松弛，鼓胀，肾有点状出血。

【诊断】

据发病日龄及临床症状一般可以做出初诊，确诊需经过实验室检查。

从肠黏膜上刮取病料，可做各种试验，有一种方法是将细菌培养物过滤除菌，给兔子皮肉分点注射，经 18 ~ 24 h 后可用 Evans（尹文氏兰）静脉注射，过一段时间可见注射皮肤部位出现兰斑——称为兰斑试验。另外也可用肠黏膜涂片进行革兰氏染色，200 个菌体/1 个视野也可以做出诊断。

【防治】

① 用自场苗，用各种大肠杆菌自制苗注射母猪，即在生产前 1 个月和半个月各注一次可以获得好的效果。

② Ny-10 冻干品（新扬州-10 号）：抗原类型为 O33 给新生仔猪吃，可吸附于小肠黏膜上，防止病原性菌附着，它可生存 11 ~ 12 d，以后自行脱落。

③ 保护猪舍清洁卫生。

④ 治疗：磺胺类、抗生素，防止感染也可用抗菌素。

（2）仔猪白痢。

仔猪白痢是 10 ~ 30 日龄仔猪常发的一种疾病，以排泄乳白色或灰白色浆状、糊状的粪便为特征。

【流行病学】

① 易感动物：10 ~ 30 日龄的仔猪，尤以 10 ~ 20 日龄多发。

② 传染源：带菌的猪和病猪。

③ 传播途径：经口。

④ 影响因素及流行特点：本病的病因除了特异的病原性大肠杆菌外，一般认为其发生与各种应激因素有关，如气候不好，阴雨潮湿，冷热不定，饲料品质不良，配合不当或突然改

变，母猪乳汁过脓过稀或乳头不洁，圈场污秽等，都可促进本病的发生。本病一年四季均可发生，但以冬、夏发病较多。

【症状】

病猪突然发生腹泻，排泄絮状糊状的粪便，色乳白、灰白或黄白，腥臭黏腻。腹泻次数不等，严重者每小时数次。病猪背拱起，行动缓慢，毛粗糙无光，皮肤也失去光泽，体表不洁，食欲减少，发育迟滞。病程长短不一，短的 2~3 d，长的一周左右，能自行康复，死亡的很少。

【病理变化】

尸体外表不洁、苍白、消瘦。结肠内容物呈浆状、糊状或油膏状，色乳白或灰白、黏腻，常有部分粘附于粘膜上，而且不易完全擦掉。小肠内容物无明显变化，含有气泡，肠黏膜有卡他性炎症变化。肠壁变薄，胃内乳汁凝结不全，含有气泡。肠系膜淋巴结轻度肿胀。

【诊断】

据临床症状，发病年龄等不难作出诊断。

【防治】

用母猪或公猪血清给小猪静注 5 mL，全血也可以，可以用抗菌素如氯霉素、土霉素等，磺胺类效果也很好，如磺胺咪，长效磺胺。另外也可用针灸，中药等。

预防本病的原则是消除病原性大肠杆菌和各种应激因素，以及增强仔猪消化道的生理机能。

（3）猪水肿病。

猪水肿病是小猪的一种急性、致死性的疾病，其特征为胃壁和其他某些部位发生水肿。

此病最早报道于爱尔兰（1932 年），后来许多国家陆续发现，几乎各养猪国家都有发生。发病率虽不很高，但致死率很高，因而受到重视。我国也有不少养猪场时有发生。

【流行病学】

① 易感动物：主要发生于断乳仔猪。

② 传染源：带菌母猪和感染的仔猪。

③ 传播途径：消化道感染，即传染源排出带菌的粪便，污染饲料，饮水和环境，通过消化道而感染。

④ 流行特点：本病无明显的季节性，但多发生于气候剧变和阴雨潮湿季节，呈地方性流行。本病在生长快，体况健壮的仔猪最为常见，瘦小的仔猪少发生，其原因不明。

【症状】

① 突然发病，精神沉郁，食欲减少或完全停食。体温一般正常。

② 有神经症状，肌肉震颤，抽搐，四肢划动作游泳状，站立不稳，行走时四肢无力，共济失调，摇摆不稳，盲目前进或作圆圈运动，叫声嘶哑。

③ 体表某些部位的水肿是本病的特殊症状，常见于眼睑结膜，齿龈，有时波及颈部和腹部皮下，但也有的病猪无水肿变化。

【病理变化】

胃壁、肠系膜，体表某些部位皮下水肿，几乎全身淋巴结水肿、出血、肺水肿、心包、肠腔、腹腔有积液，呈黄色或红色，暴露于空气后凝成胶冻状。

【诊断】

本病据临床症状、病理变化、流行症学作出诊断并不困难，本病应注意与下列病进行鉴别诊断。

【预防】

① 可用自场苗。

② 药物：抗菌素，磺胺类，呋喃类。

【治疗】

可投服泻剂，清除肠内毒素，防止继续吸收，减少精料，多喂青干草，以改变肠内环境，同时可进行对症疗法。

3. 猪梭菌性肠炎（Clostridial Enteritis Of Piglet）

【病原】

本病原体为 C 型魏氏梭菌（又叫 C 型产气荚膜梭菌），只一种革兰氏染色阳性的厌氧大杆菌，能产生芽孢，无鞭毛，不能运动。本菌广泛存在于在自然界，通常存在于土壤、饲料、污水、粪便及人畜肠道中，下水道、尘埃中也有，特别是发病猪群的母猪肠道更为多见，其致病性，主要是 C 型菌株分泌 a 和 b 等外毒素，引起仔猪肠毒血症和坏死性肠炎。其繁殖体的抵抗力不强，一旦形成芽孢后，对热、干燥和消毒药的抵抗力就显著增强。

【流行病学】

本病主要发生于 1～3 日龄的初生仔猪，1 周以上的仔猪很少发病。在同一猪群各窝仔猪的发病率不同，最高可达 100%；死亡率一般为 20%～70%。本菌对外界因抵抗力特强，一旦传入某一猪场，病原就会长期存在，如果预防措施不力，该病可连年在产仔季节发生，造成严重危害，要想彻底根除此病非常困难。

本菌被初生的仔猪通过吃奶等途径吞下而感染。进入空肠内繁殖，不进入血液但能侵入至肠道浆膜下和肠系膜淋巴结进行繁殖。

本病没有季节性，一年四季都可发生。

【症状】

最急性者，仔猪出生后几小时至 1 d 内突然下血痢，后驱沾满带血稀粪，病猪精神不振，走路摇晃，随即虚脱或昏迷、抽搐而死亡；少数死前不见下痢，常在出生后的当天或第 2 d 死亡。急性者病程一般可维持 2 d 左右，整个病程均拉带血的红褐色水样稀粪，内含灰色坏死组织碎片；病猪迅速脱水、瘦小、衰弱，常在出生后 3 d 死亡。亚急性型病猪开始精神、食欲尚好，持续性的非出血性腹泻，粪便开始为黄色软便，后变为清水样，并含有坏死组织碎片，似米粥样；随病程发展，病猪逐渐消瘦、脱水，于出生后 5～7 d 死亡；慢性症状病程一至数周，呈间歇性或持续腹泻，粪黄灰色糊状，后驱粘满粪便的结痂；逐渐瘦弱，生长停滞，于数周后死亡或形成僵猪。

【病理变化】

可见腹腔内有多樱红色积液，病变主要在空肠，有时可延至回肠前部，十二指肠一般无病变。最急性型：空肠呈暗红色，与正常肠段界线分明，肠腔内充满暗红色液体，有时包括结肠在内的后部肠腔也有含血的液体；肠黏膜及黏膜下层广泛出血，肠系膜淋巴结深红色。急性型：出血不十分明显，以肠坏死为主，可见肠壁变厚，弹性消失，色泽变黄；坏死肠段浆膜下可见高粱米粒大或小米粒大数量不等的小气泡，肠系膜淋巴结充血，其中也有数量不等的小气泡；肠黏膜呈黄色或灰色，肠腔内含有稍带血色的坏死组织碎片松散的附着于肠壁。亚急性型：病变肠段坏死性黏膜坏死状，可形成坏死性假膜，异于剥下。慢性型：肠管外观正常，但黏膜上有坏死性假膜牢固附着的坏死区；心肌苍白，心外膜有血点；肾呈灰白色，皮质部小点出血；膀胱黏膜也有小点出血。

【诊断】

根据本病多发生在 7 日龄以内小猪，出现拉血痢，病程短，死亡率高，病变肠段为深红色，界限分明，肠黏膜坏死，肠浆膜下肠系膜和肠系膜淋巴结有小气泡形成等特征，一般可以作出诊断，如有必要可进行实验室细菌学检查诊断。

【防治】

本病预防首先应搞好猪舍和周围环境的消毒工作。尤其是对产房的地面和生产母猪的体表，特别是乳头和乳房进行清洗、消毒尤其重要，这样可以明显减少本病的发生和传播。给怀孕母猪接种疫苗，通过母源抗体保护仔猪是预防本病的最有效办法。对常发病猪场，给怀孕母猪产前 1 个月及产前半个月各肌肉注射仔猪红痢氢氧化铝菌苗 5 ~ 10 mL，以后每次在产仔前半个月注射 3 ~ 5 mL，能使母猪产生坚强的免疫力。该病发病急、病程短，一旦出现临床症状，用抗菌药物治疗效果较差。在常发病猪场，可在仔猪出生后，用抗生素如青霉素、链霉素、土霉素、痢特灵进行预防性口服。在早期可用青、链霉素 100 000 IU/kg 比重口服治疗有一定的效果。

4. 猪链球菌病（Streptococcal diseases in swine）

【病原】

猪链球菌呈圆形或卵圆形，常呈链状排列，长短不一，是革兰氏阳性球菌。不形成芽孢，有的可形成荚膜。需氧或兼性厌氧，多数无鞭毛，只有 D 群某些链球菌有鞭毛。本菌抵抗力不强，对干燥、潮湿均较敏感，常用消毒药都可将其杀死。

【流行病学】

该病的流行虽无明显季节性，一年四季均可发生，但在夏季炎热，潮湿季节较为多发。本病流行大多呈散发和地方性流行，偶有暴发。病猪、临床康复猪和健康猪均可带菌，呼吸道是本病的主要传播途径，消化道、皮肤伤口也可传播。有皮肤损伤、蹄底磨损、去势、脐带感染等外伤病史的猪易发生该病。各种年龄的猪均可发病，但是败血症和脑膜炎多见于仔猪，化脓性淋巴结炎型多见于中猪。在养猪场，猪链球菌病已成为一种常见病和多发病，经常成为一些病毒性疾病如瘟猪、猪繁殖与呼吸综合症、猪圆环病毒Ⅱ型感染等继发病。而且，常与一些疾病如附红细胞体病、巴氏杆菌病、副猪嗜血杆菌病、传染性胸膜肺炎等混合感染。一些诱因如气候的变化、营养不良、卫生条件差、多雨和潮湿、长途运输等均可促使本病的发生。败血型发病率一般为 30% 左右，有时在某些特定诱因作用下死亡率可达 80% 以上。

【临床症状】

本病的血清型和临床症状很多，依据临床表现不同，将其分为 4 个型：急性型猪链球菌病发病急、传播快，多表现为急性败血症。病猪突然发病，体温升高至 41 ℃ ~ 43 ℃，精神沉郁、嗜睡、食欲废绝、流鼻水、咳嗽、眼结膜潮红、流泪，呼吸加快。多数病猪往往头晚未见任何症状，次晨已死亡。少数病猪在病的后期，于耳尖、四肢下端、背部和腹下皮肤出现广泛性充血，潮红。脑膜炎型多见于 70 ~ 90 日龄的小猪，病初体温 40 ℃ ~ 42.5，不食，便秘，继而出现神经症状，如磨牙、转圈、前肢爬行、四肢游泳状或昏睡等，有的后期出现呼吸困难，如治疗不及时往往死亡率很高。关节炎型由前两型转来，或从发病起即呈现关节炎症状。表现一肢或几肢肿胀，疼痛，有跛行，甚至不能起立。病程 2 ~ 3 周。化脓性淋巴结炎（淋巴结脓肿）型多见于颌下淋巴结，其次是咽喉和颈部淋巴结。受害淋巴结肿胀，坚硬，有热有痛，可影响采食、咀嚼、吞咽和呼吸，伴有咳嗽，流鼻液至化脓成熟，肿胀中央变软，皮肤坏死，自行破溃流脓，以后全身症状好转，局部逐渐痊愈。病程一般为 3 ~ 5 周。

【病理变化】

最常见的病理变化是脑膜、淋巴结和肺胀充血。急性败血型常表现鼻、气管、肺充血呈肺炎变化；全身淋巴结肿大、出血；心包积液、心内膜出血；肾肿大、出血；胃肠黏膜充血、出血；关节囊内有胶样液体或纤维素脓性物。脑膜炎型表现脑门充血、出血、脑脊髓白质和灰质有出小血点，脑脊液增加；心包、胸腔、腹腔有纤维性炎。关节型表现滑膜血管扩张和充血，出现纤维索性多浆膜炎，关节肿胀、滑膜液增多而浑浊，严重者关节软骨坏死，关节周围组织有多发性化脓灶。化脓性淋巴结炎型表现淋巴结肿大、出血，并伴有其他型病理变化。

【诊断】

根据猪链球菌病的流行特点、临床症状、病理变化、实验室检验等可以作出诊断、在临床上，如病猪不表现症状突然死亡，高烧，耳和鼻发绀，呼吸急促，神经症状（喝污脏水，向后走路等），部分有关节肿、跛行等症状的，均可怀疑猪链球菌病。确证需要通过血清学检查，分离病原菌和病理组织学检查等实验室方法进行。该病有时不是单一发病，通常会和一种或几种疾病共同发病。如附红细胞体病、猪瘟、弓形体病等。而本病的外观症状极易与其他疾病相混而误诊。诊断时应注意鉴别，微生物学检查确诊十分重要。

【防治】

本病宜早诊断早治疗，治疗药物可根据药敏试验结果选择使用。早期大剂量食用抗生素和磺胺类药物，青霉素每头每次 320 ~ 400 万 IU，同时配合磺胺类药物治疗，效果明显；也可用乙醇环丙沙星治疗，还可用链嗜康注射液 0.2 mL/kg 肌肉注射一侧，一日一次，连用 3 天，可取得良好效果。治疗过程中需采取隔离消毒，暂停生猪调进、调出等预防措施。及时隔离病猪，对病死猪做好无害化处理，控制传染源。做好链球菌病的疫苗预防接种，在 60 日龄首次免疫接种猪链球菌病氢氧化铝疫苗，肌肉或皮下注射 5 mL，浓缩菌苗注射 3 mL，免疫期 6 个月，还可在母猪生产前 20 ~ 30 day 注射链球苗对预防产房奶猪链球菌效果明显。同时做好环境卫生工作，以预防本病发生。可用药物预防来控制本病的发生，每吨饲料中加入四环素 125 g，连喂 4 ~ 6 周。

5. 猪附红细胞体病（Swine eperythrozoonosis）

【病原】

猪附红细胞体常单独或链状附着于红细胞表面，也可游离于血浆中，发育工程中，形状和大小常发生变化。该病原对外界的抵抗力极弱，自然状态下无法在环境中生存，对干燥和化学药品敏感，一般常用浓度的在几分钟内即可将其杀死，但耐低温。

【流行病学】

不同品种、性别、年龄的猪均可发生本病，但以仔猪和母猪多见，其中哺乳仔猪的发病率和死亡率较高，被阉割后几周的仔猪尤其容易感染发病。猪附红细胞体在猪群中的感染率很高，可达95%以上。病猪和隐性感染带菌猪是主要传染源。隐性感染带菌猪在有应激因素存在时，如饲养管理不良、营养不良、温度突变、并发其他疾病等。可引起血液中的附红细胞体数增加，出现明显临阵症状而发病。耐过猪可长期携带改病原，成为长期传染源。猪附红细胞体可通过接触、血源、交配、垂直及媒介昆虫（如蚊子）叮咬等多种途径传播。动物之间可通过舔伤口、互相斗咬或喝血液污染的尿液以及污染的注射器、手术器械等媒介物而传播；交配或人工授精时，可经污染的精液传播；感染母猪能通过子宫、胎盘使仔猪受到感染。本病主要发生于温暖季节，夏秋季发病较多，尤其是多雨之后最容易发病，长呈地方流行性、气候恶劣、饲养管理不善、疾病等应激因素均能导致病情加重，疫情传播面积扩大，经济损失增加。猪附红细胞体病可继发与其他疾病，也可与一些疾病合并发生。

【症状】

猪感染附红细胞体后，多呈隐性经过，当疾病、饲养管理不善等应激因素引起猪群抵抗力下降时爆发本病、潜伏期一般为6~10 d。急性期：主要发生于仔猪阶段，多突然死亡，死时口鼻流血，全身红紫，指压褪色。有的突然瘫痪，食欲下降或废绝，无端嘶叫或呻吟，肌肉颤抖，四肢抽搐。死亡时口内出血，肛门出血。这主要是由于消耗性血凝固病理作用，使血凝固时间延长，血栓数量增加，引起机体出血。亚急性期：体温升高达42 ℃，呈稽留热。精神沉郁，食欲不佳，主要变现为前期便秘，大便干燥如算盘珠状，有的带肠黏膜，后期腹泻，排黄色或灰褐色水样稀便。尿色变重，呈黄色，有些猪颈部、耳部、鼻部、胸腔下部、四肢内测皮肤发红，指压不褪色，严重的出现全身紫斑，毛孔有铁锈色斑点，即红猪皮，有的猪两后肢不能站立，流涎，呼吸困难，咳嗽，眼结膜发炎。慢性期：主要表现为持续性贫血和黄疸程度不一，皮肤或眼结膜呈淡黄色至深黄色，皮肤和黏膜苍白。母猪出现流产、死胎、弱仔增加、产仔数下降、不发情等繁殖障碍。母猪临产前后发病率较高，乳房、外阴水肿，产后泌乳量减少，缺乏母性。育肥猪主要表现为全身苍白，被毛粗乱无光泽，皮肤皲裂，层层脱落，不养。生长发育不良，消瘦，易继发其他疾病使临床症状更加复发。公猪出现性欲减退，精子稀薄，受胎率低等现象。

【病理变化】

主要病理变化为贫血及黄疸。皮肤及黏膜苍白。血液稀薄、色淡，不宜凝固，全身肌肉颜色变淡，皮下脂肪黄染，皮下组织水肿，多数有胸水和腹水，肝脏、肾脏、肺脏、脾脏肿大，并且都大小不一的出血点或出血斑。肝脏肿大变性呈棕黄色，表面有黄色条纹状或灰白色坏死灶。胆囊膨胀，内部充满浓稠明胶样胆汁。脾脏肿大变软，边缘不整齐，呈暗黑色，有的脾脏有针头大至米粒大灰白（黄）色坏死结节。心包积液，心肌苍白柔软，色热肉样，质地脆弱，心包积水，心外膜及心冠脂肪出血黄染，有少量针尖状出血点；全身淋巴结肿大，切面外翻，浆液渗出，切面有灰白色坏死灶或出血点；胃底部出血坏死严重，十二指肠肿大，黏膜脱落，肠管充血；膀胱苍白、黏膜有少量的出血点，内有积尿，颜色深黄或如浓茶。胸腹腔有大量积液，脑软膜充血、水肿、脑室液增多。

【诊断】

根据流行特点，突出的症状和病理变化（如黄疸）可作出初步诊断。确诊需进一步进行血液检查。

血液镜检查：取高热期的病猪学一滴涂片，加等量生理盐水，混匀，加盖玻片，放在 400 ~ 600 倍显微镜下观察，发现红细胞表面及血浆中有游动的各种形态的虫体，附着在红细胞表面的虫体大部分围成一个圈，呈链状排列。使红细胞呈星形或不规则的多边形。

【防治】

常用的治疗方法有：血虫净（贝尼尔）按每千克体重 5 ~ 10 mg，用生理盐水稀释成 5% 的溶液，深部肌肉注射，1 天 1 次，连用 3 ~ 5 day。长效土霉素治疗，剂量为每千克体重 10 ~ 20 mg 口服、肌注或静注。金霉素（每千克体重 15 mg）连用 7 d。新砷凡纳明按每千克体重 10 ~ 15 mg 经贸注射，一般 3 d 症状可消失。饲料中添加洛克沙砷 50 mg/kg，或阿散酸（对氨苯肿酸）100 mg/kg，连续使用 30 day。

对本病应采取综合性的防治措施。加强饲养管理，保持猪舍、饲养用具卫生，减少不良应激等是防止本病发生的关键。夏秋季节要经常喷洒杀虫药物，防止昆虫叮咬猪群，切断传染源。在实施诸如预防注射、断尾、打耳号、阉割等饲养管理程序时，均应更换器械、严格消毒。可定期在饲料中添加预防量的土霉素、四环素、强力霉素、金霉素、阿散酸，对本病有很好的预防效果。

6. 巴氏杆菌病（Pasteurellosis）

【病原】

为多杀性巴氏杆菌，是巴氏杆菌属的一个种，这个属中致病的共有两个种，即多杀性巴氏杆菌和溶血性巴氏杆菌。

抵抗力：不形成芽胞，抵抗力弱，在干燥环境下不超过 48 h 而死亡，在强烈的阳光下生存 10 min，在土中生存一周，加热 60 ℃ 1 min 死亡，冻结也死亡。所以本菌的保存，可以在人工培养基上 2 周移植一次，然后再回到动物，再到培养基上，可以冻干保存。对克辽林有一定抗力。

【流行病学】

（1）易感动物及流行特点：易感动物为各种家畜家禽，猪、兔、黄牛、水牛、牦牛、最易感，家禽都易感，特别是鸭。本病虽然无明显的季节性，但多见于冷热交替、闷热、潮湿、多雨的季节。流行形式猪、牛为散发型，家禽为地方性流行，特别是鸭子可造成大群死亡，鸡次之，破坏力仅次于鸡瘟。

（2）传染源与传播途径：① 内源性传染源，上呼吸道常在菌侵入机体引起的动物发病。② 外源性传染源，从体外，即外环境径口、呼吸道、皮肤和黏膜伤口侵入机体引起疾病，以及外来畜禽群带入健康群引起。

马丁肉汤 + 新霉素 200 UI/mL + 亚硒酸钾 2.5 ug/mL + 制霉菌素 2.5 ug/mL 可以作为选择培养基。这个培养基不利于其他菌生长。

一般认为巴氏杆菌病只能在同种动物中引起传播，后来认为猪→禽、鼠→兔，猪→鸡。

【症状及病理变化】

本病在猪称为猪肺疫，又称猪出败，单纯的急性的巴氏杆菌病不是很多见，而大多与其他的传染病如猪瘟、猪气喘病等并发或继发。在临床上可分为三个型。

（1）最急性型：发病急，病程短，12 h，症状不易看到，一般体温高至 40~41 ℃，呼吸困难，咽喉部肿胀。病变不明显，主要是败血症的变化，浆黏膜有出血性炎症，咽、颈、前胸部皮下有水肿，水肿液为淡黄色，这些部位的淋巴结有中等肿大、出血。

（2）急性型：呼吸困难、喘气、口鼻腔有浆液或黏液性分泌物，有时混有血液，由于呼吸困难常呈犬坐势。常见可视黏膜发紫，病程也很短，1~2 天。病变为大叶性肺炎变化，即充血、水肿、实变，外观呈不同色彩，肺小叶间质增宽，肺胸膜和胸膜发生粘连，胸水多且有纤维素。

（3）慢性型：食欲时好时坏，关节肿大，常见有咳嗽、呼吸困难，逐渐消瘦，拉稀而死。病变见肺组织大部分发生肝变，并有大块坏死灶或化脓灶。个别坏死灶周围有增生的结缔组织包膜。肺胸膜出血、坏死，有时因结缔组织增生而与胸膜粘连，肺门淋巴结化脓。

【诊断】

本病多数为急性的，所以多与其他的急性传染病进行鉴别，应注意与猪丹毒、猪瘟、急性副伤寒等鉴别诊断。

实验室诊断：① 分离培养；② 制片染色镜检；③ 动物接种。

取样，可取局部水肿液，也可取血（濒死或死后取血）内脏如肝脾。做血琼脂培养，血涂片检查，美兰或瑞氏染色，纯培养后要用 G 染色，动物接种有小白鼠、家兔、鸽子，一般接种后不到 24 h 死亡，最快 7 h。

诊断时一定要认真分析是否有混合感染。

【防治】

（1）平时的预防：① 维持和增强动物抵抗力；② 进行定期的预防注射，菌苗目前有口服猪肺疫弱毒菌苗，猪瘟猪丹毒猪肺疫三联苗；③ 防止病原的传入：即外来引进的猪要注意，应隔离观察，买猪以前也要做一了解。

（2）发病时措施：隔离、治疗或急宰后高温处理食用，周围环境进行消毒，青链霉素同时用 100 万单位/kg，4 h 一次。也可选用其他抗菌药，直到症状消失。慢性巴氏杆菌病最好淘汰。

（三）种猪常见普通病及寄生虫病的预防和治疗

1. 乳房炎

【病因】

乳房炎的发病原因是多方面的，不同因素可引起发病：母猪腹部松垂，尤其是经产母猪的乳头几乎接近地面，常与地面摩擦受到损失，或因仔猪吃奶咬伤乳头，或因母猪圈舍不清洁，由乳头管感染细菌（链球菌、葡萄球菌、大肠杆菌和绿脓杆菌）。母猪在分娩前后，喂饲大量发酵和多汁饲料，乳汁分泌旺盛，乳房乳汁积滞也常会引起乳房炎。当母猪患有子宫炎等疾病时，也常继（并）发乳房炎。

【症状】

初期可见母猪在哺乳时，因疼痛而急速站起，不让仔猪吃饭。可见其中一至数个乳房出现局部红、肿、热、痛。经过数天，有的乳房红肿加剧，此时母猪体温升高，少食到不食，精神不振，长时间卧地，拒绝哺乳。严重的可发生坏疽性乳房炎，患病乳房呈紫红色；有的母猪抗感染力强，将感染局限化，而在乳房内形成脓肿。患病乳房初期分泌的乳汁变稀，以后逐渐变成乳清样，内含絮状小块；如为化脓性乳房炎，乳汁呈黏液状，含黄色絮状物；坏疽行乳房炎，乳汁呈灰红色，含絮状物，并有腥臭味。

【预防】

对产房和猪体进行清洗消毒；母猪临产前 1~2 d 减料是预防乳房炎行之有效的办法，分娩当天不要喂食；母猪产前用 0.1% 高锰酸钾对猪的外阴部、乳房进行清洗消毒；仔猪出生后剪平犬齿，以防其咬伤母猪乳房；此外，要改善猪舍通风，防暑降温，同时保持猪栏地面平整，清洁干燥，定期消毒栏舍；一些猪场要改造设备以免刮伤或磨坏乳房。

【治疗】

将乳房洗净擦干后，选用鱼石脂软膏（或鱼石脂鱼肝油）、樟脑软膏、5%~10% 碘酊，将药涂擦于乳房患部皮肤，或用温毛巾热敷。同时用青、链霉素肌肉注射，连续注射 3~4 d。如果所形成的脓汁带绿色，则用庆大霉素洗擦创口和作肌肉注射。对严重的（母猪体温在 41 ℃ 以上，不食，精神沉郁，长时卧地，完全拒绝仔猪吃奶），用卡那霉素 100~150 万 IU 单位，10% 的葡萄糖溶液 100~200 mL，地塞米松 5~10 mg，维生素 C 10 mL，混合后一次静脉注射，每天 5 次，连续注射 3 d。同时用蒲公英、紫花地丁、鱼腥草、金银花、连翘各 40 g，天花粉、白芷、生黄芪、当归各 30 g，红花、甘草各 15 g，煎 2 次，每天分 2 次内服，连服 3 剂。对已形成脓肿的，在脓肿下方，选无皮下血管处，先消毒，在下地面作长约 3 cm 的纵向切口，深达脓肿腔，排脓后，用 3% 的双氧水或 0.1% 的高锰酸钾溶液反复冲洗干净后，填入青、链霉素各 1 瓶。并给母猪肌肉注射青、链霉素。

2. 母猪无乳综合症

【病因】

应激、激素不平衡、乳腺发育不全、细菌感染、管理不当、低钙症、运动不足、难产、过肥等均可引起本症。其中以应激、激素失调、传染因素和管理营养 4 大因素为主。

【症状】

母猪在分娩前 1 d 至分娩时仍然泌乳，但产后 2~3 d 泌乳量开始减少或停止泌乳，导致乳房及乳头缩小干瘪，乳房松弛或水肿，母猪表现在食欲不振、精神沉郁、伏卧昏睡，体温升高至 39.5 ℃~41.5 ℃，鼻镜干燥，有的便秘或腹泻，阴道流出脓状分泌物。仔猪拱撞和争斗乳头导致部分母猪乳房乳头被咬伤；仔猪消瘦，被毛粗乱，皮肤长白，生长迟缓，体质虚弱。

【预防】

加强母猪饲料管理，注意做好夏季降温、通风和冬季保温工作；提防霉菌毒素危害母猪导致母乳减少甚至无乳。怀孕和哺乳母猪的饲料必须加霉菌毒素吸附剂。严格消毒，将产妇冲洗干净，保持产房栏舍的干净卫生。在饲料中添加适量的抗生素，可有效防止乳房炎和子宫炎。

【治疗】

母猪如有阴道炎、子宫炎，可用长效土霉素 10 mL 肌注，1 次/d，连用 2~3 d。如有乳房炎，可采用乳房基部封闭疗法，对患病母猪先挤出乳汁后用 10% 鱼石脂软膏涂抹，再用

80 万 IU 青霉素，配合 2 mL 普鲁卡因对乳房基部实施封闭注射，也可配合 0.2% 高锰酸钾溶液浸湿毛巾按摩病猪乳房，每天 5 ~ 8 次，每次按摩 10 min，有一定效果。有乳汁但泌乳不畅的，可肌注催产素 40 ~ 60 IU，4 ~ 6 次/d，连用 2 d。如母猪无乳或排乳、泌乳不畅，也可用乙烯雌酚联合催产素或前列腺素各 4 ~ 5 mL 肌注，1 ~ 2 次/d，连用 2 ~ 3 d。在治疗期间，应把仔猪留在母猪身边，让它们吸吮母猪乳头以刺激母猪，有助于恢复母猪放乳，许多母猪在产后 3 ~ 4 d 往往可以恢复放乳。

3. 母猪发情不及时或不发情

【病因】

预混料（添加剂）质量低劣或不用预混料，饲料原料霉变、不新鲜，缺乏维生素 A、维生素 D、维生素 E；氨基酸、矿物质不足等引起卵巢发育不全或机能减退引起的不发情。后备母猪饲喂中猪料使钙、磷、维生素、蛋白质、赖氨酸不足导致不发情。后备母猪过早处于固定栏中饲养，缺少运动，身体肥胖，代谢下降，导致乏情。后备母猪先天性生殖器官畸形或雌雄间性。阴道炎、子宫内膜炎引起不发情。

【症状】

个别后备母猪已到性成熟年龄或经产母猪断奶后 15 d 内仍不发情。

【防治】

使用优质预混料及新鲜饲料原料，断奶母猪断奶后仍饲喂哺乳母猪料，后备母猪饲喂后备母猪料或哺乳母猪料。

对于过于肥胖的断奶后 10 ~ 15 d 仍不发情的母猪，要减少喂量，多给青饲料并加强运动、加强并栏。太瘦的母猪要加强饲养，以料催情。

生殖器官畸形或雌雄间性的母猪坚决淘汰。

对于阴道炎、子宫颈炎、子宫内膜炎的母猪要用 0.1% 高锰酸钾水清洗消毒阴道、子宫，并用 160 ~ 240 万 IU 青霉素注入子宫内，每 7 d 一个疗程，两个疗程后就能基本治愈。对于治疗后不能治愈的母猪要坚决淘汰。或选用宫炎清、达力郎冲洗，效果比较好。

药物催情：目前最有效的人工诱导发情的方法是采用孕马血清促性腺激素（PGSM）800 ~ 1 000 IU+促排卵 3 号（LHRH-A3）5 mL 或人绒毛膜促性腺激素 500 ~ 800 IU 进行注射，有效率为 80%。对于长期不发情的母猪，可让公猪常和母猪接触，每天接触 10 ~ 20 min，在一般情况下长期不发情的母猪就会开始陆续发情，实践证明此方法很实用，各猪场可以采用。

注意：如果实行上述方法催情配种仍然不能怀孕，这些母猪要坚决处理淘汰。

4. 猪地方流行性肺炎

【病因】

猪肺炎支原体属于支原体科支原体属，存在于病猪的呼吸道（咽喉、气管、肺组织）、肺淋巴结和纵膈淋巴结中，具有多形性，其中常见的有球状、环装、椭圆形。吉姆萨或瑞士染色，常呈两端浓染。本菌对温热、日光、腐败和消毒剂的抵抗力不强。环境中病原体生存时间不超过 1 ~ 2 d，病肺组织中 1 ℃ ~ 4 ℃，也只有 7 d。一般常用的化学消毒剂和常用的消毒方法均能达到消毒目的。

【流行病学】

不同年龄、性别、品种猪均易感染，土种猪比引进猪种易感，其中以哺乳仔猪、断奶猪死亡率高。而初发地区则为妊娠后期母猪及哺乳母猪较为严重。

病猪、隐性感染猪康复带病菌猪为传染源。很多地区引种时混入了病猪而引起爆发。哺乳母猪常被患病母猪感染。多窝仔猪合群饲养时也易发。病原体存在于病猪的呼吸道，通过咳嗽、喷嚏等排于外界，病猪即使症状消失，仍长达半年至一年向外排菌。主要通过呼出的飞沫经呼吸道传染，因此健病猪直接接触（同槽、同栏）尤其猪舍通风不良，猪群拥挤时最易流行。

本病无明显季节性，但以冬季、春季冷季较为多见。

【症状】

潜伏一般 11～16 d，最长可达 1 个月以上。本病主要临床特征为咳嗽和气喘，根据病的经过可分为急性、慢性和隐性 3 种类型。

急性型：常见于新发病的猪群，尤以仔猪和妊娠、哺乳母猪多见，最引人注目的症状是张口喘气、伸舌、口鼻流泡沫，呈腹式呼吸或犬坐姿势，呼吸次数可达 60～120 次，咳嗽次数少而低沉，体温一般正常（伴有继发感染是可升至 40 ℃ 以上），病猪死率较高。

慢性型：常见于老疫区的架子猪、育肥猪和后备母猪。早、晚吃食后或运动时发生咳嗽，严重的连续痉挛性咳嗽。咳嗽时，站立不动，背拱起，颈伸直，头下垂，直至咳出分泌物咽下为止。随着病程的发展，常出现不同程度的呼吸困难，表现呼吸次数增加和腹式呼吸。体温、食欲无大影响，猪群常年大小不均，发育缓慢，慢性病程可达数月之久。

隐性型：偶见咳嗽和气喘，生长发育几乎正常，但 X 线检查或剖检时，可见肺炎病灶。该型在老疫区的猪群中占有一定数量。

【病变】

本病的病变在肺、肺门淋巴结和纵膈淋巴结。肺尖叶、心叶、中间叶、膈叶的前下部，形成左右堆成的淡红色和灰红色，半透明状，病、健部界限明显，似鲜嫩肌肉样病变，俗称"肉变"。随着病情加重，病变色泽变身，坚韧度增加，外观不透明，俗称"胰扁"或"虾肉样变"。肺门和纵膈淋巴结显著增大。如无继发感染，其他内脏器官多无明显病变。急性病例严重水中、充血、气肿。

【诊断】

根据典型临床症状和病理变化，结合流行病学诊断；对慢性和阴性猪，X 射线检查有重要价值。由于本病的隐性感染较多，应而在诊断时应以猪群为单位，如发现一头病猪，即可认为该群是病猪群。

确诊需进一步做实验室诊断。

【预防】

根据本病特点，飞沫传染，病原体在外界存活时间不长，所以只要彻底清除病猪、带菌猪，配合消毒盒疫苗接种，并采用自繁自养办法，可以控制或消灭本病。

未发病地区或猪场，应坚持自繁自养。

有病猪场要早期诊断、早期发现，及时隔离和清除；对假定健康猪隔离饲养，继续观察和治疗，改为肉用催肥出栏；培育健康猪群：康复种母猪，单个隔离，人工授精，同时执行三固定（饲养员、母仔猪同圈、仔猪圈内喂料），使母猪互不见面，仔猪互不串栏，至小猪断奶时，如未发现症状，X 射线检查也未见病变，则继续培育；注射猪气喘病疫苗，弱毒苗：对无症状种猪和后备猪，每年春秋各注射 1 次；如作种用需 3~4 月龄时在免 1 次。引种猪前确定健康后注射疫苗。灭活苗：1~2 周龄首免，隔两周再免。可以肌肉注射，2 ml 剂量。

【治疗】

加强营养，注意防寒保暖、卫生，可以提高药效，有利于康复。土霉素、卡那霉素、金霉素、四环素均有一定疗效。恩诺沙星、丹诺沙星、诺氟沙星治疗效果较好，利高霉素按 0.25~1 kg/t 饲料服用。

5. 猪弓形体病猪

【病原】

本病的病原属刚地弓形体，又称弓形虫。

【流行特点】

猪感染弓形体病后，多无明显症状，为隐性感染。本病多发于 2~4 月龄猪。本病虽无明显季节性，也不受气候限制，但一些地方 7~9 月份的夏秋炎热季节多发。病畜和带虫动物的分泌物、排泄物，特别是随猫粪排出卵囊污染的饲料和饮水成为主要的传染源。猪只主要是吃了被卵囊或带虫动物的肉、内脏、分泌物等污染的饲料而感染发病。

【症状】

根据感染猪的年龄、弓形虫虫株的毒力，弓形虫感染的数量以及感染途径的不同，其临床表现和致病性都不一样。急性感染后，经 3~7 d 的潜伏，体温升高至 40.5 ℃~42 ℃，稽留 7~10 d，病猪精神沉郁，食欲减少至废绝，喜饮水，粪便干硬，常带有黏液，断乳仔猪多数排水样稀粪，后肢无力，行走摇晃，喜卧，鼻镜干燥，被毛粗乱，结膜潮红，后期呼吸困难，常呈腹式呼吸或犬坐呼吸。随着病程发展，尾部、四肢下部及腹下部、耳出现瓦片状紫色淤血斑或间有出血点，有的四肢全身肌肉强直。病后期严重呼吸困难，后躯摇晃或卧地不起，病程 10~15 d。耐过急性的病猪一般于 2 周后恢复，但易成为僵猪。

怀孕母猪若发生急性弓形虫病，表现高热、不吃、精神萎顿和昏睡，此种症状持续数天后可产出死胎、畸形怪胎或流产，即使产出活仔也会发生急性死亡或发育不全。母猪流产后很快自愈，一般不留后遗症。

【病理变化】

在病的后期，病猪体表尤其是耳、下腹部、其次是脾、肾、肠。全身淋巴结肿大，切面有栗米粒大的灰白色或黄色坏死和大小不一的出血点，尤以肠系膜淋巴结最为显著。肺呈大叶性肺炎，暗红色，间质增宽，含多量浆液而膨胀成为无气肺，切面流出多量带泡沫的浆液；肝肿大变硬，并有散在针尖至黄豆大的灰白或灰黄色的坏死灶；肠黏膜肥厚、糜烂，从空肠至结肠有出血斑点。心包、胸腔和腹腔积水，脾脏在病的早期显著肿胀，有少量出血点，后期萎缩。肾脏表面和切面有针尖大出血点和坏死灶。

【诊断】

一般根据临床症状和病理变化特点作初步诊断，确诊需采用实验室检查法，如涂片法检查虫卵等。

【防治】

平时要加强饲养管理，搞好猪场卫生和定期消毒工作；猪群生活区禁止养猫，防止猪与其他动物混养并注意检疫。

一旦发生本病，要立即予以首选磺胺类药物治疗，如磺胺嘧啶、磺胺甲氧嘧啶、磺胺-6-甲氧嘧啶等肌肉注射或口服均有较好疗效，但要早期用药。无论采用何种药物，剂量要以体重计算，首次倍量，每日1次，连用3~5天。

6. 猪球虫病

【病原】

引起猪球虫病的病原有很多种。目前还不确切，主要为猪等孢球虫和某些艾美耳属球虫。

【流行特点】

本病常见于哺乳期及新近断奶的仔猪，以8~15日龄多发，所以此病又称"10日下痢"；成年猪多为带虫者，不表现临床症状。传染源是病猪和带虫者。传播途径主要是消化道，即"病从口入"。常年可感染发病，因为猪球虫卵囊不仅能抗干燥，还耐受几乎所有消毒剂。

【症状】

主要临诊症状是腹泻，持续4~6 d，粪便呈水样或糊状，显黄色至灰白色，偶尔由于潜血而棕色。开始时粪便松软或呈糊状，随着病情加重粪便呈液状。仔猪粘满液状粪便，使其看起来很潮湿，并且会发出腐败乳汁的酸臭味。病猪常因脱水而死亡或虚弱、消瘦、生长迟缓。一般情况下，仔猪会继续吃奶，但被毛粗乱、脱水、消瘦、增重缓慢。不同窝的仔猪症状的严重程度往往不同，即使同窝仔猪不同个体受影响的程度也不尽相同。本病发病率一般较高（50%~75%），但是死亡率变化较大，有些病例低，有的则可高达75%，死亡率的这种差异可能是由于猪吞食孢子化卵囊的数量和猪场环境条件的差别，以及同时存在其他疾病的问题所致。

【病理变化】

尸体剖检所观察的特征是急性肠炎，局限于空肠和回肠，炎症反应较轻，仅黏膜出现浊样颗粒化，有的可见整个黏膜的严重坏死性肠炎。眼观特征是黄色纤维素坏死性假膜松弛地附着在充血的黏膜上。显微镜下检查发现空肠和回肠的绒毛萎缩或脱落，约为正常长度的一半，其顶部可能有溃疡与坏死。在有些病例，坏死遍及整个黏膜，球虫内生发育阶段的各型虫体存在于绒毛的上皮细胞内，少见与结肠。在病程的后期，可能出现卵囊。

【诊断】

根据临床症状及发病年龄，可作出初诊。球虫病必须区别于轮状病毒感染、地方性传染性胃肠炎、大肠杆菌病、梭菌性肠炎和类和类圆线虫病。由于这些病可能与球虫病同时发生，因此也要进行上述疾病的鉴别诊断。要注意与仔猪大肠杆菌病（黄痢、白痢）相区别，仔猪黄痢常发生在7日龄内的仔猪，以1~3日龄的仔猪最多见；仔猪白痢是发生于10~30日龄的仔猪，且多见于10~20日龄的仔猪。

【防治】

最佳的预防方法是搞好环境卫生：对猪舍要经常清扫，并及时收集猪粪进行堆积发酵处理，以杀灭猪球虫卵囊，并对各种用具进行定期消毒。在污染的猪场，在产前和产后15 d内的母猪饲料中，用氨丙啉、氟苯咪等抗球虫药拌料，可预防仔猪感染。将药物添加在饲料中预防哺乳仔猪球虫病，效果不理想；把药物加入饮水中或将药物混于铁剂中可能有比较好的效果；个别给药治疗本病可获得最佳效果。使用5%百球清口服液（甲苯三嗪酮），按20 mg/kg

体重 3 ~ 6 日龄（5 日龄最佳）1 次口服可有效预防仔猪球虫病的发生。

治疗可用 9.6% 氨丙啉口服 2 ml，1 次/日，一般在第二天即可停止腹泻。也可用氯苯胍 30 mg/kg 体重，拌料 4 d，病猪可停止腹泻。

7. 猪蛔虫病

猪蛔虫病是由猪蛔虫寄生在猪小肠中引起的一种寄生虫病。本病分布很广，危害养猪业极为严重；特别是卫生差、饲料营养不良的猪场感染率有时高达 50%，本病特别是对 3 ~ 6 月龄的小猪最易感。

【病原体】

为蛔科的猪蛔虫，是一种大型线虫，新鲜虫体为淡红色或淡黄色，死后则为苍白色。虫体呈中间稍粗，两端较细的圆柱形。雄虫比雌虫小，体长 15 ~ 25 cm，宽约 3 mm。尾端向腹面弯曲。雌虫长 20 ~ 40 cm，宽约 5 mm。虫体较直，尾端稍钝。

【症状】

成年猪一般有较强的免疫力，但可带虫成为传染源。

仔猪在感染一周后，有轻微湿咳，体温升高至 40 ℃ 左右，严重感染时出现精神沉郁，呼吸心跳加快，食欲停止或时好时坏、异嗜、营养不良、消瘦、贫血、被毛粗糙、全身黄疸、发育受阻、变为僵猪。有的表现有呼吸困难、咳嗽、口渴、呕吐、流涎、拉稀等。多喜躺卧，不愿走动。可经 1 ~ 2 周好转或死亡。

蛔虫在肠道过多时，因阻塞表现疝痛，6 个月龄以上的猪胃肠机能遭受破坏，表现食欲不振，磨牙和生长缓慢等现象。

胆道蛔虫症也常发生，开始拉稀，体温升高，食欲废绝，以后体温下降，卧地不起，腹部剧痛，四肢乱蹬，多经 6 ~ 8 d 死亡。

【病理变化】

肝、肺有出血点，肺还见有暗红色斑点，肝脏出现白瘢。肠道在严重感染时有卡他性炎、出血性炎或溃疡。肠破裂时可见腹膜炎。胆道蛔有胆管阻塞，化脓性胆管炎或胆管破裂等。

【诊断】

粪检：一克粪中虫卵数达 1 000 个时，可以诊断为蛔虫病，常用饱和食盐水漂浮法。死后剖检时，须在小肠中发现虫体和具有相应的病变。同时要分析蛔虫是否直接的致死因素。

哺乳仔猪（2 个月内）的蛔虫病，因成虫未成熟，故不能用生前虫卵检查的方法，所以可以剖检，有肺、肝等处找幼虫，看病变。

其他免疫学方法，特异性不高。

【治疗】

（1）敌百虫：0.1 g/kg 体重，抖入饲料中空腹喂给，驱虫效果十分显著。个别猪在服药后可能出现流涎、呕吐、肌肉发抖及不安等表现，但不久即可恢复。重者可用 0.1% 硫酸阿托品 2 ~ 5 mL 皮下注射，进行解毒。若病猪体质较弱时，可按 0.05 g/kg 体重，分两次喂服，间隔 3 ~ 4 h。敌百虫一次用量不可超过 7 g。

（2）驱虫净（四咪唑）：15 ~ 20 mg/kg 体重，拌料，也可 10 ~ 15 mg/kg 体重，配成 10% 溶液，颈部肌肉注射。

（3）噻嘧啶：20 ~ 30 mg/kg 体重，一次口服。

（4）驱蛔灵：0.2 g/kg 体重，口服。

此外在临床上还有许多的驱虫药，如阿维菌素、左旋咪唑等。

【预防】

应采取综合性防制措施：即消灭带虫猪，及时清除粪便，讲求环境卫生和防止仔猪感染。

（1）定期驱虫：每年定期进行两次全面驱虫，对仔猪断奶后驱一次，以后每隔 1.2 ~ 2 个月进行 1 ~ 2 次驱虫。

（2）保持饲料饮水的清洁。

（3）保持猪舍和运动场的清洁。

（4）猪粪的无害化处理。

（5）预防病原的传入和扩大。

实训操作

种猪常见疫病的诊断

一、实训目的

1. 实地考察，了解种猪场常见疫病的发病情况。

2. 深入养猪企业，调查种猪场常见疫病的防控情况。

3. 深入农村，在养猪集中的村镇，调查农村常见疫病的流行情况。

4. 深入种猪场参与常见疫病的防治，并采集相关病料。

5. 利用开放的实验室训练实验室诊断技术。

二、实训材料与用具

手术刀、手术剪、解剖刀等；恒温箱、营养琼脂培养基、肉汤培养基、革兰氏染液、美蓝染液、载玻片、盖玻片、培养基、平皿、酒精灯、试管、显微镜等；温度计、听诊器、试管、注射器、消毒剂、麻醉药、抗生素、磺胺药、中药等；牙签或火柴棒、纱布、烧杯、500% 的甘油生理盐水、硫酸锌溶液、饱和盐水、姬姆萨氏或瑞特氏液染色剂等。

三、实训方法与步骤

1. 由老师讲解猪常见疫病的诊断和防治知识。

2. 由老师简要介绍猪场概况。

3. 组织学生分组到对应各养猪车间，对病猪进行详细调查。

4. 找出存在问题，制订种猪场防控常见疫病的方案。

5. 对病猪进行剖检并进行细菌学分离。

四、实训作业

对种猪场进行实地剖析写出"猪常见疫病的诊断方法"实训报告（1 500 字左右），并制订"种猪场防控常见疫病的方案"。

提示：主要从如下三个方面进行诊断。

（1）病猪的临床诊断。

（2）病猪的剖检诊断。

（3）病猪的实验室诊断。

📚技能考核

技能考核方法见表 5-4。

表 5-4　种猪常见疫病的诊断

序号	考核项目	考核内容	考核标准	参考分值
1	考核过程	操作态度	精力集中，积极主动，服从安排	10
2		协作意识	有合作精神，积极与小组成员配合，共同完成任务	10
3		生产记录查阅	积极查阅、能认真查阅、收集资料，并对任务完成过程中存在的问题进行分析解决	10
4		临床诊断	根据发病猪群及个体的临床表现，查阅各种资料，对应各种表现，作出比较正确的判断	10
5		病猪解剖	能熟练操作各种仪器，正确使用各种试剂；根据实验结果，能准确诊断疫病	20
6	结果考核	临床诊断结果	准确	10
7		剖检诊断结果	准确	10
8		工作记录和总结报告	有完成全部工作的工作记录，字迹工整；总结报告结果正确，体会深刻，上交及时。	20
合　计				100

📚自测训练

一、填空题

1. 急性猪瘟由_____所致，其特征为急性经过，高热稽留，发病率高，器官组织出血、梗死和_____；猪瘟病毒在病猪的_____、_____、_____中含毒最多。

2. 口蹄疫可分为 A、O、C、南非 1、南非 2、_____和_____等血清型；各型主要引起_____的临床表现，临床症状主要是在_____和_____等处出现水疱和烂斑，破检时，在心脏上的主要变化是_____。

3. 猪繁殖与呼吸综合症病毒为_____病毒，属于动脉炎病毒科、_____属；猪伪狂犬病病毒属于_____科、_____属；猪圆环病毒 2 型属圆环病毒科_____属，为_____病毒。

6. 链球菌分类的依据是_____和_____，链球菌病的主要临床表现有败血症、脑膜炎、_____和_____。

7. 急性猪肺疫主要剖检变化是呈现_____；肺有不同程度的_____，胸膜上常有_____。

8. 仔猪大肠杆菌病，临床上可分为 3 中类型，它们分别是_____、_____和_____。

9. 猪常见的肠道线虫主要有_____、_____、_____和猪肾虫。

二、简答题

1. 猪瘟的诊断和防治方法有哪些？

2. 如何进行猪细菌性疾病的诊断？

3. 猪的繁殖障碍性疾病有哪些？

4. 治疗猪寄生虫病的最有效的药物是什么？

5. 实验室诊断寄生虫病的主要方法是什么？

6. 如何进行猪疥螨病的诊断、治疗？

7. 猪弓形虫病的临床表现有哪些？如何防止？

8. 猪胃肠炎有哪些主要症状？怎样治疗？

9. 如何治疗猪不育症？

10. 乳房炎是怎样发生的？有何症状？如何防治？

项目六　猪场经营管理

【知识目标】

1. 理解编制种猪繁殖计划的依据和意义。
2. 理解猪场各岗位的职责。
3. 理解猪场绩效管理的意义。
4. 了解猪场成本明细的种类。
5. 认识猪场数据管理的重要性。

【技能目标】

1. 能对种猪场种猪更新和繁殖计划进行编制。
2. 能合理安排猪场的岗位设置和职责的制定。
3. 能对种猪场所有人员进行绩效考核。
4. 具备对种猪场经济核算和经济分析的能力。
5. 熟悉种猪场资料的软件管理技术。

任务一　种猪场生产计划编制

任务要求

1. 查阅并统计猪场生产记录。
2. 设计猪场种母猪更新计划。
3. 编制猪场年度种猪繁殖计划。

学习条件

1. 提供猪场有关生产计划和生产记录等资料。
2. 多媒体教室、教学课件、教材、参考图书。

相关知识

一、猪群类别划分

猪群类别划分以猪的年龄、性别、用途和生产、生长阶段等为依据，划分的标准和名称必须统一，以便统计。

1. 哺乳仔猪

指从初生到断奶前的仔猪。

2. 保育猪

指断奶到 70 ~ 80 日龄（6 ~ 9 kg 到 20 ~ 30 kg）的幼猪。

3. 生长培育猪

指出生 10 周龄被初选后作为种猪培育道 60 kg（18 周龄）。

4. 生长育肥猪

70 ~ 180 日龄的猪群，一般指体重在 20 ~ 30 kg 到 90 ~ 110 kg 阶段的猪。另外，以体重大小来区别，一般把 60 kg 以前叫生长猪，60 kg 以后叫肥育猪。

5. 种猪群

包括后备公、母猪，鉴定公、母猪，和成年公、母猪。

（1）后备猪：指从 4 月龄到配种前留作种用的公母猪。

（2）鉴定公猪：是指自参加初次配种开始，到其与配母猪的第一批仔猪的待测性状测定结束止，这个阶段的青年公猪。

（3）鉴定母猪：是指自参加初次配种开始，到其第一胎仔猪的待测性状测定结束为止，这个阶段的青年母猪。

（4）成年公、母猪：即基础公、母猪，是指经过检定合格的生产公、母猪。

（5）淘汰猪　是指失去种用（利用）价值的后备、检定和成年公、母猪，以及因病不愈或因伤致残的其他猪。

二、猪群结构

种猪场的猪群达到设计生产规模，并经过一定时间的调整之后，各类猪群的结构比例应有计划地保持基本的动态平衡。

种猪场的猪群结构，因生产方式不同而异。种猪场由成年种猪、检定种猪、后备猪、生长培育猪、保育猪和哺乳仔猪等组成；自繁自育商品猪场一般不设检定种猪这个结构。成年种猪的各年龄（胎次）应有良好的构成比例。各类猪群在生产活动中的地位与作用各不相同，但成年猪是基础群体，决定猪场的生产方向、生产规模和生产水平，对猪场经济效益起关键作用。

关于猪群的结构比例，在确定种猪品种、生产规模和繁育方式的前提下，制约猪场效益的关键主要是能繁母猪的群体规模和成年种公、母猪比例及能繁母猪间的年龄（胎次）而异，但相同年龄（胎次）间是基本稳定的。因此，科学地确定能繁母猪群体规模和生产公、母猪比例及能繁母猪间的年龄（胎次）结构比例，是组织生产管理和提高效益的基础工作。

生产公、母猪比例的确定，因生产母猪的和繁殖方式的不同而异。承担保种或育种任务的种猪场，不仅要满足配种任务的需要，更主要的是需确保血统的安全传承，稳定种群结构和控制群体的近交系数与亲缘系数，因而不能以公、母猪比例作衡量标准。商品猪场以繁育方式分自然交配（本交）和人工授精两类：在公猪充分利用的情况下，公、母比例本交1：（40～60）、人工授精为1：（600～1000）；但受基础母猪规模的影响，猪场自用的利用率不可能高，尤其是当基础母猪群体不大时，还需考虑公猪的阶段性使用频率，因此，公、母猪比例一般以本交1：（20～30）、人工授精为1：（100～200）为宜。公猪的年龄结构，一般以1～2岁占30%、2～3岁占60%、3岁以上占10%左右为宜；在条件许可的情况下，生产公猪年轻化对猪场生产水平的提高十分有益。

理论和实践证明：能繁母猪的生产性能一般3～6胎最佳，第7胎开始逐渐下降，一般利用到第8胎后淘汰。鉴于此，母猪的胎次（年龄）结构一般以1胎约占12%、3～6胎占50%、7胎及以上的占20%左右为宜。

后备猪的选择强度，根据生产目的不同而异。一般的选留比例以公猪1：（5～6）、母猪1：3左右为宜。当然，后备猪的选择强度越大，则选种的准确性越高，但将伴随着培育成本的提高。

三、母猪更新计划

现代化猪场的标准是生产计划化、饲养集约化、管理流程化和产品均衡化上市。要实现上述目标，必须在确定猪场各项技术管理参数的基础上，从制定母猪更新计划切入。

仔猪哺乳期：指仔猪从出生到断奶的天数。目前的仔猪哺乳期在21～60d，种猪场一般为21～35d左右。

母猪繁殖期：指母猪从本次配种开始，经妊娠、泌乳哺育和断奶后的繁殖间隔期到下次配种为止的天数。影响母猪繁殖周期的因素主要有母猪妊娠期、仔猪哺乳期、母猪繁殖间隔期和情期受胎率；仔猪哺乳期是可变管理因子；母猪妊娠期、发情周期和繁殖间隔期都是相对稳定的，一般分别为114d和5～7d；不确定因素只是情期受胎率。我们假定仔猪哺乳期和情期受胎率为28d和90%，则母猪繁殖周期约为151d（114＋28＋7＋21×10%）。

母猪分娩指数：又称母猪年产胎数，本指数直接受母猪繁殖周期的影响，按上述约束条件的母猪分娩指数为2.4（365÷151），当情期受胎率为80%时，则母猪繁殖周期和分娩指数分别为153（114＋28＋7＋21×20%）和2.38（365÷153）。

母猪更新计划是指在一定时间内投入配种后备母猪的具体数量和时间的安排计划。母猪年更新率是指在一年内投入配种后备母猪占能繁母猪数的百分比。后备母猪自投产初配开始，到淘汰或死亡止，是一个周而复始的连续生产过程。在此过程中，正常情况下配种的淘汰原因是检定母猪不合格和生产母猪因病不愈或高龄繁殖力下降；因此淘汰的绝大多数是初产和高龄母猪。鉴于此，在生产时间中，编制母猪更新、淘汰计划，一般都以全场母猪年更新率为基准，确定年度更新、淘汰总数，而没必要落实各年龄（胎次）的更新率。

以一个500头能繁母猪规模的种猪场为例，假设年均分娩指数为2.2，母猪年淘汰率分别为60%、40%和30%，则各淘汰率水平每年需更新300头、200头和150头，分解到各繁殖周期分别为136头、91头和68头；而年度内具体的更新母猪数量和时间的安排，本着更新、淘汰一对一的原则，应以生产计划无缝对接。

能繁母猪的淘汰率越高，母猪更新速度越快，则需投入的后备母猪培育成本越大。实践证明：一般以能繁母猪的年更新率掌握在 30% 左右，利用不超过 8 个繁殖周期为宜。

四、猪场生产计划

传统养猪生产的母猪淘汰更新，配种产仔和生产是 3 个独立的计划，但按照自繁自育流程式管理要求，这 3 个计划环环相扣，是一个联动的整体生产计划；伴随着母猪更新计划的确定，繁殖和生产计划也随之敲定；母猪配种产仔计划，既是年度繁殖计划，又是年度生产计划。因此，生产计划必须联系结合猪场实际，根据各类猪舍及其配套的生产设备、工具等生产条件，按确定的生产工艺流程，综合生产、技术和管理等要素制定。同时，需注意做好母猪配种产仔计划与种猪更新、淘汰计划的对接工作，以确保生产顺利实施和全年生产任务的完成。鉴于此，我们下面按此理念分小型和大中型猪场简介。

案例一：小型猪场配种产仔计划的编制

1. 编制配种产仔计划所需的材料和条件

（1）计划年初的猪群结构：已知有种公猪 3 头，基础母猪 23 头、检定母猪 5 头，后备母猪 13 头（其中：6 月龄 3 头、7 月龄 5 头、8 月龄 5 头），育肥猪 76 头（其中：4 月龄 25 头、5 月龄 23 头、6 月龄 28 头），总计 120 头。

（2）上年转入本年度生产的母猪配种头数和时间，见表 6-1。

表 6-1　上年转入母猪的配种头数和时间

配种月份	基础母猪/头	鉴定母猪/头
9	2	
10	7	
11	8	1
12	3	4
总计	20	5

（3）假设基础母猪年分娩指数 2，平均每胎 10 头，检定母猪年分娩指数 2，平均每胎 8 头；假定母猪受胎率、产仔率、仔猪成活率均为 100%，计划年内不更新公猪和留后备母猪。

（4）计划年终猪群应达到 435 头，其中包括基础母猪群 28 头。

（5）上年度配种的母猪与本计划年度的产仔月份见表 6-2。

表 6-2　上年配种母猪在本计划的产仔月份

配种月份	基础母猪/头	鉴定母猪/头
1	2	
2	7	
3	8	1
4	3	4
合计		5

2. 编制配种产仔计划

根据上面的资料和假定条件，编制的猪场配种产仔计划见表 6-3。

表 6-3　母猪配种计划表

| 年份 | 月份 | 配种 | | | 计划年月份 | 产仔 | | | | | |
| | | 配种母猪数 | | | | 出生胎数 | | | 出生仔猪数 | | |
		基础母猪	检定母猪	合计		基础母猪	检定母猪	合计	基础母猪	检定母猪	合计
上年	9	2		2							
	10	7		7							
	11	8	1	9							
	12	3	4	7							
计划年	1	3	5	8	1	2		2	20		20
	2		5	5	2	7		7	70		70
	3	2	3	5	3	8	1	9	80	8	88
	4	7		7	4	3	4	7	30	32	62
	5		9	9	5	3	5	8	30	40	70
	6	7		7	6		5	5		40	40
	7	8		8	7	2	3	5	20		44
	8	5		5	8		7	7	70		70
	9	2		2	9		9	9	90		90
	10	4		4	10		7	7	70		70
	11	5		5	11		8	8	80		80
	12	4		4	12		5	5	50		50
	全年	56		69	全年	61	18		610	144	754

根据该场年初猪群结构和设定条件，计划年度内检定母猪和基础母猪分别配种 13 头次和 56 头次、分娩 18 窝和 61 窝、产仔育成 144 窝和 610 头，合计配种 69 头次、分娩 79 窝、产仔育成 754 头。按产仔哺育期 2 个月和育成猪满 6 个月出售的话，计划年度内出售育成猪 50 头、淘汰检定母猪和基础母猪计 13 头；年末存栏种公猪 3 头、基础母猪（8 月底以后配种的和 10 月底以后分娩的）28 头和各类育成猪（6 月底以后出生的）404 头，总计 435 头。

案例二：流程式管理猪场的生产计划

1. 编制配种产仔计划所需的材料和条件

（1）某猪场常年存栏能繁母猪 500 头、人工授精（公猪更新略），自繁自育生产商品肉猪，生产母猪自我更新，商品猪 90 kg 左右上市，按流程式生产管理。

（2）后备母猪 8 月龄投产初配鉴定；能繁母猪年更新率 30%，母猪平均情期受胎率为 90%（检定母猪约 85%、经产母猪约 91%），分娩指数 2.2；母猪平均窝产活仔数：初产（检定）

10 头，经产 12 头；仔猪育成率 95%，商品猪 6 月龄出栏体重 90 kg 左右。

（3）编制该猪场 2012 年度生产计划。

根据上述已知条件和约束条件，按流程式生产形式的大群分散、小群集中的管理要求，结合各类养猪车间和配套设施设备条件及生产流程各段设定时间，自上胎断奶或后备母猪开始初配始，将母猪群分成若干组，每组母猪的头数应与情期受胎率和分娩哺育车间或其中的一个单元匹配，根据上述条件和原则制定生产计划，组织生产管理。

为阐述方便，我们设定将 500 头能繁母猪分 5.5 组，每组约 92 头；年更新母猪 150 头，每组约 12.5 头；母猪年配种约 1 222 头次，每月 102 头次；年分娩约 1 100 窝，每月约 90 窝。每月的母猪断奶头数、更新和淘汰头数、配种、分娩和产品等计划安排详见表 6-4。

表 6-4　某猪场 2012 年度生产计划表

计划月份	断奶母猪/（头次）		投入检定母猪	计划配种/（头次）			母猪分娩计划						产品计划/头		
	总数	留用		经产母猪	检定母猪	小计	经产母猪		检定母猪		小计		内转留种	出售肉猪	淘汰母猪
							窝数	仔数	窝数	仔数	窝数	仔数			
1	92	80	12	87	15	102	79	948	13	130	92	1 078	12	1 012	12
2	92	79	13	87	15	102	7 980	9 960	13	120	92	1 080	13	1 002	13
3	91	79	12	88	14	102	79	948	12	120	91	1 068	13	1 013	12
4	92	79	13	87	15	102	79	948	13	130	92	1 078	12	1 012	13
5	92	79	13	87	15	102	79	948	12	120	91	1 068	12	1 003	13
6	92	80	12	88	15	102	79	948	13	130	92	1 078	13	1 011	12
7	91	79	12	87	15	102	79	948	13	130	92	1 078	12	1 012	13
8	92	79	13	87	15	102	79	948	12	120	91	1 068	13	1 013	13
9	91	79	12	88	14	102	80	960	12	120	92	1 080	13	1 002	12
10	92	79	13	87	15	102	79	948	13	130	92	1 078	12	1 012	13
11	92	79	13	87	15	102	79	948	12	120	91	1 068	12	1 003	13
12	91	79	12	88	14	102	79	948	13	130	92	1 078	13	1 011	12
	1 100	950	150	1 048	176	1 224	950	11 400	150	1 500	1 100	12 900	150	12 105	150

表 6-4 所列各项数据，是在约定条件下按流程式生产管理模式推演所得。例如：2012 年1 月份投入配种检定的 12 头母猪是 2011 年 5 月份出生的，2012 年 5 月份分娩的 79 头经产母猪和 12 头检定母猪 2012 年 1 月份配种的，2012 年 12 月份内转留种的 13 头后备母猪和出售的 1 011 头肉猪分别是 2012 年 5 月份和 6～7 月份出生的。在实际工作中，各项指标受诸多因素影响，不可能与理论推演完全吻合，但基本面是肯定的。因此，在实际工作中编制生产计划时，对各计划指标要酌情预设保险系数。能繁母猪年均出栏（育成）商品猪头数是衡量猪场生产管理水平的一个重要的经济技术指标。由表 6-4 可知：该场在计划年度内，经产和检定母猪的情期受胎率分别为 90.6% 和 85.2%，参配母猪情期受胎率平均为 89.9%，能繁母猪年均育成出栏商品猪（含后备猪）达 24.51 头。

如果编制种猪场的生产计划，需根据育种需要和市场预估，确定种猪纯种繁殖的比例和纯繁时间的安排。

实训操作

配种计划的制定

一、实训目的

1. 了解猪场的猪群结构。

2. 掌握猪场母猪更新计划的制订。

3. 掌握猪场年度配种产仔计划的制订。

二、实训材料与用具

某猪场的猪群结构资料，某猪场现有配种记录，某猪场现有配种记录，某猪场年度生产计划等；计算器或电脑等。

三、实训方法与步骤

1. 查阅该猪场生产记录及猪场生产计划。

2. 统计该猪场基本母猪、检定母猪、后备母猪的头数。

3. 统计该猪场各类可用猪舍的情况。

4. 确定该猪场下年度的生产规模。

5. 编制该猪场下年度母猪更新计划。

6. 制订该猪场母猪配种产仔计划。

四、实训作业

编制猪群配种产仔计划。

1. 已有该猪场资料

（1）计划年初存栏基础母猪 50 头、鉴定母猪 12 头和 6~7 月龄的后备母猪各 3 头，其中上年度最后 4 个月的配种记录情况详见表 6-5；

（2）基础和鉴定母猪的计划年淘汰更新率为 30%；

（3）母猪受胎率为 95%，年分娩指数为 2，基础和检定母猪平均窝产活仔猪分别为 12 头和 10 头；

（4）后备母猪 8 月龄开始初配，商品猪 6 月龄、体重 90 kg 左右出售，新生仔猪育成、出栏率 95%；

（5）上年转存的仔猪和育成猪不计，更新母猪自留。

2. 要求编制计划时反映计划年内

（1）各月的受胎、繁殖窝数，产仔数和留种、肉猪出栏头数；

（2）各月的母猪更新淘汰头数（要求按最大产仔数安排）；

（3）计划年末各类猪的存栏数。

表 6-5　上年母猪配种头数和时间

母猪类型	配种月份				
	9	10	11	12	合计
基础母猪	6	7	8	10	31
鉴定母猪			5	7	12

技能考核

技能考核方法见表 6-6。

表 6-6　配种计划的制订

序号	考核项目	考核内容	考核标准	参考分值
1	考核过程	操作态度	精力集中，积极主动，服从安排	10
2		协作意识	有合作精神，积极与小组成员配合，共同完成任务	10
3		查阅资料	能积极查阅、收集资料，认真思考	10
4		统计分析	方法得当，结果准确，并对任务完成过程中的问题进行分析和解决	10
5		计划制订	思路正确，条理清晰，系统完善	20
6	结果考核	综合评价	依据准确，全面完善	20
7		工作记录和总结报告	工作记录完善全面，字迹工整；总结报告结果正确，体会深刻，上交及时。	20
合　计				100

自测训练

一、填空题

1. 繁殖猪群包括_____猪、_____猪和_____猪。

2. 为保证母猪群合适的年龄结构，母猪年淘汰率通常以_____% 为好。

3. 繁殖猪群中的母猪年龄结构，一般 3~6 胎的母猪占_____% 左右，6 胎以上生产性能好的母猪不能超过_____%，1~2 胎母猪约占_____% 为宜。

二、简答题

1. 制订年配种产仔计划需要哪些资料？

2. 影响母猪生产力的因素有哪些？

任务二 种猪场岗位设置

📚 任务要求

1. 根据猪场生产流程和饲养规模设置岗位和工位。
2. 制订各岗位工作职责。

📚 学习条件

1. 提供猪场建筑平面图及生产、管理基本资料。
2. 多媒体教室、教学课件、教材等。

📚 相关知识

一、猪场组织架构与岗位设置

组织架构是猪场生产和经营的决策与管理岗位结构，其设置因生产任务性质和生产规模大小而异，但负责生产技术和负责财务（后勤）是必设的管理岗位。

（一）组织架构

作为大型规模化种猪场，若成立公司的话，公司一般实行总经理负责制，财务（后勤）部直接向总经理负责，为了考虑生物安全，猪场内实行场长负责制，畜牧师、兽医师协助场长做好分管工作，向场长负责；场长向总经理负责。

种猪场应根据饲养工艺流程，在场长管理架构下，分区管理，即种猪区和保培区，种猪区设配种妊娠组和产仔组，保培区设保育组和培育组，各设组长一名，明确职责，分区管理，各司其职，区内既要分工明确，又需合作，要求员工服从领导，令行禁止；各组组长按岗位职责和工作制度要求负责各组的生产组织和管理，并向场长负责，场长负责全场各区的组织管理与协调，负责员工休假调配。

种猪场一般应成立由公司领导、场长、财务（后勤）和场内员工代表组成的场务领导小组，大型的种猪场还应成立工会，重大事项由场务领导小组集体研究决策，以提高管理水平和确保员工权益（某种猪场组织架构如图 6-1 所示）。

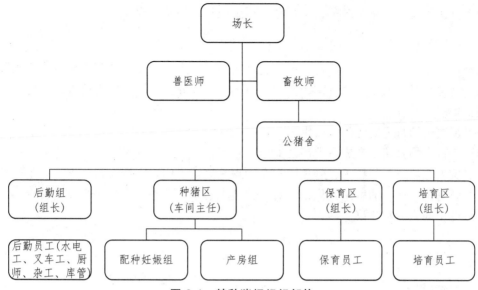

图 6-1 某种猪场组织架构

（二）岗位设置及工位定编

各区生产第一线员工的岗位设置因猪场的生产目标、饲养管理方式、生产设备、物流条件和清粪方式等不同而异，各岗的工位设置主要由生产规模而定；某种猪场各区员工定额如表 6-7 所示。

表 6-7 某猪场各区员工定额参考指标

车 间	各区员工定额（含组长）（头/人）		
	普通配置	漏缝地板	漏缝+自动饲喂系统
公猪舍	60	60	60
种猪区	120	130	140
保育区	600	750	900
培育区	350	400	500

二、岗位职责

目前较为先进的种猪场，一般均采用流程式管理，采用同期发情，以便于全进全出；饲养管理按照流程划分为配种妊娠、产仔、保育和培育 4 个阶段，实行较精细的分段专业管理，分工清晰、任务到人、责任到组；各区既有分工，又需合作，服从领导，严格遵守与执行岗位职责和工作要求。

（一）场 长

1. 职位联系

（1）直接上级：公司总经理；

（2）直接下属：猪场兽医师，畜牧师，后勤组长，各车间组长。

2. 岗位职责

（1）负责猪场的全面管理工作，严格遵守公司各项规章制度、管理手册及操作规程；

（2）负责全场生物安全的管理、监控，每周对生物安全进行一次大检查，作出检查情况及处理报告；

（3）负责全场每天的各类报表审查、上报工作；

（4）负责全场直接生产成本费用的监控与管理；

（5）负责全场员工的技术、管理、安全知识等培训工作，主持召开每周、月生产例会；

（6）做好全场员工的思想工作，及时了解员工的思想动态，出现问题及时解决，及时向公司反映员工的意见和建议。

（二）兽医师

1. 职位联系

（1）直接上级：猪场场长；

（2）直接下属：猪场兽医组成员。

2. 岗位职责

（1）严格执行公司《猪场兽医手册》，组织、执行全场的免疫程序；

（2）负责猪场疫病诊断、解剖、治疗、疫病监控等日常工作；

（3）负责作好疫病免疫、诊断、治疗记录、药品消耗及兽医器械消耗等所有兽医报表，并随时做好统计分析，以便及时发现问题并解决问题；

（4）负责兽医、药物、器械等直接成本费用的监控与管理；

（5）协助库管员清点、盘存好药品、医用物质等库存；

（6）负责兽医组成员的技术、管理、安全知识等培训工作。

（三）畜牧师

1. 职位联系

（1）直接上级：猪场场长；

（2）直接下属：猪场畜牧组成员。

2. 岗位职责

（1）严格按公司《种猪育种手册》，组织选种选配、繁殖育种等日常工作；

（2）负责选配、产房繁殖性能记录，软件录入及初选、一选、二选、三四选和测定工作；

（3）负责育种软件及相关报表数据录入、监督、校对、核查及上报；

（4）协助场长做好后备母猪、公猪的补充计划；根据纯种母猪的生产性能对种猪群进行筛选，及时淘汰性能较差的母猪；

（5）负责组织、执行和监督实施公司《猪营养与饲料使用手册》；

（6）配合场长，负责销售种猪的生产计划销售衔接、选择及转运等工作；

（7）负责畜牧组成员的技术、管理、安全知识等培训工作。

（四）后勤组长

1. 职位联系

（1）直接上级：猪场场长；

（2）直接下属：猪场内勤、外勤人员。

2. 岗位职责

（1）严格执行公司《猪场后勤管理手册》《猪场生物安全手册》，对猪场后勤进行全面管理；

（2）负责全场生物安全执行、管理工作；

（3）执行和监督进出场人员及物资消毒、登记、管理工作；

（4）负责猪场所有设施、设备的维护、维修；猪场人、财、物的安全、水电供应、食堂、宿舍、物资管理等日常管理工作，确保良好运行；

（5）负责猪场与外部的所有联系、协调及周边关系处理工作；

（6）负责物质消耗成本费用的监控与管理；

（7）负责对内勤、外勤人员进行相关制度、业务的培训。

（五）车间主任/组长

1. 职位联系

（1）直接上级：猪场场长；

（2）直接下属：本车间技工、普工。

2. 岗位职责

（1）负责统筹安排本车间人员严格按《猪场车间操作手册》组织和进行生产；协助兽医组、畜牧组成猪群的免疫、保健、治疗工作；

（2）负责按规定对本车间进行定期全面消毒工作；

（3）负责本车间饲料、药品、工具的领取及盘点工作；

（4）及时反应和解决本车间中出现的生产和工作问题；

（5）负责本车间生产日报表及生产过程控制表填写、及时上报；

（6）组织本车间人员作好猪只转群、出售、上猪、调整等工作；

（7）负责对本车间人员工进行相关制度、业务培训。

（六）统　计

1. 职位联系

直接上级：猪场畜牧师。

2. 岗位职责

（1）每天早上、上午、下午在母猪繁殖档案卡上记录母猪繁殖情况，并随时查看、核对；

（2）每天记录产仔舍仔猪死亡情况，断奶时记录仔猪断奶头数，并填写档案卡交给配种妊娠车间组长；

（3）对全场母猪品种、头数进行登记；

（4）做好各类原始报表的收集、整理、统计、报送；

（5）负责全场考勤记录的统计工作；

（6）作好场内检查记录、会议记录、培训记录，存栏，备查。

（七）外勤员工

1. 职位联系

直接上级：猪场后勤组长。

2. 岗位职责

（1）严格执行公司《猪场后勤管理手册》《猪场生物安全手册》规定；

（2）负责进场人员的进场许可查验及换鞋、消毒、沐浴、更换场外衣裤袜、隔离指导、登记和监督工作，注意接待礼仪；

（3）负责进场车辆的进场许可查验及清洗、冲洗消毒、搁置、紫外线消毒和登记工作；

（4）负责进出场物质（含猪只、干粪等）的进出场许可查验及清点、卸装、消毒、登记、核对及搬运等工作；

（5）负责外勤区所有清洁卫生及公共工作服、鞋、袜的清理、清洗、消毒等工作；

（6）负责外勤区所有消毒池（坑、盆、灯具及设施设备）内的消毒药剂、比例按规定投放、更换及清理、清洗工作；

（7）负责所有排污设施的管理、运转、维护、清理、清洗工作及外勤区水电维修工作；

（8）负责农场和烧锅炉及煤炭转运、炭灰清理到指定地点等工作；

（9）负责外勤区财产守护、管护、安全、防火、防盗、防洪工作。

（八）水电、维修工

1. 职位联系

直接上级：猪场后勤组长。

2. 岗位职责

（1）持证上岗，负责全场水电等维修工作，保证猪场生产正常运作；

（2）每天至少两次对全场水电设施设备进行巡察，保证全场水、电、暖等无跑、冒、滴、漏现象；

（3）严格遵照水电等安全规定进行安全操作，严禁违规操作；

（4）发现问题及时维修和处理，确实不能解决的，及时汇报，并全力配合工程部下派人员解决处理；

（5）做好每天的报表填写、上报及工作记录与报告（报表包括：加压系统运行维护情况记录表、配电室设备运行情况记录表、发电机运行保养记录表、水井维护情况记录表、水泵运行维护情况记录表、暖风炉运行维护情况记录表等，月底上交工程物流部存档备查）。

（九）库管员

1. 职位联系

直接上级：猪场后勤组长

2. 岗位职责

（1）严格执行公司制定的各项财务库管制度，遵守财务人员守则，把好物质收发手续关，凡未经场长签名批准的一律不收发；保障各种生产与财务数据的安全性与保密性；

（2）做好饲料、药品等物质的进出仓库记录、记账，发放饲料、药品、生产工具并要领取人签名，做到日清月结，协助公司会计工作；

（4）保持仓库的清洁卫生、物质堆放整齐，负责仓库的灭鼠工作；确保物质的绝对安全；

（5）认真掌握库存物质的限额，配合猪场场长、生产管理人员作好物质申报计划，确保物质的供应，所有物质至少保持1周的库存；

（6）负责对出售、转栏猪的过磅称重，并让双方签字确认。

（十）叉车工

1. 职位联系

直接上级：猪场后勤组长

2. 岗位职责

（1）持证上岗。负责对叉车的安全驾驶、维护保养和安全运行；

（2）严格执行公司生物安全规程等相关制度，规范操作规程和作业；

（3）负责对饲料、猪只、干粪等物质的转运工作；

（4）认真填写好叉车运行维护情况记录表，每月将叉车运行、维护情况记录表上交工程物流部存档备查。

（十一）炊事员

1. 职位联系

直接上级：猪场后勤组长。

2. 岗位职责

（1）负责按《食堂管理规定》进行操作，为猪场员工提供卫生、可口的饭菜；

（2）按猪场生物安全要求对进场生活物资进行清洗消毒；

（3）保持自身清洁卫生，确保无传染病；

（4）确保炊具及环境卫生，按规定清洗消毒；

（5）负责为办公室及职工提供饮用开水。

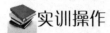实训操作

种猪场岗位定编与工作职责的制订

一、实训目的

1. 了解猪场的岗位设置和人员配置。

2. 掌握猪场主要岗位工作职责的制订。

二、实训工具与材料

某种猪场的猪舍、猪群结构资料，现有人员及岗位配置资料，生产计划和现有操作规程。

三、实训方法与步骤

1. 查阅某种猪场有关数据资料。

2. 了解该猪场原有岗位、工位配置。

3. 分析该猪场岗位和工位配置。

4. 制订该猪场岗位工作职责。

实训作业

某流程式管理种猪场有种公猪 50 头，种母猪 500 头，后备母猪 100 头，保育猪 1 500 头，培育猪有 1 000 头，请设置个岗位人员配置并制订岗位工作职责。

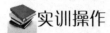技能考核

技能考核方法见表6-8。

表 6-8　种猪场岗位定编与工作职责的制订

序号	考核项目	考核内容	考核标准	参考分值
1	过程考核	操作态度	集中精力，积极主动，服从安排	10
2		协作意识	有合作精神，积极与小组成员配合，共同完成任务	10
3		资料查阅	积极思考，能认真查阅，收集资料	10
4		统计分析	方法得当，结果正确，并对任务完成过程中的问题进行分析和解决	10
5		定岗定编	定编依据充分，人员配置合理	20
7	结果考核	制度制订，总体评价	制度制订完整，职责明确，逻辑性合理，可靠性强	20
8		工作记录和总结报告	工作记录完整全面，字迹工整；总结报告结果正确，体会深刻，上交及时	20
合　计				100

自测训练

一、填空题

1. 种猪场内管理人员有_____、_____和_____。
2. 种猪场管理分区是_____，分为_____和_____，_____分为_____和_____。

二、问答题

1. 种猪场人员定编的主要依据是什么？
2. 大型种猪场的饲养员主要有哪些岗位？
3. 猪场后勤人员主要有哪些？

任务三　种猪场绩效考核方案的制订

任务要求

1. 理解种猪场绩效考核的主要内容。
2. 制订猪场绩效考核方案。

学习条件

1. 调查种猪场，提供种猪场基本情况和技术、管理资料；
2. 多媒体教室、教学课件、教材、参考图书。

相关知识

各类猪场因种猪品种、生产类型、圈舍设备和饲养工艺等条件不同，其管理目标和重点也不尽相同。

种猪场实行绩效考核管理，是鉴于员工的工作质量不能直接用经济效益或简单的计件考核其报酬，而经济技术指标与种猪场经济效益直接相关且便于度量，通过对主要经济指标进行绩效考核管理，以此将员工的工作质量与报酬工效挂钩，可最大限度地将种猪场技术、管理水平和员工的报酬有机结合，发挥员工的主观能动性，以资实现猪场效益和员工利益互利双赢。

虽然种猪场技术、管理水平与经济效益直接相关，但必须在良好的经营管理下，才能实现其良好的经济效益；而经营管理水平的高低取决于经营管理团队的工作质量。因而，猪场一线员工的报酬，主要对其目标经济技术指标进行考核即可；而经营管理团队的报酬，应对全场全年经济技术指标、成本管理指标和经济效益进行综合考核。

一、制订绩效考核方案的思路

为了提高一线员工的工作积极性，一般企业的工资核算采用计件工资或岗位工资和计件工资相结合这两种方法。但养猪生产的特点是很难用简单的"计件"对员工的工作质量作出客观的评价，而以各岗位的主要经济指标作为主要考核依据，即可充分考量员工的工作质量，又与种猪场经济效益密切挂钩。鉴于此，以各岗位的主要经济指标作为绩效考核的依据，不失为切实可行的管理办法。

根据养猪生产管理周期长和考核内容较复杂的特点，采用各岗位主要经济指标和平时综合管理考评约束相结合的管理思路，同时又兼顾员工日常基本消费开支。管理团队绩效方案设计的薪酬由基本工资、岗位工资、综合管理绩效考核奖金和生产绩效考核奖四个部分组成；非管理人员绩效考核方案设计的薪酬由基本工资、岗位工资、计件工资、生产效率绩效考核奖和综合管理绩效考核奖五部分组成。基本工资和岗位工资、计件工资和每月进行综合管理考核奖金可当月发放，生产绩效考核奖和生产效率考核奖每月可发放一部分，年终核算后全部发放。

在制订种猪场绩效考核方案时，应根据生产流程考虑不同岗位的技术含量、工作强度和经济重要性，既要保障基本收入，体现技术经济指标，又要兼顾工作强度的测算原则，把握员工在同等工作质量下不同岗位间报酬水平的基本平衡。

后勤是服务生产的岗位，各管理岗位的业绩是通过生产岗位体现的，因此主要抓好猪场非管理人员绩效考核方案的制订。

二、绩效考核方案的制订

（一）种猪场管理人员的绩效考核方案

适用范围：场长、畜牧师、兽医师

1. 薪酬构成

月工资总额＝基本工资+岗位工资+综合管理绩效考核奖金+生产绩效考核奖金，见表6-9。

表6-9 薪酬构成

岗位	岗位级次	核心场		综合管理绩效考核奖金（元/月）	生产绩效考核奖
		基本工资（元/天）	岗位工资（元/天）		
场长	一级	160	95	3 400	
	二级	135	80	2 400	
	三级	110	65	2 000	
	四级	105	60	1 800	绩效指标：生产效率考核指标 成本管理考核指标
	五级	100	55	1 600	
兽医师畜牧师	一级	105	60	1 800	
	二级	100	55	1 600	
	三级	90	50	1 400	
	四级	75	50	1 200	
	五级	60	40	800	

（1）生产效率指标评级标准（见表 6-10）：

表 6-10　生产效率指标评级标准

岗位	评级	评级指标	
		生产效率指标 （每头生产母猪年出栏头数）	年度综合评估
场长 兽医师 畜牧师	一级	21 头	根据综合评估细则
	二级	20 头	
	三级	19 头	
	四级	18 头	
	五级	17 头	

（2）综合考评细则（见表 6-11）

表 6-11　综合考评细则

评级参考指标	年度任职资格考评	全年管理绩效考核	劳保用品管理
评估项目	考核内容为公司手册（共 100 分），合格分数为 80 分以上，不合格公司在一个月内给予 1 次补考机会，必须通过考核达到要求的分数	年度平均管理绩效考评得分评估	按手册规定进行规范管理，按定额领用、回收，年度结合财务数据进行管理评估

2．考核方法

（1）基本工资、岗位工资标准及计算方式。

按各岗位工作性质确定。计算方式为：

$$当月实得（基本工资+岗位工资）= 标准数×实际出勤天数$$

（2）综合管理绩效考核奖金标准及计算方式。

① 本项考核只罚不奖。

② 综合管理绩效考核奖按公司、猪场整体考核，猪场场长按责任落实扣罚具体责任人，分配方案每月报审公司管理部。

③ 此考核奖按具体岗位人数计算猪场每月的管理绩效奖总额，相关扣罚由公司按细则扣罚后，猪场二次分配，并报公司管理部审核→总经理审批执行。

（3）绩效考核奖金标准及计算方式。

① 生产效率指标。

名词解释：每头能繁母猪年均出栏数（头/每头母猪·年）

核算要求：核心场全年拉通核算。

核算公式：

$$头均母猪出栏头数 = 公司全年总销量÷年平均存栏种母猪数（推前 5 个月计算）$$

$$公司全年总出栏 = 总出栏数+扩群绝对增量$$

绩效标准（见表 6-12）：

表 6-12　绩效标准

出栏头均数 （头均母猪提供出栏数）		场长绩效奖励	兽医师/畜牧师	合计（3 人）
17 头以下不提		0	0	0
17 头~25 头（含）		2	1	4
25 头以上	25 头内	2	1	4
	超过部分	1	0.5	2

说明：

每头生产母猪年出栏活猪数达到 17 头以上才开始计提生产绩效；

每月按基本标准的 50% 计提，剩余部分年度拉通核算；

年底累计总出栏猪数，按实际达标提成标准结算年生产绩效考核奖金，多退少补。

【计算方式】：

$$年出栏头均数 = 总出栏猪数 ÷ 年均生产母猪平均存栏数$$

$$年均生产母猪平均存栏数 = 推前五个月的年平均存栏$$

$$（逐月累计出栏数量 × 效益提成标准）- 已领效益绩效工资总额$$

核心场的年度效率须按所在区域公司总体出栏效率来对应效率指标（即全司销量的出栏数），绩效核算的总出栏数可包含转出保培场数量。

② 成本管理指标。

名词解释：各生产阶段每头/公斤直接生产成本（元/头、元/公斤）

核算要求：

全年拉通核算，根据不同生产阶段、区域公司下辖猪场（含保培场）分开核算（见表 6-13）。

表 6-13　核算方法

成本核算承担	种猪区	保育区	培育区	后备舍
	全年转出断奶活仔猪总头数	保育区转出总重量+期末存栏重量	培育区转出总重量+期末存栏重量	后备存栏数
饲料成本	妊娠料 850 kg/每头母猪	保育一段 2 kg	培育一段 45 kg	从后备到配种
	哺乳料 260 kg/每头母猪	保育二段 6 kg	培育二段 45 kg	
	公猪料 55 kg/每头母猪	保育三段 25 kg	培育三段 117 kg	
	开口料 2.45 kg/每头母猪	从 6 kg 增重到 27 kg（增重 21 kg）	从 27 kg 增重到 110 kg（增重 83 kg）	
	核算：总消耗÷24 头断奶仔猪数	核算：总消耗÷21 kg（保育增重重量）	核算：总消耗÷83 kg（培育增重重量）	核算：按存栏天数
	标准成本：53 kg/每头断奶活仔猪数	标准成本：1.6 kg/每增重 1 kg	标准成本：2.6 kg/每增重 1 kg	标准成本：3 kg/（天·头）
药品成本	母猪疫苗：88.35 元/年（按 21 头年出栏数核算标准）+94 元（跟胎疫苗 2 胎）	疫苗费用：15 元/头	疫苗费用：5 元/头	疫苗：70 元

成本核算承担	种猪区	保育区	培育区	后备舍
	全年转出断奶活仔猪总头数	保育区转出总重量+期末存栏重量	培育区转出总重量+期末存栏重量	后备存栏数
药品成本	乳猪疫苗：46.15元/头	治疗药品：2元/头	治疗药品：1元/头	治疗药：3元
	治疗药品：0.5元/头	消毒药品：1元/头	消毒药品：2.8元/头	消毒药：2元
	消毒药品：1.4元/头			
	标准成本：56元/每头断奶活仔猪数	标准成本：18元/头	标准成本：9元/头	标准成本：80元/头
水成本	35 kg/(头·天)	8 kg/(头·天)	13 kg/(头·天)	15 kg/(头·天)
电成本	0.6度/(头·天)	0.15度/(头·天)	0.021度/(头·天)	0.001度/(头·天)

成本管理指标考核细则（见表6-14~表6-16）：

表6-14 成本管理总评分

考核项目	种猪区	保育区	培育区	后备舍
饲料成本	15分	15分	15分	4分
药品成本	10分	10分	10分	3分
用水成本	3分	3分	3分	2分
用电成本	2分	2分	2分	1分
分区得分	30分	30分	30分	10分
绩效权重	30%	30%	30%	10%

表6-15 绩效标准

岗位		场长	兽医师	畜牧师	备注
年绩效标准		20元/每头母猪	10元/每头母猪	10元/每头母猪	
绩效按权重分区分配					
岗位		种猪区	保育区	培育区	后备舍
绩效标准	场长	6元/头母猪	6元/头母猪	6元/头母猪	2元/头母猪
	兽医师	3元/头母猪	3元/头母猪	3元/头母猪	1元/头母猪
	畜牧师	3元/头母猪	3元/头母猪	3元/头母猪	1元/头母猪

表 6-16 评分细则

成本管理指标计算		超额成本比例 =（实际成本-标准成本）/标准成本			
	超额成本比例	≤0%	0%～10%（含）	10%～20%（含）	>20%
种猪区	饲料成本绩效得分	15 分	12 分	9 分	0 分
	药品成本绩效得分	10 分	8 分	6 分	0 分
	用水成本绩效得分	3 分	2.4 分	1.8 分	0 分
	用电成本绩效得分	2 分	1.6 分	1.2 分	0 分
	种猪区 小计	30 分	24 分	18 分	0 分
保育区	饲料成本绩效得分	15 分	12 分	9 分	0 分
	药品成本绩效得分	10 分	8 分	6 分	0 分
	用水成本绩效得分	3 分	2.4 分	1.8 分	0 分
	用电成本绩效得分	2 分	1.6 分	1.2 分	0 分
	保育区 小计	30 分	24 分	18 分	0 分
培育区	饲料成本绩效得分	15 分	12 分	9 分	0 分
	药品成本绩效得分	10 分	8 分	6 分	0 分
	用水成本绩效得分	3 分	2.4 分	1.8 分	0 分
	用电成本绩效得分	2 分	1.6 分	1.2 分	0 分
	培育区 小计	30 分	24 分	18 分	0 分
后备舍	饲料成本绩效得分	4 分	3.2 分	2.4 分	0 分
	药品成本绩效得分	3 分	2.4 分	1.8 分	0 分
	用水成本绩效得分	2 分	1.6 分	1.2 分	0 分
	用电成本绩效得分	1 分	0.8 分	0.6 分	0 分
	后备舍 小计	10 分	8 分	6 分	0 分
种猪区/保育区/培育区得分		30 分（含）	24（含）～30 分	18（含）～24 分	0～18 分
猪场管理人员各区绩效权重		100%	80%	60%	0
猪场非管理人员绩效权重		100%	90%	80%	70%

说明：

各生产阶段成本独立考核，该项若扣完，不影响其他阶段考核。

各场按实际生产阶段分段考核，即保培场按所属核心场规模计算总绩效金额，但只考核保培阶段所占绩效权重部分（比例小数点保留 1 位）。

（二）过渡方案

1. 新场过渡

（1）后备人才到新场任职，按该场岗位最低级别开始试用，试用期为 6 个月；

（2）新场正常生产后，年度生产指标作为次年评级指标，可跳级升级。

2. 人员定级：

（1）同场内在岗位任职 1 年半以上的在岗猪场管理人员，跟随其所属猪场场长级别定级；

（2）新入职人员，试用期为 6 个月，由公司根据能力综合定级；

（3）人员职位晋升，新岗位试用 6 个月，由公司综合定级；

（4）集团内岗位平调，新到任岗位无试用期，由公司综合定级。

3. 试用期人员薪资标准：

试用期人员薪资标准按试用岗位应得工资的 90% 发放。

4. 升降级保底制：

（1）升级不封顶，可跳级升级，如根据生产效率评级指标可从五级升至一级；

（2）降级保底，不能完成当年级别的生产效率评级指标，降一级。

（三）猪场非管理人员绩效考核方案

适用范围：
车间主任、组长、员工。

1. 薪酬构成

（1）月工资总额 = 基本工资+岗位工资+计件工资+生产效率绩效考核奖+综合管理绩效考核奖

（2）分级标准（基本工资+岗位工资+综合管理绩效考核奖，见表 6-17）

表 6-17　分级标准

级 次		基本工资（元/人·天）	岗位工资（元/人·天）	综合管理绩效考核奖（元/人·月）	适合工种岗位	考 评	分级标准
主管	一级	70	60	1000	后勤主管车间主任	场长考评→总经理审批	
	二级	60	50	900			
	三级	50	40	800			
组长	一级	20	50	700	配种妊娠组长产仔组长保育组长培育组长	场长考评→总经理审批	
	二级	20	40	600			
	三级	20	30	500			
员工	一级	20	19.5	400	技工、普工、叉车工、库管、炊事员、杂工、外勤人员	场长考评→总经理审批	
	二级	20	14	300			
	三级	20	8	200			

说明：基本工资、岗位工资标准及计算方式

① 按各岗位工作性质确定。

② 计算方式：当月实得（基本工资+岗位工资）= 标准数×实际出勤天数。

③ 公司按规定只认可猪场内员工每两个月出场休假后返场的 48 h 的基本工资和岗位工资，其余因个人原因出场返场的隔离时间视为请假。

（3）计件工资的考核标准（按工种岗位分别计算，见表 6-18、表 6-19）。

表 6-18　计件工资考核标准

车间		计件工资	备注
公猪站		① 公猪舍、实验室：800 元/标准饲养定额 ② 以公猪存栏数计算	
后勤组	后勤组长	0.027 元/天·头日存栏能繁母猪数	
	库管	0.022 元/天·头日存栏能繁母猪数	
	叉车工	0.022 元/天·头日存栏能繁母猪数	
	水电维修工	0.027 元/天·头日存栏能繁母猪数	
	炊事员	0.84 元/天·人日均出勤员工人数	
	杂工	0.022 元/天·头日存栏能繁母猪数	
	外勤人员	200 元+卸料计件	
车间人员		800 元/标准饲养定额，分区计算。	

表 6-19　养猪计件定额考核

车间	养猪计件定额（头/人）			计件工资（元/头·天）		
	普通配置	漏缝地板	漏缝+自动饲喂系统	普通配置	漏缝地板	自动饲喂系统
公猪舍	60			0.444		
种猪区	120	130	140	0.267	0.242	
保育区	600	750	900	0.059	0.044	0.036
培育区	350	400	500	0.089	0.071	0.056

说明：

① 核心场公猪舍涉及公猪训练、采精，增加一人，专人负责，不参与计件定额考核计算，按配种公猪舍平均计件工资计。

② 保培区人均实际不能超过标准定额 150%，超过标准定额 150% 的部分不计入计件工资。

③ 公司安排的实习生计入定额之内（从第四个月试用期开始），按 2 人承担 1 人的定额，计入定编人员，并每月核算计件工资（由场长对 2 人进行二次分配该计件工资）。

④ 其他：

A）炊事员　计件工资：25 元/人，每天则为 0.84 元/人·天，不足 32 人的，按 32 人计算，超过的按时间人数计算，人数按每日出勤实际人数计算。

B）水电维修工　计件工资：按 1 000 头种猪 800 元/月计算（不足 1 000 头的，扩群过渡期按 1 000 头计算），计件则为 0.027 元/头·天，按月均存栏种猪数量计算。

C）库管、叉车工、杂工　计件工资：按 1 200 头种猪 800 元/月计算（不足 1 200 头的，扩群过渡期按 1 200 头计算），计件则为 0.022 元/头·天，按月均存栏种猪数量计算。

D）外勤　计件工资：200 元+卸料计件（按区域公司每吨饲料卸车单价计算）

（4）综合管理绩效考核奖金标准及计算方式。

① 本项考核只罚不奖，具体处罚规定见附件《天兆猪业综合管理绩效考评细则》。

② 综合管理绩效考核奖按猪场整体考核，按具体岗位人数计算猪场每月的综合管理绩效奖总额，相关扣罚由公司按细则扣罚后，猪场按责任落实扣罚具体责任人并二次分配，并报公司管理部审核。

（5）生产效率绩效考核细则（见表 6-20）。

表 6-20　生产效率绩效考核细则

车间	绩效考核细则			
公猪舍	按全场种猪区员工（除车间主任、组长外）绩效奖金的平均额度核算； 公猪死亡数量在绩效奖金额中按 100 元/头扣除			
种猪区	绩效考核指标	断奶活仔猪数（种猪区转出数量） 绩效核算要求： ① 同批次全进全出，否则一票否决，该批次数量不能参与提成； ② 转出断奶活仔猪体重不得低于 3.5 kg； ③ 无饲养价值的残次猪不应转出种猪区，并且不计提绩效		
	月基本绩效考核	奖	断奶活仔猪数×8 元/头	① 每月根据实际转出数量考核，按月考核； ② 每月种猪死亡扣罚金额在绩效奖金总额中扣除
		罚	种猪死亡数量×100 元/头	
	年度绩效提成	16.5 头以下不提		无年度绩效提成
		16.5～18.5 头		年断奶活仔猪总数×2 元/头
		18.51～20.5 头		年断奶活仔猪总数×2.5 元/头
		20.51～22.5 头		年断奶活仔猪总数×3 元/头
		22.51～23.5 头		年断奶活仔猪总数×3.5 元/头
		23.51（含）以上		年断奶活仔猪总数×4 元/头
		说明：猪场全年生产效率为考核指标（同猪场管理人员生产效率指标核算方法）		
		年度绩效总提成×成本管理考核指标%＝二次分配金额		
	分配方案	岗位	车间主任　组长　一级员工　二级员工　三级员工	
		系数	1.8　　1.6　　1.4　　1.2　　1	
保育区	绩效考核指标	出栏数（出栏数＝销售出场猪数量+转培育区猪数量）		
	月基本考核 出栏数绩效考核	奖	保育出栏猪数×提成单价	① 每月根据实际转出数量考核，按月考核。 ② 出栏差数处罚在绩效奖金总额中扣除
		罚	（期初－出栏－存栏）×20 元/头	

车间	绩效考核细则				
保育区	年度绩效提成	保育死淘率4%（含）以上	无年度绩效提成		
		保育死淘率3（含）～4%	保育区年出栏猪总数×0.5元/头		
		保育死淘率2（含）～3%	保育区年出栏猪总数×1元/头		
		保育死淘率2%以下	保育区年出栏猪总数×1.5元/头		
		说明：保育死淘率按全年拉通计算。			
		年度绩效总提成×成本管理考核指标%＝二次分配金额			
	分配方案	岗位	组长	一级员工	二级员工	三级员工
		系数	1.6	1.4	1.2	1
培育区	绩效考核指标	出栏数（出栏数＝销售出场猪数量+转后备猪数量）			
	月基本考核 出栏数绩效考核	奖	培育出栏猪数×提成单价	① 每月根据实际转出数量考核，按月考核。	
		罚	（期初－出栏－存栏）×60元/头	② 出栏差数处罚在绩效奖金总额中扣除。	
	年度绩效提成	全年料肉比超过2.8（含）以上	无年度绩效提成		
		2.7（含）～2.8	培育区年出栏猪总数×1元/头		
		2.6（含）～2.7	培育区年出栏猪总数×2元/头		
		2.6以下	培育区年出栏猪总数×3元/头		
		说明：年度料肉比按全年批次料肉比加权平均计算。			
		年度绩效总提成×成本管理考核指标%＝二次分配金额			
	分配方案	岗位	组长	一级员工	二级员工	三级员工
		系数	1.6	1.4	1.2	1

保育、培育提成单价规定	从核心场种猪区转出的保培阶段猪只，如非结束保育、培育全程而转出的，则按批次头均重量结合头数计算单头提成： 10公斤以下　　　　　　2元/头 10公斤－25/（27）公斤　4元/头 25（27）公斤－50公斤　6元/头 50公斤－70公斤　　　　8元/头 70公斤以上　　　　　　9元/头
后勤人员	① 后勤组长月生产绩效按全场车间主任级平均绩效核发； ② 库管、炊事员、水电工、叉车工月生产绩效按全场车间员工级平均绩效核发； ③ 杂工、外勤月生产绩效按全场车间员工级平均绩效的80%核发
绩效核算规范	① 各生产区、车间的绩效考核均逐月累计拉通计算考核指标； ② 新场、过渡期场、指标未达到提奖标准的场，按过渡方案执行，猪场非管理人员的绩效奖金按最低标准预发，在次月或达到提奖标准后，抵扣回来； ③ 全年拉通计算各生产区、车间绩效，年度绩效总提成要扣除每月预发绩效部分后剩余部分才能做二次分配

三、绩效考核方案的管理

种猪场组建由生产技术部、场长、畜牧师、兽医师和财务、各区组长组成考核小组，由生产技术部经理和场长任正副组长，负责月绩效和年度绩效的核算和考查；由生产技术部对综合管理绩效进行考评打分。

实训操作

种猪场绩效考核方案的制订

一、实训目的

1. 了解种猪场绩效考核的要点。
2. 掌握种猪场绩效考核方案的制订。

二、实训工具与材料

标准种猪核心场有关生产、管理资料和生产计划等。

三、实训方法与步骤

1. 查阅该种猪场有关数据资料；
2. 计算该猪场各项生产指标；
3. 制订绩效考核方案。

实训作业

某猪场生产计划如下（表 6-21）：

表 6-21　2013 生产计划

月份	当月母猪	补栏母猪	淘汰母猪	淘汰公猪	当月产仔母猪	产仔合计	产仔乳猪			
							纯种公猪	纯种母猪	二杂	商品
1	927	40	22	5	159	1 746	15	80	506	1 005
2	952	50	22	0	164	1 799	15	83	521	1 036
3	986	60	23	0	170	1 870	15	86	542	1 077
4	1 020	60	24	0	176	1 939	15	89	562	1 118
5	1 047	55	25	0	182	1 997	15	92	579	1 152
6	1 045	26	25	0	182	2 000	15	92	579	1 153
7	1 007	22	25	5	181	1 995	15	92	578	1 151
8	1 003	22	25	0	181	1 991	15	92	577	1 148
9	998	22	25	0	181	1 987	15	91	576	1 146
10	994	22	24	0	180	1 983	15	91	575	1 144
11	989	22	24	0	180	1 980	15	91	574	1 142
12	985	22	24	0	347	3 818	30	174	1 107	2 200
合计	11 953	426	288	10	2 282	25 107	195	1 153	7 275	14 472

纯种猪 60 kg 出售，二杂 50 kg 出售，商品猪 20 kg 出售，假设到达出售体重时全部卖完，根据生产效率绩效考核细则，试算各区应提取的生产效率绩效。

技能考核

技能考核方法见表 6-22。

表 6-22　种猪场绩效考核方案的制订

序号	考核项目	考核内容	考核标准	参考分值
1	过程考核	操作态度	精力集中，积极主动，服从安排	10
2		资料查阅	能认真思考，仔细收集和查阅资料	20
3		统计分析	方法得当，结果正确，并对任务完成过程中的问题进行分析和解决	20
4		指标制订	制订生产指标和经济指标正确	10
6		点评与改进	对该场绩效考核方案进行点评，并提出改进意见	20
7	结果考核	综合评判	绩效考核方案熟悉，计算结果正确	20
		合　计		100

自测训练

一、填空题

1. 种猪区绩效考核的主要指标是_____、_____和_____，保育区绩效考核的主要指标是_____、_____和_____。培育区绩效考核的主要指标是_____、_____和_____。

2. 种猪区饲养员的定额一般是_____头，保育区饲养员的定额是_____头，培育区饲养员的定额是_____头。

为提高一线员工的工作积极性和责任心，猪场员工的工资（报酬）核算一般可以分为_____、_____、_____、_____和_____五个部分组成。

二、问答题

1. 在绩效考核方案中涉及到哪些生产性能指标？

2. 制订绩效考核方案时，哪些措施可提高饲养员的工作积极性？

任务四　猪场财务管理

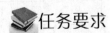

任务要求

1. 建立种猪场生产经营核算账目。

2. 编制猪场财务报表。

3. 根据财务报表评价种猪场效益。

学习条件

1. 提供种猪场全面的生产和管理资料。

2. 多媒体教室、教学课件、教材、参考图书。

相关知识

财务管理是现代企业管理工作的中心环节，财务工作必须遵守国家有关法律、法规，并自觉接受国家财政、税务等部门及本企业的监督检查，养猪企业也不例外。

鉴于养猪行业及其产品的特殊性，国家在财税等方面有政策扶持，因此，猪场财务工作的中点是成本核算和资金调配控制。

猪场财务工作有别于其他行业的难点是制定种猪资产折旧和各类存栏猪产品的盘存估价的既简约又合理的实务处理方法。

一、财务术语

1. 固定资产

是指使用期限超过 1 年的房屋、建筑物、机械设备、运输工具以及其他与生产、经营有关的仪器、器具、工具等资产；或虽不属于生产经营主要设备的物品，但单位价值在 2 000 元以上，并且使用年限超过 2 年的资产；这些资产属于固定资产。固定资产是企业赖以生产经营的主要资产。

2. 流动资产

是指在生产经营等活动中，从货币形态开始，依次改变其形态，最后又回到货币的形态的资产。流动资产的形态包括货币资金、短期投资、应收票据和存货等。

3. 折 旧

是指固定资产在使用过程中因损耗而转移到产品中去的那部分价值。折旧的计算方法主要有平均年限法、工作量法、年限总和法等。

4. 生产成本

是生产单位为生产产品或提供劳务而发生的各项生产费用，包括各项直接支出和制造费用。直接支出包括直接材料费（原材料、辅助材料、备品备件、燃料及动力等）、直接工资（生产人员的工资、补贴）、其他直接支出费（如福利费）；制造费用是指企业内为组织和管理生产所发生的各项费用，包括分厂、车间管理人员的工资、折旧费、维修费、修理费及其他制造费用（办公费、差旅费、劳保费等）。

5. 固定成本

又称固定费用，相对于变动成本、是指成本总额在一定时期和一定业务量范围内，不受业务量增减变动影响而能保持不变的成本。如厂房和机械设备的折旧、财产税、房屋租金、管理人员的工资及福利等。

6. 变动成本

是指在相关范围内随着业务量的变动而呈线性变动的成本。如直接工资、直接材料费等都是典型的变动成本，在一定期间内它们的发生总额随着业务量的增减而成正比例变动，但单位产品的耗费则保持不变。

7. 损　益

亦称财务成果，是指企业的利润或亏损。

8. 所有者权益

是指资产扣除负债后由所有者应享的剩余利益。即一个会计主体在一定时期所拥有或可控制的具有未来经济利益资源的净额（净资产，即：所有者权益＝资产－负债）。

与国际接轨的现代企业财务报表主要有资产负债表、损益表和现金流量表等。

二、财务核算

（一）种猪资产属性

种猪是养猪生产的核心"设备"，因此，在种猪场财务核算体系中，种猪的核算是核心环节。种猪的单位价值较高，使用期限平均达 3 年左右，具有固定资产的性质，按会计制度规定应作为固定资产管理；但种猪是活体，各种主、客观因素多可能导致其病死或失去种用价值被迫淘汰，流动性强且无规律性，这又具有流动资产的性质。如把种猪作为一般的固定资产核算，因其数量多、变动大，财务核算复杂且工作量极大。

鉴于种猪兼具固定资产和流动资产双重性质的特点，为了既恪守财务制度，确保资产安全和均衡分摊种猪折旧成本，客观反映当期经营成果，又便于财务核算，可把它作为单项固定资产统一管理；实行按当期预估种猪市场价（原值）为基准，年初界定的月折旧费标准，逐月预提，年底调节、一次结算的办法。

（二）种猪资产结算

种猪资产结算采用头数、总金额结账，种猪按利用 3 年、分 36 个月折旧，每月预提，年终结算的管理办法。

1. 月折旧费预提标准

年初时，以当期预估同类后备种猪购入价和本年计划饲养数为基准，确定本年度月折旧费预提标准。

2. 饲养管理成本

种公猪和泌乳母猪饲养管理的各项成本由哺乳仔猪价值反映，妊娠母猪饲养管理的各项成本由饲养增值反映，空怀母猪和淘汰种猪饲养管理的各项成本列入制造费用处理，淘汰种猪列入淘汰种猪收入。

3. 种猪固定资产年终核算办法

期末金额 = 期初金额+期中增加金额 − 预提折旧费总金额

期末头数（分公、母）= 期初头数+其中增加头数 − 期中淘汰头数

4. 年末存栏种猪固定资产的价值评估

期末存栏种猪（分公、母）单价 = 期末金额÷期末头数

根据期末存栏种猪（分公、母）的年龄结构和同期同类种猪市场价与期末核算种猪单价相比，评估存栏种猪资产价值的溢贬和折旧标准的高低，以资评估种猪折旧办法及其标准。

5. 年末种猪固定资产的调节办法

当出现本年度种猪更新少、后备种猪预估购入价高时，将出现种猪折旧费大而减少当期损益的情况；如当期利润高时，可作为来年以丰补歉的储备；如当期利润差时，可根据期末存栏种猪的年龄结构和同类后备种猪预估购入价，本着种猪利用 3 年的原则，可酌情核减预提折旧费总额。

按本办法管理种猪资产，一般呈加速折旧的趋势，期末存栏种猪的残值将有较大的溢值。

（三）生产成本核算

1. 成本核算的定义及目的

猪的产品成本，是指饲养该产品所发生的一切直接和间接费用之和，除以该产品单位量，所得之商即为该产品的单位成本。核算产品单位成本的目的是可分析各项费用的组成比例，找出降低成本的途径；二是为制订绩效考核方案、产品定价提供依据和预估经营效益。

2. 猪产品成本种类

（1）后备种猪购买成本或培育成本和使用种猪的饲养管理成本；

（2）仔猪培育成本包括仔猪培育直接成本和父、母饲养成本；

（3）断奶仔猪保育阶段的保育成本；

（4）培育猪到种猪出售阶段的培育成本；

（5）未卖完的种猪（或淘汰）育肥阶段的成本。

3. 成本测算方法

养猪产品的成本核算十分繁琐。这里按实际成本法原则，简单介绍直接成本（主要是饲料成本）核算方法，供大家参考。

（1）种猪成本：年耗饲料费用为种猪成本。

（2）新生仔猪成本：由母猪妊娠成本加公猪分摊成本（1/20 ~ 1/30）组成一窝新生仔猪

的直接成本；1头公猪本交可承担20~30头母猪的配种任务，人工授精则更多；一窝的成本被窝产活仔数分摊，即是每头新生仔猪的直接成本。

（3）断奶仔猪成本：新生仔猪成本×1.08（分摊哺乳期死亡新生仔猪8%的成本）+哺乳母猪饲料分摊成本+哺乳仔猪补料成本，即为每头断奶仔猪成本。

（4）保育猪成本：断奶仔猪成本×1.02（分摊保育期死亡断奶仔猪2%的成本）+保育期耗料成本，即为保育猪成本。

（5）育成育肥猪成本：到100 kg体重出栏的育成育肥猪成本×1.01（分摊育成育肥期死亡猪1%的成本）+育成育肥期耗料成本。

饲料成本一般占总成本的70%~80%。上述5种测算的均是直接的饲料成本，产品成本都需加上饲料成本的20%~30%的其他费用（含直接工资和制造费用）。

现代规模猪场（或种猪场）尽管一般都按工厂化生产方式、实行分段流程管理，财务核算理论上可以分段进行；但无论分几段生产管理，其终端产品绝大部分都是在末端段外销的，各生产段间的中间产品是内部流转，如要分段核算，还需对中间产品按市场价定价，分段核算实务十分繁琐。

鉴于此，本着加强成本核算、提高投入产出比的原则，可根据各生产阶段的生产特点和技术要求，重点抓住与产量、成本密切相关的主要技术经济指标，实施各有重点的目标责任管理或承包考核，财务核算实务按一般企业要求全场统一以实际成本法进行。

（四）存货资产核算

1. 存货核算内容

原材料、消耗性生物资产、包装物、库存商品、发出商品、委托加工物资、低值易耗品等；例如：养殖业中的猪就属于消耗性生物资产。

2. 存货盘存制度

永续盘存制、实地盘存制。

（1）永续盘存制定义：又叫账面盘存制，它是设置存货明细账，平时逐笔或逐日登记存货的，收发数，并随时结算其账面结存数的一种会计处理方法。

用公式表示为

期初存货余额+本期增加的存货 – 本期销售成本 = 期末存货余额

（2）实地盘存制也称定期盘存制，它是在期末盘点实物，确定存货数量，并据以计算期末存货和本期耗用或销售成本的一种会计处理方法。

用公式表示为

期初存货余额+本期增加的存货 – 期末实盘存货余额 = 本期销售成本

一个会计制度健全的养殖企业一般采用的是实地盘存制与永续盘存制相结合的方法，这样才能避免实地盘存制的不足如：不能随时反映存货收入和结存的动态情况，不便于管理人员掌握情况及容易掩盖存货管理中存在的自然和人为的损失缺点，二者相结合，永续盘存是对实地盘存制的一个验算。诸如养猪业一般是以1个月为一个周期做实地盘存，同时财务管理者是以永续盘存来核证实地盘存的数据正确与否。

3. 存货计量

采用历史成本法确认各项资产入账价值，即各项资产按取得时的实际成本计价入账；生产成本归集采用分步法核算；发出存货采用加权平均法；低值易耗品采用一次转销法核算。

4. 存货跌价准备计提

期末时，按存货成本与可变现价值孰低对存货进行分类计提跌价准备。

（五）利润核算

按现代企业财务管理制度要求，猪场财务核算实务须编制资产负债表和损益表。

1. 试算毛利润

$$毛利润 = 总收入 + 期末存货 - 总支出 - 期初存货$$

2. 核算净利润

$$净利润 = 毛利润 - 应付员工剩余报酬（考核报酬等）- 所得税$$

根据试算毛利润结果，如当期效益较好，根据行业特点，为了猪场发展和下年度生产经营以丰补歉打好基础，可以通过调减期末存货或调增种猪折旧，对年度经营业绩做适当调整。

三、财务预算

制订财务预算的依据，是猪场年度生产计划和产品市场预测。根据生产计划和产品的市场预测，预测猪场计划年度内生产周期的资金流量和维持生产正常周转的资金需求，为企业正常运转预作融资计划；更重要的是对猪场的生产计划作出财务评估，为领导决策和成本控制提供依据。

财务预算不应仅局限于财务本身，应在财务预测的基础上，充分预估计划期内能出现的影响生产经营的各种环境变化因素，并制定应对预案，充分发挥财务服务、指导和预警、监督生产经营的功能。

财务预算的主要内容：

（1）固定费用。又称固定成本，是猪场正常运转每年必须的费用支出（详见前述）。

（2）变动费用。又称变动成本，是猪场运行过程中为生产而投入的各项直接费用（详见前述）。

（3）销售预测。根据市场供需动态，预测年度生产计划产品的销售价格。在宏观经济 CPI 基本稳定的情况下，可根据前 3 年平均销售价格作为参数。

（4）盈亏临界点分析。盈亏临界点，是指企业收入和成本相等时的特殊经营状态，即边际贡献（销售收入总额减去变动成本总额）等于固定成本时，企业处于既不盈利也不亏损的状态。盈亏临界点分析也称保本点分析，它可以为企业经营决策提供在何种业务量时企业将盈利，或在何种业务量时企业出现亏损等总体性的信息；也可以提供在业务量基本确定的情况下，企业降低多少成本，或增加多少收入才不至于亏损的特定经济信息。盈亏临界点也可以为企业内部制定经济责任目标管理提供依据。

$$盈亏临界点销售量 = 固定成本 ÷ （单价 – 单位变动成本）$$

$$盈亏临界点销售额 = 单价 × 盈亏临界点销售量$$

例：某商品猪场每月固定成本 80 000 元，预测期内每生产一头商品肉猪的变动成本为 800 元，预估出栏每头商品肉猪的平均销售收入为 1 000 元，则：

$$月保本销售量 = 80 000 ÷ （1 000 – 800） = 400 （头）$$

$$月保本销售额 = 1 000 × 400 = 400 000 （元）$$

在上述条件下，该猪场的盈亏临界点是月销售商品肉猪 400 头或月收入 40 万元，提高经济效益的途径是降低变动成本和增加商品肉猪出栏量（当然也可以压缩非生产人员等以减少固定成本）。

（5）影响利润因素：影响猪场利润的因素有产品销售量、产品销售价格、变动成本和固定成本等 4 个方面，各因素的变化都会引起利润的变化，但其影响的方向和程度各不相同；一般情况下，利润与前两个因素呈正相关，与后两个因素呈负相关，也就是管理学上常提的"增产节约、增收节支"；在适度生产规模下，通过提高劳动效率和设备利用率，以扩大产量、降低单位产品直接工资支出和折旧等制造费用支出；压缩非生产人员，可以降低固定成本；产品销售价和原材料采购价受环境影响较大，但通过加强市场信息管理，可以采购到相对质优价廉的饲料等原料和选择适当的渠道、争取到商品猪最好的销售价和出栏时段；通过精细管理，提高猪产量和饲料利用率，这对降低变动成本和提高利润的影响较大。

四、财务分析

现代规模化猪场的财务分析，是指以财务报表和生产管理资料等为依据，采用专业的方法，系统分析和综合评估猪场过去和现在的经营结果、财务状况及其动态，目的是分析存在的问题、提出完善的对策、避免决策失误和提高经济效益。财务分析的方法有比较分析法和因素分析法 2 种。

1. 比较分析法

比较分析法是选取 2 个或 2 个以上的有关可比数据进行对比的方法。可采用与本企业历史水平对比、与本企业计划对比、与同类企业水平对比等。财务比率的比较是最重要的比较分析方法，它们是相对数，排除了规模影响，使不同比较对象之间具有可比性。企业经营管理常见的财务比率主要有变现能力比率、资产管理比率、负债比率和赢利能力比率等 4 组。

（1）变现能力比率。是企业产生现金的能力，即短期是偿债能力，主要有流动比率和速动比率。

$$流动比率 = 流动资产 ÷ 流动负债$$

$$速动比率 = （流动资产 – 存货）÷ 流动负债$$

一般认为，生产企业合理的最低流动比率为 2，正常的速动比率为 1。

（2）资产管理比率。是用来衡量企业在资产管理效率方面的财务比率，主要有存货周转率和应收账款周转率。

$$存货周转率 = 销售成本 ÷ 平均存货$$

$$应收账款周转率 = 销售收入 ÷ 平均应收账款$$

通常认为，存货周转率和应收账款周转率越高，说明流动资产的利用率越高，则可减少流动资产占用量，节省财务费用，增强企业赢利能力。

（3）负债比率。是指债务和资产、净资产的关系，反映企业偿付到期长期债务的能力，主要有资产负债率、产权比率：

$$资产负债率 = 负债总额 ÷ 资产总额 × 100\%$$

$$产权比率 = 负债总额 ÷ 所有者权益总额 × 100\%$$

从财务管理角度看，借款时应充分估计预期利润的偿债风险，当利润所得高于同期负债利息时，负债应是在可控的安全范围，但必须考虑盈利的持续能力与偿债期限。

（4）赢利能力比率：是企业赚取利润的能力，主要有销售净利润率和净资产收益率。

$$销售净利润率 = 净利润 ÷ 销售收入 × 100\%$$

$$净资产收益率 = 净利润 ÷ 平均净资产 × 100\%$$

以上 2 个指标分别反映的是每 1 元销售收入和每 1 元平均净资产所创造的净利润。净利润的多少与企业资产规模，产品及其结构、经营管理水平等有着密切关系，根据以上指标可评价企业经济效益的高低及提高利润水平的潜力。

2. 因素分析法

因素分析法是根据分析指标和影响因素的关系，从数量上确定各因素对指标的影响程度的方法。通常在比较分析的基础上，发现有重大异常变动时，则采用因素分析法。

利用以上财务分析方法，能够比较真实、客观地反映出猪场的财务运行状况及存在的问题，帮助管理者做出正确决策，提高猪场的经营管理水平。

五、猪场财务核算应建的会计账目

财务核算，是现代规模猪场和养殖户的一种经常性的持续财务管理活动，它对提高经营管理水平、正确执行国家有关财税政策和纪律、获取盈利、维持或扩大再生产，是必不可少的重要管理环节，我们应充分认识做好这项工作的重要性和必要性。

目前，一般规模较大的猪场虽然都设有会计岗位和专职会计人员，从事会计业务，但开展专业财务核算和财务分析的较少；而面广量大的小规模猪场和养猪户，一般无专职会计人员，大多数以记流水账代替专业会计工作，经营管理者普遍存在着重生产、轻管理（财务核算）的现象；这都不利于养猪生产和效益的提高。现就小规模猪场和养猪户开展财务核算，必须建立的账目及其会计实务，摘要简述如下：

1. 设账的主要科目

（1）设账目的：全面、正确、及时地掌握养猪生产经营的收支和损益情况，加强经营管理。

（2）设账要求：会计科目设置简约、必需和实用；分类记账，便于分类汇总、分析，以充分发挥财务对生产经营的服务指导和监督功能。

本着上述宗旨，会计科目大体可归类为"收入""支出"和"结存"3 类，一般可设下列主要科目（见表 6-23）：

表 6-23　账户科目表

收入类	支出类	结存类
纯种收入	饲料支出	现金
二杂收入	买种猪支出	存款
仔猪收入	药品支出	固定资产
肥猪收入	人工及社保、福利支出	累计折旧
淘汰猪收入	折旧支出	存货
粪肥收入	运费支出	其他物资
其他收入	用具支出	借贷款余额
借贷款	税和利息支出	
预收款	预付款	
	其他支出	

2. 账户的主要分类

账户是会计日常核算的工具，它是反映生产经营活动中资金运用、物资消耗、财产变动等情况的分门别类的连续记录。按用途一般可分为总账户（总账）和明细账户（明细账 2 类）。

总账（见表 6-24）是反映全部养猪生产经营活动，以货币为计量单位，总括归类登记的账簿。它定期按记账凭证进行登记汇总，供核算本月或本生产期的发生额合计和余额，是明细账的汇总并受其制约，余额用于试算平衡。它顺时登记，方法简便。

表 6-24　总账

年　　　月　　　第　　　页

科目	摘要	月初余额	凭证号码	收入	支出	月末余额
…						
纯种收入						
饲料支出						
…						

明细账是会计科目的分类账户，它为总账提供详细、具体的资料，采取货币和实物计量法。每次既登记数量（种猪需记明品种、性别、头数和重量）又登记金额，可同时用来进行实物、价值形式的核算，简明扼要。

3. 常用的记账方法

在确定会计科目和建账之后，就按"收入类""支出类""结存类"中的各科目，分别编入账簿。记账的方法有多种，适宜规模化种猪场记账方法是：适宜小规模化猪场和养殖场的记账方法是复式记账法的收付记账法。（略）

4．记账的基本原则和要求

会计记账是把发生的一切经济活动情况（收、支、贷、存等）按时间顺序，分类归口分别在账簿上进行登记，它必须遵循一定的原则和要求，才能做到准确、及时、完整、可靠。其原则和要求是：记账和凭证要真实无误；记账的凭证日期、数量、金额等必须与原始凭证完全相符；总账与明细账的记载必须相符；做到逐笔登记，切忌遗漏，字迹清楚，数字不跨位空格，前后页要连续登记；发现错处，用红笔杠横，以示注销更正。无收支凭证时，可自制凭证。先记明细账，后记总账；收入在收入栏和结存栏同时记"收"，支出在支出栏和结存栏记"付"；必须定期将明细账余额与总账余额进行核对。

六、猪场的主要财务报表

规模化猪场的主要财务报表有流动资产盘存表（见表 6-25）、主营业务收入表（见表 6-26）、主营业务成本表（见表 6-27）、资产负债表（见表 6-28）和损益表（见表 6-29）。会计人员必须及时、准确地做好实务工作，及时编制财务报表。一般情况下，需每月将资产负债表和损益表报送当地财税部门和猪场负责人（业主）；大型猪场还要编制现金流量表。

表 6-25 流动资产盘存表

类别					

表 6-26 主营业务收入表

日期	编号	摘要	头数	重量	单价	金额	备注

表 6-27 主营业务成本表

日期	编号	摘要	头数	重量	单价	金额	备注

表 6-28　资产负债表

编制单位　　　　　　　　　　　　　　编制日期　　　　　　　　　　　　　　单位：元

资　产	行次	年初数	年末数	负债及所有者权益	行次	年初数	年末数
一、流动资产				五、流动负债			
现金	1			短期借贷款	19		
银行存款	2			应付账款	20		
应收账款	3			预收账款	21		
预付账款	4			其他应付款	22		
存货	5			应付工资	23		
其他流动资产	6			应付福利费	24		
流动资产合计	7			其他未交（付）款	25		
二、固定资产				预提费用	25		
固定资产原值	8			其他流动负债	27		
减：累计折旧	9			流动负债合计	28		
固定资产净值	10			六、长期负债			
	11				29		
	12			负债总计	30		
三、无形及递延资产				七、所有者权益			
	13			实收资本	31		
	14			资本公积	32		
	15			盈余公积	33		
四、其他资产				本年利润	34		
	16			未分配利润	35		
	17			所有者权益合计	36		
资产总计	18			负债及所有者权益总计	37		

表 6-29　损益表

编制单位　　　　　　　　　　　　　　编制日期　　　　　　　　　　　　　　单位：元

项目	行次	本月数	本年度	合计
一、主营业务收入	1			
减：营业成本	2			
营业费用	3			
营业税及附件	4			
二、主营业务利润	5			
加：其他业务利润	6			
减：管理费用	7			
财务费用	8			
	9			
	10			
三、营业利润	11			
加：投资收益	12			
营业外收入	13			
减：营业外支出	14			
	15			
四、利润总额	16			
减：所得税	17			
五、净利润	18			

实训操作

猪场财务报表的编制

一、实训目的

1. 了解种猪场收入与成本的主要科目。

2. 掌握种猪场主营业务收入表与主营业务成本表的编制。

二、实训材料与用具

某猪场的主要财务报表、现有会计材料和生产计划。

三、实训方法与步骤

1. 查阅该种猪场有关数据资料。

2. 了解该猪场会计资料及效益状况。

3. 计算分析该猪场的收入与成本。

4. 编制猪场主营业务收入表与主营业务成本表。

实训作业

参考实训表 6-21 关于 2013 年生产计划，请编制该种猪场的主营业务收入表与主营业务成本表。

技能考核

技能考核方法见表 6-30。

表 6-30　种猪场财务报表的编制

序号	考核项目	考核内容	考核标准	参考分值
1	过程考核	操作态度	精力集中，积极主动，服从安排	10
2		协作意识	有合作精神，积极与小组成员配合，共同完成任务	10
3		资料查阅	能认真查阅，仔细收集资料	10
4		统计分析	方法得当，结果正确，并对任务完成过程中的问题进行分析和解决	10
5		报表编制	方法得当，有条理	20
6	结果考核	总体评价	报表内容完整、清晰，结算方便	20
7		工作记录和财务报表	工作记录完整，字迹工整；财务报表编制正确、规范、上交及时	20
合　计				100

![图标] **自测训练**

一、填空题

1. 影响猪场利润的主要因素有＿＿＿＿＿＿＿、＿＿＿＿＿＿＿、＿＿＿＿＿＿＿和＿＿＿＿＿＿。

2. 猪场收入类账目有＿＿＿＿＿、＿＿＿＿＿、＿＿＿＿＿、＿＿＿＿＿和＿＿＿＿＿等,支出类账目有＿＿＿＿＿＿、＿＿＿＿＿＿、＿＿＿＿＿＿、＿＿＿＿＿＿和＿＿＿＿＿＿等。

二、问答题

1. 种猪场常见的财务报表有哪些?

2. 编制财务报表应注意哪些事项?

任务五　猪场数据管理

![图标] **任务要求**

1. 能编制各类生产记录表格。

2. 能应用某种猪场管理软件对种猪场数据进行有效管理。

3. 学会看报表查问题。

![图标] **学习条件**

1. 提供种猪场的各种数据资料。

2. 多媒体教室、教学课件、教材、参考图书。

3. 某种猪场管理软件

![图标] **相关知识**

在猪场育种、生产和经营管理中,每天都会产生大量的技术和管理数据,这些数据都与经济效益直接相关;通过及时地对这些数据进行总结、分析和开发利用,是提高猪场育种、生产水平和经济效益的有效途径。在计算机普及前,面对大量的这些数据,人们只能摘要有限利用,大部分束之高阁。应用计算机管理和开发利用这些数据,可有效地促进种猪育种、生产、管理水平和经济效益的提高。

一、数据管理的意义

猪场管理的目的是最大限度地发掘其生产潜力,通过增产节约,增收节支,提高养猪生产水平、经营管理水平和经济效益。

　　猪的主要技术性状多属于重要的经济指标，我们称之为经济技术性状。猪场的数据可分为生产（育种）、兽医和管理三大类，根据猪场承担的任务不同，数据采集的内容和要求也不同，但无论是技术数据，还是管理数据，都与猪场经济效益密切相关，是重要的经济技术数据。

　　养猪生产的技术和管理数据对猪场管理非常重要，通过对这些数据的分析处理和开发利用，我们可以发现生产、管理中存在的问题，查找造成问题的原因并及时采取措施，最大限度地提高猪场的生产、管理水平和经济效益。

二、数据内容和管理要求

1. 主要生产（育种）经济技术数据

　　（1）后备猪生长发育性状。

　　主要有4月龄体重和6月龄体重、体长、体高、胸围、腿臀围和，现代育种尚有6月龄活体背膘厚和眼肌面积。育种场须根据育种方案规定测定，商品猪场不做要求。

　　（2）种公猪繁殖性状。

　　主要有与配母猪情期受胎率和产仔数，人工授精的还有采精和精液质量检查记录。

　　（3）种母猪繁殖性状。

　　主要有情期受胎率和胎次、总产仔数、产活仔数、初生个体重或窝重、断奶仔猪数、窝重、育成率和繁殖周期。要求猪场内的断奶日龄尽量一致，育种场须根据育种方案规定要求测定。

　　（4）保育和培育生产性状。

　　主要有各阶段日增重、饲料报酬和成活率等。

　　（5）猪酮体性状。

　　主要有空体重屠宰率、体直长、背膘厚、眼肌面积、腿臀围和瘦肉率等。育种场同胞和后裔酮体性状需根据育种方案规定要求测定，商品猪场不作要求。

2. 主要兽医工作数据

　　兽医工作是为猪场安全生产保驾护航。猪场应根据当地兽医行政主管部门要求和当地疫情流行情况，结合本场生产管理特点和需要，制定并及时完善免疫、报检程序和防疫卫生制度及兽医工作操作规程，并将实施上述工作的内容和结果数据，严格按照对应表格的要求及时、规范地采集、记录。

3. 主要管理数据

　　管理是企业永恒的主题。生产现场、物资采购、产品销售和人员管理等，是猪场管理工作的重点，由此形成的资料数据，日常工作中，须按对应表格要求及时、规范地采集、记录。

4. 数据管理要求

（1）数据采集要求

总的要求是必须、及时、准确、完整。种猪场应根据各自的生产经营特点和管理需要，制订各类数据具体的采集内容，标准和管理要求：育种数据必须按各自的育种方案规定内容和要求，规范测定和记录；生产厂应根据各自的生产管理操作规程和考核管理规定的内容和要求，采集、记录必需的经济技术数据；采集的数据一定要实用，切忌盲目采集；技术数据的采集要纳入生产管理操作规程中进行，尽量避免影响正常生产。

（2）数据处理要求，对日常工作中产生和采集的各类数据，总的要求是及时归档（录入计算机）、正确统计、科学分析。通过对数据的分析处理，及时发现存在的问题，查找原因，提出完善管理或解决问题的对策。每月应形成书面的数据分析处理报告；对比较重要的情况，应及时形成书面专题报告。

（3）数据利用要求

对每月形成的数据分析处理报告和专题报告，应及时反馈到相关人员和向领导汇报，以指导育种、生产、堵塞管理漏洞，完善技术和经营管理工作。

5. 主要数据记录表

（1）种猪系谱。

记载其本身遗传信息和生长发育、繁殖实绩的卡表，种公、母猪可通用。

（2）后备猪生长发育测定记录表。

（3）母猪配种记录表。

记载母猪在一个情期内各次配种的时间和与配公猪品种、耳号，本表是妊娠鉴定的依据；配种一个情期后不返情的，根据最后一次复配的时间，填写预产期，转妊娠母猪管理。

（4）母猪产仔哺育记录表。

记载母猪本胎次和仔猪的详细信息。

（5）精液检查月报表。

（6）种猪饲料消耗月报表。

（7）免疫记录表。

（8）免疫检测记录表。

（9）种猪病历（治疗记录表）。

（10）消毒记录表。

（11）病猪死亡解剖记录表。

（12）饲料采购和库存动态表。

（13）兽药、疫苗采购和库存动态表。

（14）主营业务收入表。

（15）母猪选配和留种计划表。

（16）母猪繁殖性能测定记录表。

（17）种猪淘汰记录表。

（18）查情记录表。

（19）各圈舍水、电耗用记录表。

三、猪场管理软件的应用

随着计算机在养猪科学研究和生产管理中应用的普及，极大地促进和提高了养猪科研、生产和管理水平。在现代养猪生产中，特别是集约化流程式管理的规模猪场，人们依赖数据和软件管理猪场。事实上，大量的数据处理和严密的生产流程，用原来的人工统计、管理方法、不但工作量大、效率低，而且不能满足管理需要。采集数据的目的是指导、管理生产、现代化生产工艺需要科学管理软件，用计算机对猪场进行全方位管理。

猪场应根据承担任务的性质和生产方式，结合自身条件和管理需要，本着实用和可行的原则，制定测定性状内容和数据采集标准等的管理办法。我们须知：采集和管理数据的目的是利用；最先进的计算机和最科学实用的管理软件，都需要人去操作利用，才能发挥其作用。目前，市场上猪场专用管理软件较多，我们要根据自身生产方式和管理条件，选用合适的产品。因为再先进的软件，也有局限性，重要的是实用性。

（一）目前的猪场管理软件简介

1. PigCHN

金牧猪场管理软件 PigCHN 由中国农业大学刘少伯、葛翔等专家教授研制，该软件是在吸收国际流行软件 PigWIN、PigCHAMP 的先进设计思路，紧密结合国内猪场的实际情况的基础上研制出来的。软件的主要功能有种猪档案管理、商品猪群管理、性能分析与成本核算、问题诊断与工作安排、配种计划、生产预算和强大的统计报表。该软件具有思路清晰、功能强大、操作简便等特点。

2. PigMAP

PigMAP 猪场管理软件适用于规模化的、集约化的种猪场或商品猪场。该软件提供了丰富的猪场常用工具软件，包括猪场生产管理系统、猪场育种管理辅助及饲料配方系统、猪疾病诊断辅助系统、猪场规划和预算系统、财务管理系统、仓库管理系统、人事管理系统、客户管理系统和猪场成本预算系统十个方面。

生产管理提供了灵活、多样的数据统计功能；用户在生产管理上可以以星期为单位对整个生产流水线进行全方位的监控，以天、星期、月、季度和年为基础自动计算整个猪场的分娩率、返情率、窝产活仔数、胎龄结构、死亡率、每头日消耗量、料肉（重）比、上市日龄等关键生产数据；能准确预计下周应配、应产、应断奶母猪和低效率母猪；并能随时统计出各栏舍的猪只存栏数及猪群转栏情况。猪场育种管理辅助系统能帮助用户选出亲缘系数最低的公、母猪配对，防治纯种个体间近亲繁殖；另外，还可以通过选择指数综合加权值进行计算，选出最优秀的后备种猪留种。饲料配方系统包括全价料，浓缩料和预混料的配置和计算，用户可以很容易根据系统内部的原料数据和当时的实际情况修改系统内的原料数据，计算最佳的饲料配方。猪疾病诊断辅助系统只需输入发病猪的一系列客观存在的病症和数据，通过计算机综合分析处理，采用数据诊断的方法，能快速准确地诊断出某种疾病，同时得出该病的预防措施和指导临床用药。猪场规划和预算系统是最新研制开发产品，有中英文两个版本。新建猪场各项费用预算，只需输入饲料单价及猪只售价主要信息，即可预测猪场盈亏情况等。

财务管理系统对猪场任何阶段内的盈利或亏损，固定资产和应收，应付账款进行管理以及对销售成本进行分析，统计。仓库管理系统能为用户提供物品进仓、出仓及存货记录功能。人事管理系统能对猪场全体员工的档案、工资进行自动、有效的统计。客户管理系统能对猪场所有重要的客户进行有效的记录，统计。

3. 猪场超级管家

方便实用的猪场生产管理软件，该软件基于规模化、规范化的现代化养殖模式。系统通过详细的种猪档案、生产记录、免疫记录等信息的录入，可有效管理种猪档案，可自动生成生产提示、生产分析、销售分析、疾病分析等，可自动生成各类生产、销售、分析报表，并具有总经理（场长）查询、兽医管理、仓库管理等功能。软件的普及版适用于存栏母猪 300 头以下且管理要求不太高的猪场，标准版适用于存栏母猪 500 头左右且管理要求比较规范的猪场，繁华版适用于有多个养猪分场或多条生产线、需要联网工作的大型养猪企业。

4. GPS 猪场生产管理信息系统

生产和育种数据的采集：采集生产过程中种猪配种、配种受胎情况检查、种猪分娩、断奶数据，生长猪转群、销售、购买、死淘和生产饲料使用数据，种猪、肉猪的免疫情况，种猪育种测定数据等实际猪场在生产和育种过程中发生的数据信息。生产统计分析：根据生产数据统计并分析猪场生产情况，提供任意时间段统计分析和生产指导信息。生产计划管理：根据猪群生产性能制定短期和长期的生产、销售、消耗计划，并进行实际生产的监督分析。生产成本分析：按实际生产的消耗、销售、存栏、产出情况，系统提供猪只分群核算的基本成本分析数据，并帮助用户如何降低成本获得最大效益。育种数据的分析：根据实际育种测定数据和生产数据，系统提供了方差组分剖分（计算测定性状遗传力、重复力、遗传相关等）、多性状 BLUP 育种值的计算和复合育种值（选择指数）等经典的和现代的育种数据分析方法。满足了目前国内外的种猪育种工作的需要。为了用户实际育种工作的方便，系统提供了 30 余种统计分析模型和从种猪性能排队到选留种猪近交情况分析等多达 24 种育种数据分析表，用户可直接使用于具体的育种工作中，使我们的种猪育种工作变得十分的简便。此外，系统还提供了数据与 EXCEL 和 HTML 文件格式的接口功能，方便用户公布自己的数据。

实训操作

猪场管理软件的使用

一、实训目的

1. 了解种猪场管理软件的特点。
2. 掌握某种猪场管理软件数据的录入的方法。
3. 掌握某种猪场管理软件的使用方法。

二、实训材料与用具

某猪场各种生产记录资料，某种猪场管理软件及电脑。

三、实训方法与步骤

1. 猪场管理软件的安装。
2. 熟悉该管理软件的特点。
3. 进行各种基本数据的录入。
4. 进行数据的处理及分析。

实训作业

练习操作猪场管理软件，掌握软件的使用方法。

技能考核

技能考核方法见表 6-31。

表 6-31 猪场管理软件的使用

序号	考核项目	考核内容	考核标准	参考分值
1	过程考核	操作态度	精力集中，积极主动，服从安排	10
2		协作意识	有合作精神，积极与小组成员配合，共同完成任务	10
3		资料查阅	积极思考，能认真查阅、收集资料，并对任务完成过程中的问题进行分析和解决	10
4		数据录入	录入正确、准确，熟练	10
5		数据处理	操作方法正确，处理得当、全面	20
		对结果进行分析评价	简明扼要，全面，与生产情况相吻合，评价恰当	10
6	结果考核	综合判断	全面、准确	10
7		工作记录和总结报告	工作记录完整全面，字迹工整；总结报告结果正确、体会深刻，上交及时	20
		合　计		100

自测训练

一、填空题

1. 猪场的数据主要有＿＿＿＿＿＿、＿＿＿＿＿＿和＿＿＿＿＿＿三大类。

2. 猪场超级管家软件的＿＿＿＿＿适用于存栏母猪 300 头以下且管理要求不太高的猪场，

_____适用于存栏母猪 500 头左右且管理要求比较规范的猪场，_____适用于有多个养猪分场或多条生产线、需要联网工作的大型养猪企业。

二、问答题

1. 公猪的配种记录主要有哪些内容？

2. 种猪系谱卡要反映哪些情况？

3. 如何填写猪场日志？

参考文献

[1] 刘小明. 猪生产[M]. 武汉：华中科技大学出版社，2013.

[2] 邢军. 养猪与猪病防治[M]. 北京：中国农业大学出版社，2012.

[3] 鲜凌瑾，杨定勇. 养猪与猪病防治[M]. 成都：西南交通大学出版社，2013.

[4] 朱宽佑，潘琦. 猪生产[M]. 北京：中国农业大学出版社，2011.

[5] 于桂阳，王美玲. 养猪与猪病防治[M]. 北京：中国农业大学出版社，2011.

[6] 丰艳平，刘小飞. 养猪生产[M]. 北京：中国轻工业出版社，2011.

[7] 邓发清，黄建华. 规模化养猪场养猪实务[M]. 北京：中国农业大学出版社，2011.

[8] 李立山，张周. 养猪与猪病防治[M]. 北京：中国农业出版社，2006.

[9] 韩俊文. 养猪学[M]. 北京：中国农业出版社，1999.

[10] 谯仕彦. 猪的营养需要[M]. 北京：中国农业大学出版社，1998.

[11] 杨文科. 养猪场生产技术与管理[M]. 北京：中国农业大学出版社，1998.

[12] 李宝林. 仔猪饲养与疾病防治[M]. 北京：中国农业出版社，1999.

[13] 曹明聚. 现代工厂化养猪生产与管理[M]. 郑州：河南科学技术出版社，1999.

[14] 杨公社. 猪生产学[M]. 北京：中国农业出版社，2002.

[15] 崔中林. 规模化安全养猪综合新技术[M]. 北京：中国农业出版社，2004.